氮化硅铁及其在耐火材料中的应用

李 勇　李 斌　陈俊红　薛文东　等著

北 京
冶 金 工 业 出 版 社
2022

内 容 简 介

以硅铁合金为主要原料，经高温氮化制备的氮化硅铁，可作为非氧化物耐火原料（耐火原料的颗粒料或细粉），也可作为多孔陶瓷等使用。本书介绍了氮化硅铁的制备原理与合成工艺、形成机理、性能表征及其在耐火材料中的应用。主要包括：氮化硅铁的合成与制备、氮化硅铁的结构与性能、闪速燃烧合成氮化硅铁的基本原理与形成机制、氮化硅铁在耐火材料中的应用性能，尤其是氮化硅铁在高炉炼铁中的应用。本书兼顾理论分析与实际应用，不仅分析了氮化硅铁的形成机理与高温行为，而且用近年来的应用实例说明和分析实际使用问题，包括氮化硅铁的结构、性能及工业应用效果，既有一定的理论深度又有较强的实用价值。

本书可供从事无机非金属材料、耐火材料及相关专业如冶金、水泥、玻璃、陶瓷、化工等方面的科技人员使用，也可供高等学校相关专业师生参考。

图书在版编目(CIP)数据

氮化硅铁及其在耐火材料中的应用/李勇等著. —北京：冶金工业出版社，2018.5（2022.9 重印）

ISBN 978-7-5024-7744-8

Ⅰ.①氮… Ⅱ.①李… Ⅲ.①耐火材料—研究 Ⅳ.①TQ175.71

中国版本图书馆 CIP 数据核字（2018）第 064871 号

氮化硅铁及其在耐火材料中的应用

出版发行 冶金工业出版社 **电　话**（010)64027926

地　址 北京市东城区嵩祝院北巷 39 号 **邮　编** 100009

网　址 www.mip1953.com **电子信箱** service@mip1953.com

责任编辑 于昕蕾 美术编辑 彭子赫 版式设计 孙跃红

责任校对 郑 娟 责任印制 李玉山

北京建宏印刷有限公司印刷

2018 年 5 月第 1 版，2022 年 9 月第 2 次印刷

710mm×1000mm 1/16；13.75 印张；281 千字；206 页

定价 48.00 元

投稿电话 （010)64027932 投稿信箱 tougao@cnmip.com.cn

营销中心电话 （010)64044283

冶金工业出版社天猫旗舰店 yjgycbs.tmall.com

（本书如有印装质量问题，本社营销中心负责退换）

《氮化硅铁及其在耐火材料中的应用》编写人员

李　勇　李　斌　陈俊红　薛文东
陈开献　蒋　朋　刘晓光　李　妍
秦海霞　龙梦龙　祝少军　高　梅

序

随着钢铁冶金、有色冶炼、水泥、陶瓷和玻璃等高温行业的不断发展，对耐火材料的要求不断提升。从最初的天然原料到现在的人工合成原料，从最初以硅酸盐为主的体系发展到现在的镁质、铝质、锆质、铬质、碳质及碳化硅、氮化硅、赛隆及镁阿隆等多种类、高品质的复合体系，耐火材料的发展达到了一个新的高度。氮化硅铁是新型的人工合成耐火原料，相对于氮化硅，氮化硅铁性价比更优，利于其工业化推广和生产应用。

早期将硅铁合金在 N_2 气氛中加热到 1200~1400℃进行氮化，其产物主要为约 75%的氮化硅、游离铁和未氮化的硅铁合金。随着对氮化硅铁的合成与性能研究的不断深入，20 世纪 90 年代，北京科技大学无机非金属结构材料研究室利用闪速燃烧合成技术，实现了氮化硅铁高性价比的产业化制备，该工艺原料反应率高，产品稳定，生产成本低，节约能源，适合产业化制备。氮化硅铁作为新型的耐火原料，对其使用性能及在耐火材料中应用的研究越来越多，并且在国内耐火材料和陶瓷等工业开展了广泛的应用。氮化硅铁是大型高炉无水炮泥和铁沟浇注料中的重要成分。大型钢铁企业 $2000m^3$ 以上高炉炮泥基本上都使用氮化硅铁，添加氮化硅铁的炮泥很好地满足了大型高炉的需要，降低了吨铁消耗。

本书是北京科技大学无机非金属结构材料研究室近十年科研成果的总结，其作者长期从事耐火材料的科研、生产实践和教学第一线等工作，积累了较多的理论知识和应用实例，为本书的写作提供了素材。本书的出版有助于耐火材料工作者、冶金和水泥等高温行业工作者了解氮化硅铁的制备、性质及使用情况，以便更加合理高效地拓宽氮化硅铁的应用。

北京科技大学教授

洪彦若　孙加林

2018年1月

前　言

耐火材料服务于高温领域，是一种非常重要的工业产品。随着高温工业的发展，对耐火材料提出了更高的要求。传统的天然原料已经不能满足耐火材料发展的需求，需要新的耐火原料出现。氮化硅铁是近年来出现于高温材料领域的新型复相材料，主要成分为氮化硅和硅铁合金。氮化硅铁在高炉炮泥中得到广泛应用，日本在20世纪70年代开始使用氮化硅铁，宝钢率先在国内高炉炮泥中添加氮化硅，目前，国内大型钢厂的高炉炮泥中均在使用氮化硅铁或氮化硅，满足了大型高炉长寿化的需求。

20世纪90年代末，北京科技大学材料科学与工程学院无机非金属结构材料研究室利用闪速燃烧合成工艺实现了氮化硅铁在国内的产业化制备。研究室系统研究了氮化硅铁的结构、性能、形成机理及不同条件下的使用性能，并将氮化硅铁推广至炼铁、炼钢等多种高温场合，总结了氮化硅铁在各种应用条件下的反应机理及应用状况，积累了试验数据及现场应用经验。多年以来，氮化硅铁不仅成为我国大型钢厂高炉炮泥中不可或缺的重要组分，而且也在铁沟浇注料中得到应用，大大提升了铁沟浇注料的使用性能。此外，氮化硅铁还应用在水泥窑窑口、鱼雷车用 Al_2O_3-SiC-C 砖、Fe-Si_3N_4-SiC 复合材料、RH 精炼用耐火材料等。

本书是北京科技大学无机非金属结构材料研究室近二十年科

研成果的总结，包含了氮化硅铁的制备、结构与性能、合成原理与氮化硅铁中各个组分的形成机制、氮化硅铁在不同应用环境下的使用性能、在高炉炼铁中的应用及氮化硅铁-刚玉复合耐火材料的设计应用。全书分为三篇，共七章。第一篇介绍了氮化硅铁的制备及性能，第二篇介绍了闪速燃烧合成氮化硅铁的工艺、形成机制，第三篇叙述了氮化硅铁的应用性能及应用状况，全书既有理论分析，也有实际应用，适用于高温行业或者耐火材料科技人员了解和熟悉氮化硅铁及其应用性能，也可作为高校师生教学与科研的参考书。本书由李勇、李斌、陈俊红、薛文东、陈开献、蒋朋、刘晓光、李妍、秦海霞、龙梦龙、祝少军、高梅等编写，全书由李勇统稿。

本书是在北京科技大学洪彦若教授和孙加林教授的悉心指导下完成的，在此向他们表示衷心感谢。本书虽是北京科技大学无机非金属结构材料研究室多年来科研成果的总结，仍需要进一步完善。

由于时间仓促和作者的水平所限，书中难免有遗漏及不足之处，敬请读者不吝赐教。

作　者

2018年1月

目　录

第一篇　氮化硅铁概述

第二篇　闪速燃烧合成氮化硅铁的基本原理及表征

第三篇　氮化硅铁在耐火材料中的应用

第一篇

氮化硅铁概述

第一章

第一章　氮化硅铁的合成原料与制备

第一节　硅铁合金的制备、性质及表征

一、硅铁合金概述

硅铁即硅与铁的合金，随着硅含量的不同，可形成各种硅铁化合物，具有FeSi、α-$FeSi_2$、β-$FeSi_2$、Fe_3Si等多种不同的物相结构，与之相对应的是不同的物理性能和应用。工业生产中，硅铁合金按含硅量不同有45%、65%、75%和90%等多种品级。图1-1为Fe-Si二元系相图。由硅-铁二元系相图可知，Fe-Si系统在不同温度下可形成富铁相Fe_3Si，中间相Fe_5Si_3、FeSi，富硅相$FeSi_2$等多种不同化学计量比的化合物。硅含量在75%（FeSi75）及以上的硅铁合金的成分位于Fe-Si二元相图中的$FeSi_2$-Si相区。

硅铁很容易和氧反应生成二氧化硅，所以硅铁常用于炼钢作脱氧剂，同时由于二氧化硅生成时放出大量的热，在对钢水脱氧的同时，对提高钢水温度也是有利的。钢中添加一定数量的硅，能显著提高钢的强度、硬度和弹性，提高钢的磁导率，降低变压器钢的磁滞损耗。因而在冶炼结构钢（含硅0.40%～1.75%）、工具钢（含硅0.30%～1.8%）、弹簧钢（含硅0.40%～2.8%）和变压器用硅钢（含硅2.81%～4.8%）时，也把硅铁作为合金剂使用。高硅硅铁或硅质合金在铁合金工业中用作生产低碳铁合金的还原剂。在铸铁中加入一定量的硅铁能阻止铁中形成碳化物、促进石墨的析出和球化，因而在球墨铸铁生产中，硅铁是一种重要的孕育剂（帮助析出石墨）和球化剂。此外，磨细或雾化处理过的硅铁粉在选矿工业中可作悬浮相使用，在焊条制造业中作焊条的涂料，高硅硅铁在电气工业中可用于制备半导体纯硅，在化学工业中可用于制造硅酮等。在这些用途中，炼钢工业、铸造工业和铁合金工业是硅铁的最大用户。它们共消耗约90%（质量分数）以上的硅铁。在各种不同牌号的硅铁中，目前应用最广的是含硅75%的硅铁（FeSi75）。在炼钢工业中，每生产1t钢消耗3～5kg的FeSi75。

常温下Si在Fe中的固溶度大约为15%，Fe-Si合金随Si含量的增加加工性变差，尽管提高硅的含量可以显著地提高磁性和降低损耗，但却也增大了材料的脆性，给生产和使用带来了很大的困难。含硅量（原子数分数）高于12%的硅

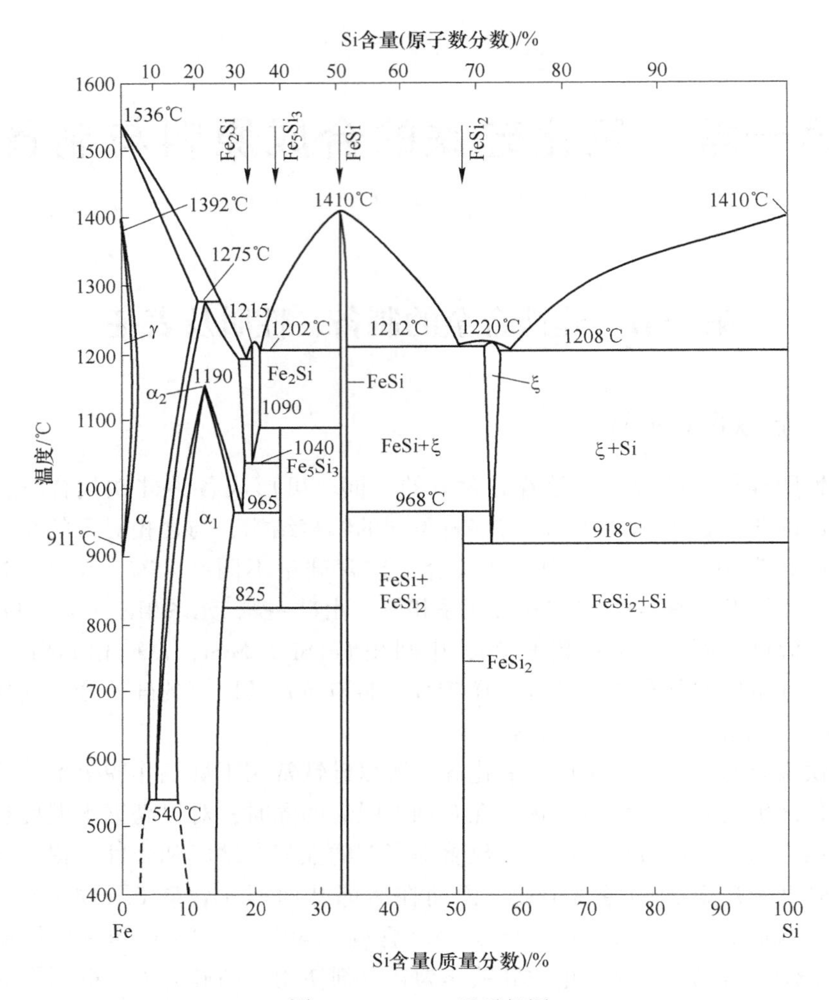

图 1-1　Fe-Si 二元系相图

铁合金，必然会涉及金属间化合物 Fe_3Si。Fe_3Si 基合金既脆又硬，解决加工问题是很关键的。

在室温条件下，当硅含量（原子数分数）低于 10%时，硅铁合金呈 A2（bcc）无序结构；当硅含量在 10%～20%时，硅铁合金呈 B2（CuZn 型，Pm3m）结构；当硅含量在 12%～25%之间时，可以呈 DO_3（Fe_3Si，Fm3m）结构。从图 1-2 的平衡相图可以看出，温度对硅铁合金的结构有影响，在低温下，更易于形成 DO_3结构。

图 1-3 为 Fe_3Si 的晶体单胞示意图，DO_3结构。

DO_3点阵由四个面心立方亚点阵（图中所示的 A、B、C 和 D）所构成。对硅含量（原子数分数）为 25%的 Fe-Si 合金，A、C 和 D 位置及 B 位置分别由 Fe

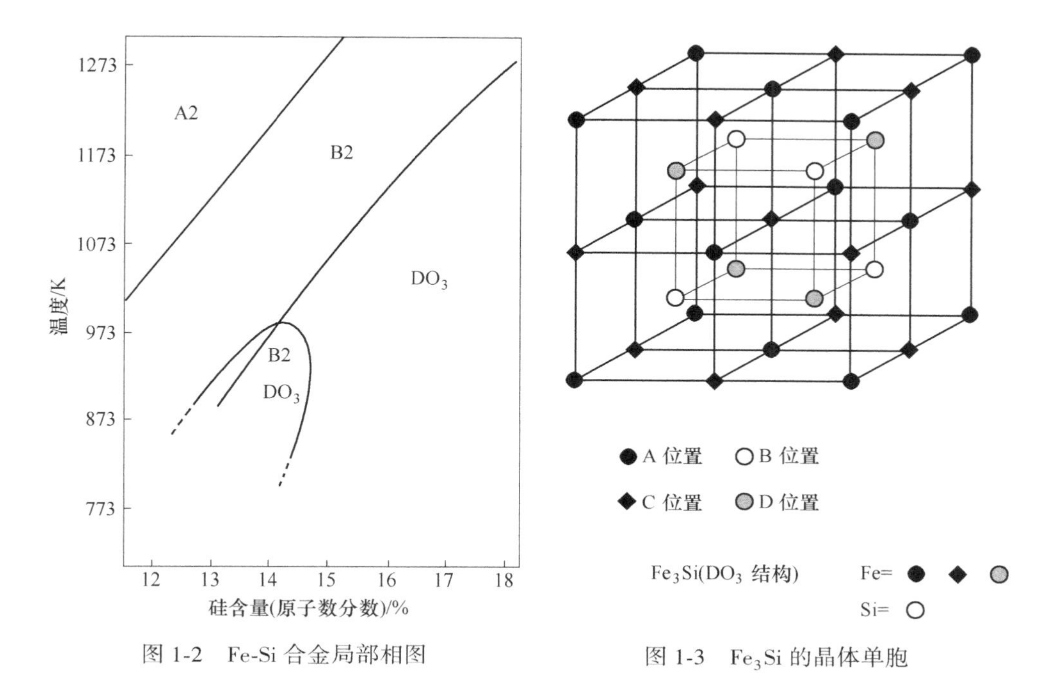

图 1-2　Fe-Si 合金局部相图

图 1-3　Fe_3Si 的晶体单胞

原子和 Si 原子占据。其中 A、C 位置 Fe 原子（FeT）具有四面体对称性环境，最近邻原子是四个 Fe 原子（FeC）和四个 Si 原子。D 位置的 Fe 原子（FeC）具有立方体对称性环境，最近邻原子是 8 个 Fe 原子（FeT）。当硅含量（原子数分数）偏离 25%时：如果在 A、C 和 D 位置上存在 Fe 原子的可能性（对应 rA、rC 和 rD）是相同的，但与在 B 位置存在 Si 原子可能性（rB）不相等，则是 DO_3 有序结构；如果 B 位置的 Si 原子和 D 位置的 Fe 原子随机地混合（rA = rC，rB = rD 及 rA ≠ rB），则是 B2 有序结构；如果 rA = rB = rC = rD 时，则是 bcc 无序结构。还有一种观点认为 Fe_3Si 的晶体结构是以体心立方点阵为基础，由两个互锁的简单立方点阵构成。其中一个简单立方点阵的所有位置全部被 Fe 原子占据，而另一个简单立方点阵的位置交替地被 Fe 原子、Si 原子以 NaCl 方式占据。

二、硅铁合金的元素及物相组成

表 1-1 是 FeSi75 原料 XRF 的分析结果，其硅含量大约为 77. 10%，铁含量大约为 19. 30%，除了铁和硅之外，还含有 Mg、Ca、Al、Mn 等杂质。

表 1-1　FeSi75 的元素组成与质量分数　　(%)

元素	Si	Fe	Mg	Ca	Al	Mn	P
质量分数	77. 10	19. 30	0. 14	1. 95	1. 19	0. 14	0. 04

FeSi75 合金的成分位于 Fe-Si 二元相图中的 $FeSi_2$-Si 相区。按照高温熔体的自由结晶过程来看，其常温物相应该是 $FeSi_2$ 及 Si，而且两相的比例应该是大致相等的。但是，在生产铁合金过程中，为避免粉化，常采用急冷方式冷却，所以高温硅铁熔体便不能完全分解为金属硅及 $FeSi_2$，而是以金属硅和 ξ 相熔体形式保留下来，仅有少量的 ξ 相分解为 $FeSi_2$。因此，FeSi75 主要应为 Si 及 ξ 相（ξ 相为非晶体，$FeSi_{2.3}$），$FeSi_2$ 则很少。

FeSi75 合金的 XRD 分析结果示于图 1-4。从图中看出，FeSi75 合金的主要物相为金属 Si，其余还含有少量的 $FeSi_2$ 和 $Fe_{0.42}Si_{2.67}$，这与理论分析是相一致的。由此可知，FeSi75 铁合金的氮化即是金属硅及 ξ 相的氮化，其中 ξ 相也就是 Lebeauit 体或 Leboit 体，均质含硅范围（质量分数）为 53.5%~56.5%。

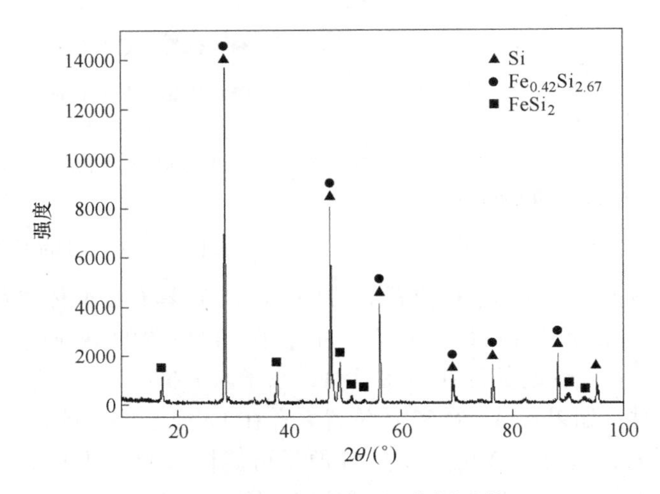

图 1-4 FeSi75 的 XRD 分析图谱

三、硅铁合金的微观结构

图 1-5 是 FeSi75 块体的 SEM 照片和 EDS 分析结果。FeSi75 块体的微观结构分为占绝大部分的灰色相和少量部分的白色相两个部分，在微观结构中能看到一些气孔，直径为几十微米。白色相分布在灰色相之间，以条状或者颗粒状存在。分别对灰色相 *A* 点和白色相 *B* 点进行 EDS 分析，结果表明，灰色相是纯的金属 Si 相，而白色相是 Fe-Si 合金相，硅含量约为 52.52%。结合 FeSi75 物相的分析结果，白色相应为 ξ 相。FeSi75 整个结构基本由金属 Si 相和 ξ 相所组成。

图 1-6 为闪速燃烧合成氮化硅铁所用的 FeSi75 原料粉体的 SEM 照片。工业生产的 FeSi75，由于在冷却过程中生成少量 $FeSi_2$ 的时候会产生体积膨胀，因此，其金属 Si 相和 ξ 相的结合并不牢固，非常容易破。所以，FeSi75 原料粉体基本分为两种颗粒，一种是灰色的金属 Si 相，一种是白色的 ξ 相，两相基本是彼此分离的。因此，FeSi75 的氮化即为金属 Si 和 ξ 相的氮化。

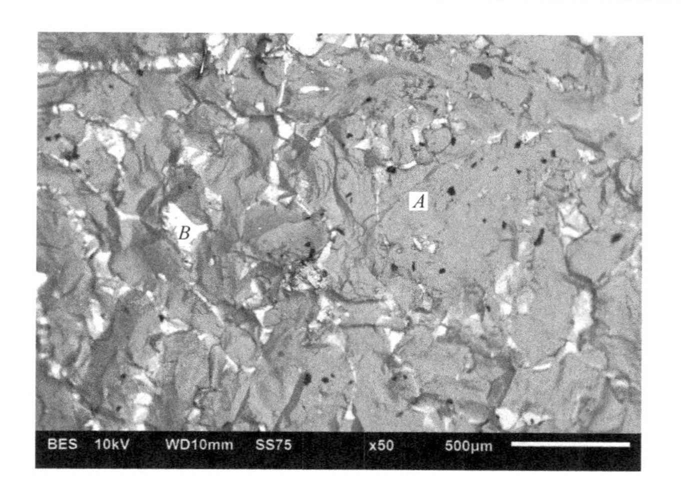

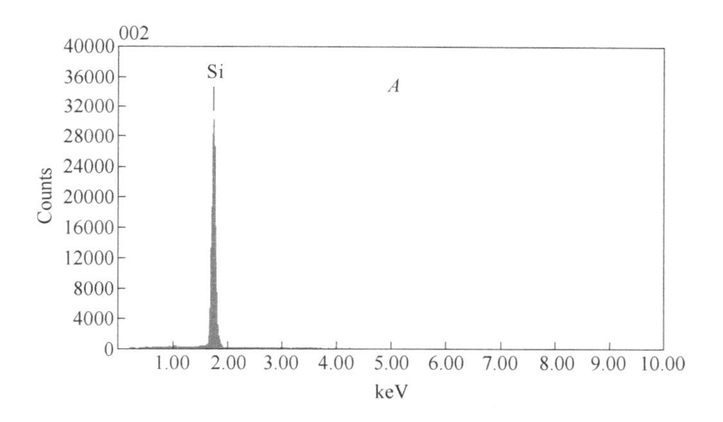

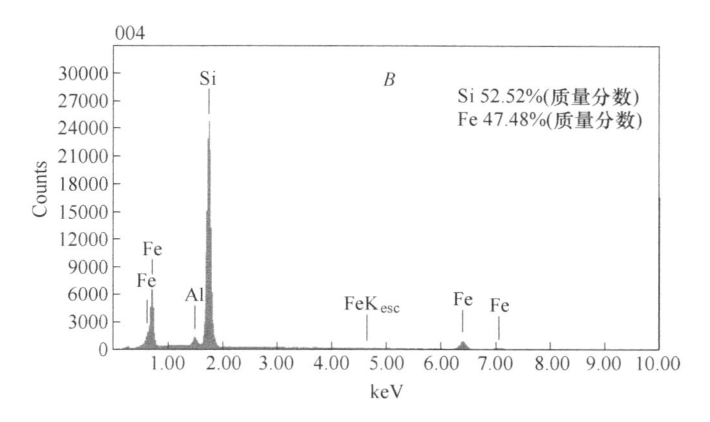

图 1-5 FeSi75 块体的 SEM 照片和 EDS 分析结果

图 1-6　FeSi75 原料粉体的 SEM 照片

第二节　闪速燃烧合成氮化硅铁

一、闪速燃烧合成氮化硅铁的反应装置

闪速燃烧合成设备的剖面图如图 1-7 所示，闪速燃烧合成过程开始后，从反应室 16 开始加入原料，在冷却区 19，得到呈现细蜂窝状的疏松块体结构的闪速燃烧合成制品。反应一旦开始，不需要外部加热，可以连续运行，反应原料从加料口不间断地加入，合成的产物从底部间断地取出。

二、闪速燃烧合成氮化硅铁的制备过程

闪速燃烧合成的具体反应过程可以描述如下：当所用的原料 FeSi75 细粉由加料口加入到反应室之后，按照反应发生的程度，可以分为三个区域，即预热区域、闪速燃烧区域和冷却区域，具体的燃烧过程如图 1-8 所示。

（1）FeSi75 细粉到达反应室内部之后，颗粒群均分地分散，由于受到重力和氮气阻力的双重作用，其在高温氮气中缓慢地下落。在反应装置预热区域，FeSi75 细粉被上升的高温氮气流和高温辐射迅速加热，在该区域内，其温度升高，但是并没有马上发生燃烧。

（2）FeSi75 细粉的温度不断升高，逐渐缓慢下落至反应区域，在很短的时间内被迅速加热至燃烧合成温度以上。此时 FeSi75 细粉与分布在其周围的氮气发生反应，在 FeSi75 细粉颗粒外层生成一层 Si_3N_4层。FeSi75 细粉的燃烧释放出了大量的热量，这些热量将直接传递给 FeSi75 细粉颗粒以及表面反应层，此时，颗粒被加热到非常高的温度，同时周围的氮气也被释放的热量加热，并通过辐射

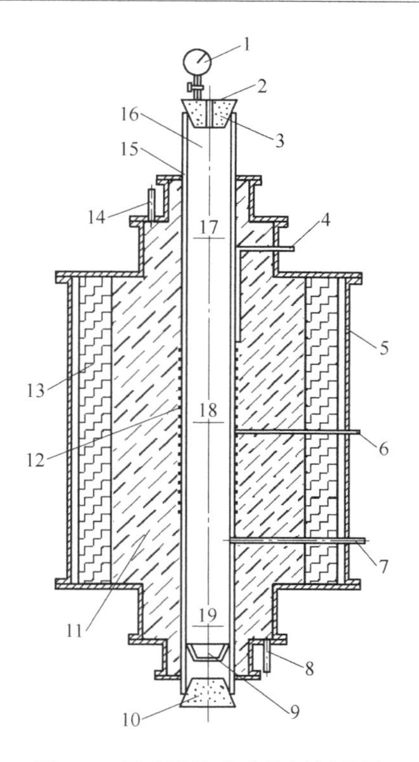

图 1-7　闪速燃烧合成装置剖面图

1—压力计；2—加料口；3—上盖；4—电源导线；5—炉壳；6—热电偶；7—氮气管道；8—进气管；9—盛料匣钵；10—下盖；11—保温材料；12—电热体；13—耐火材料外壁；14—出气管；15—耐火材料管；16—反应室；17—预热区；18—燃烧区；19—冷却区

或者震动传热将部分热量传递给周围其他的 FeSi75 细粉颗粒。随着闪速燃烧合成过程的持续进行，FeSi75 颗粒外层生成的 Si_3N_4 产物层越来越厚，体积也不断增大，质量增加。完全结束燃烧反应后，落入下部的冷却区域。

(3) 落入冷却区域的氮化硅颗粒松散地堆积起来，并相互黏结构成蜂窝状的整体，松散的堆积导致孔隙的形成，而在蜂窝状整体中堆积的部分 α 型氮化硅发生溶解-沉淀反应转变为稳定的 β 型氮化硅而结晶长大。

三、闪速燃烧合成氮化硅铁的操作方法及步骤

利用如图 1-7 所示的装置，按比例配制金属颗粒原料和稀释剂，经混合预处理后成为混合料。启动反应器，由电源导线 4 接入电源，使电热体 12 升温，由热电偶 6 测量温度，由外接的控制器控制电热体 12 的加热温度，当反应室 16 内的温度达到约 800℃时，由氮气管道 7 送入氮气，使反应室 16 充满氮气后，用水封封住加料口 2，继续预热反应室 16，使其温度达到可以点燃混合料的预热温

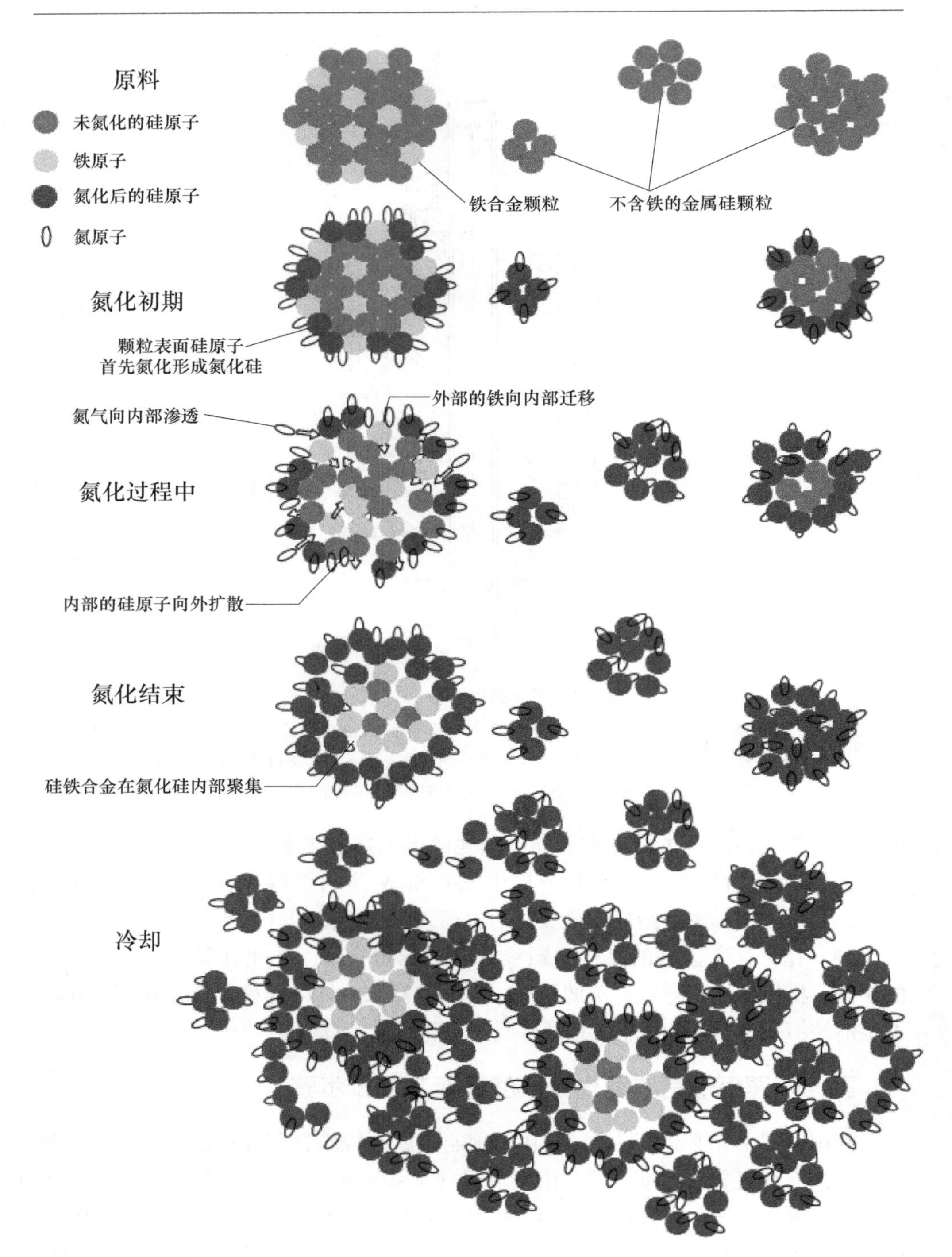

图 1-8　闪速燃烧合成氮化硅铁过程示意图

度。反应室16内的温度达到预热温度后，保持这一温度10min，然后，由人工将上述混合料通过加料口2滴入式送入到反应室16内，混合料呈均匀分散开的颗粒群，受重力和上升的氮气阻力作用，漂浮在热氮气中，在反应室16的预热区17和热氮气充分接触换热，并向下运动，在燃烧区18与氮气进行连续闪速燃烧合成反应，最后燃烧产物沉降到冷却区19。观察压力计1的压力变化，为了防止空气进入反应室16内，要求反应室16内气氛压力大于0.1MPa。预热点燃混合料后，关闭电源，通过混合料加入的多少和加料速度，来控制反应室16的燃烧区18的闪速燃烧合成温度。结束时，停止加入混合料，用水封封住加料口2，持续通入氮气，直到反应室16冷却至室温，再撤掉氮气源。

在反应室16的冷却区19，得到呈细蜂窝状疏松块体结构的闪速燃烧合成产物。此过程可以不停反应器连续运行，混合料从加料口2连续加入，燃烧产物可从底部间断取出。

第二章 氮化硅铁的物相、结构和物理性能

第一节 氮化硅铁的物相与微观结构

一、氮化硅铁的元素及物相组成

用 XRF 测定粒度不大于 0.074μm 的 Fe-Si_3N_4粉末的元素组成，测定结果如表 2-1 所示。Fe-Si_3N_4含有的主要元素为 Si、Fe、N、O 等，除此之外，还含有微量的 Al、Ca、Mn、Ti、Cr 等杂质元素（Ca、Mn 等未列出）。

表 2-1 Fe-Si_3N_4的元素组成与质量分数 （%）

元素	Si	Fe	N	O	Al
质量分数	49.76	13.65	29.65	2.1	0.7

氮化硅铁的 XRD 分析结果及全谱拟合定量结果示于图 2-1。从图中可以看出，氮化硅铁的主要物相为 β-Si_3N_4和 α-Si_3N_4，其余为 Fe_3Si（Fe 的固溶体，XRD 中未标出）及 SiO_2等。其中主晶相为 β-Si_3N_4和 α-Si_3N_4，就峰值强度而言，α-Si_3N_4比 β-Si_3N_4的峰值小许多，即氮化硅铁中 β-Si_3N_4的含量比 α-Si_3N_4要高很多，次晶相为 SiO_2和 Fe_3Si。由于氮化反应使用的 N_2中的氧分压较高，所以有小部分 FeSi75 或者反应生成的 Si_3N_4被氧化成 SiO_2，而 Fe_3Si 及 Fe 的固溶体为 FeSi75 氮化后的产物。

利用基于 Rietveld 方法的 XRD 无标样全谱定量拟合分析对 Fe-Si_3N_4中各物相的含量进行计算，其各物相大致含量如表 2-2 所示。Fe-Si_3N_4中主要物相大致含量为 β-Si_3N_4（59%），α-Si_3N_4（23%），SiO_2（3%），Fe_3Si（15%）。其 β/α 比例为 2.75。全谱拟合定量结果中残差 R_{wp}的值为 19.22，结果为可信。

表 2-2 Fe-Si_3N_4各相含量 （质量分数,%）

物相	β-Si_3N_4	α-Si_3N_4	SiO_2	Fe_3Si
估计含量	59	23	3	15

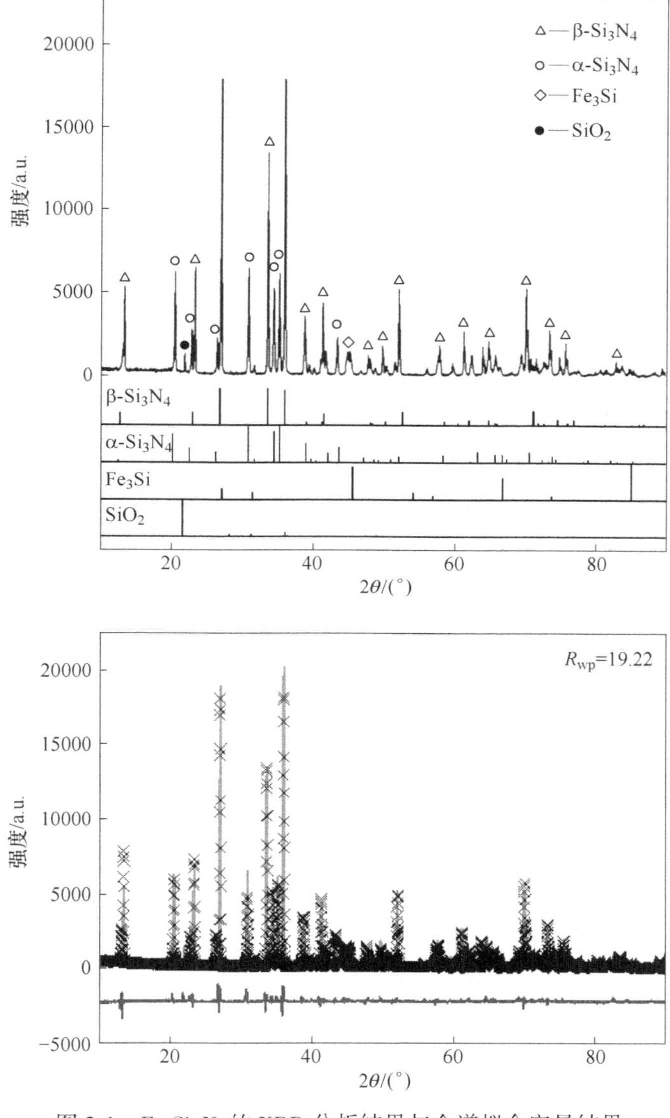

图 2-1　$Fe-Si_3N_4$的 XRD 分析结果与全谱拟合定量结果

二、氮化硅铁的微观结构

利用扫描电子显微镜（SEM）对 $Fe-Si_3N_4$的微观结构进行表征，图 2-2 为$Fe-Si_3N_4$断口的 SEM（背散射成像）照片。对其分析得出以下结论。

$Fe-Si_3N_4$基体中存在三种典型形貌的微观结构：(1) 整体呈放射状的柱状交错结晶体，呈现规则的六方棱柱形貌，基体大部分的微观结构由此组成，如图 2-

2a 所示；（2）全部裸露的或者部分包裹在致密区域内部的高亮相，弥散地分布在 Fe-Si_3N_4基体中，如图 2-2b 所示；（3）放射状柱状晶体中心的致密区域，柱状晶体的根部均来自于致密区域，如图 2-2a 所示。

a

b

图 2-2 Fe-Si_3N_4断口的 SEM

Fe-Si_3N_4三种典型微观形貌的 SEM 照片及 EDS 分析结果如图 2-3 所示。

图 2-3a 为 Fe-Si_3N_4中柱状晶体的 SEM 照片，Fe-Si_3N_4的基本微观结构为不同直径的柱状晶体彼此交叉、搭接，形成整体，然而，柱状晶体之间并无直接连接，仅为交错和重叠。柱状晶体呈六角棱柱状，表面光滑，发育良好，晶粒表面并无其他杂相。其直径范围为几微米到几十微米，长度范围为几十微米到上百微米，长径比为 10~20。对图中柱状晶体表面 *A* 点进行 EDS 分析为 Si、N 的化合物，结合晶体形貌和 XRD 的分析结果，Fe-Si_3N_4基体中的柱状晶体为 β-Si_3N_4晶体。

图 2-3b 为 Fe-Si_3N_4中高亮相 SEM 照片，对图中高亮相中的 *B* 点进行 EDS 分析，结果显示高亮相中主要含有 Fe、Si 两种元素，还有微量的 Mn 元素。结合 XRD 的分析结果，高亮相的主要成分应为 Fe_3Si（铁的固溶体），微量的 Mn 元素来自于 FeSi75 中的杂质元素。高亮相弥散地分布在 Fe-Si_3N_4材料基体中，大小不一，有一些同 β-Si_3N_4柱状晶体根部紧密结合，有一些则直接全部或者部分裸露在基体中。

图 2-3c 为 Fe-Si_3N_4中致密区域的 SEM 照片，从图 2-3c 可以看出，柱状 β-Si_3N_4晶体根部均植于致密区域，类似放射状，由中心致密区域向外伸出。致密区域内存在各种取向、直径不同的柱状 β-Si_3N_4晶体根部，还有一些非柱状形貌的晶体存在于致密区域。柱状 β-Si_3N_4晶体根部和非柱状形貌的晶体紧密地聚集在一起，组成了中心的致密区域。致密区域表面和周围存在大量的非晶态熔融

a

b

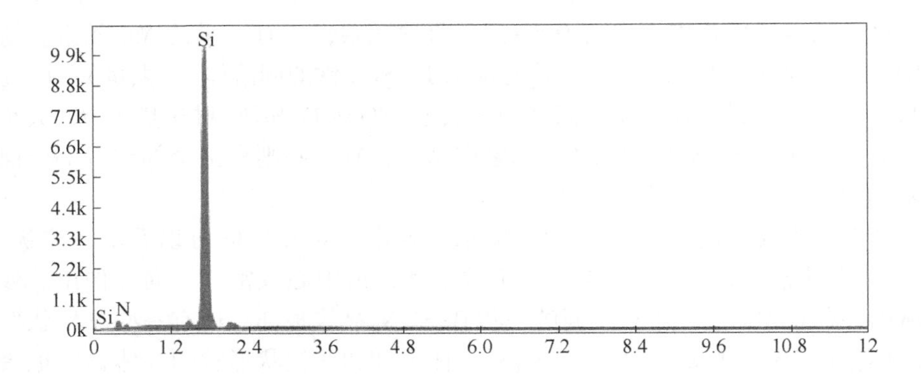
Si
N
Si
9.9k
8.8k
7.7k
6.6k
5.5k
4.4k
3.3k
2.2k
1.1k
0k
0
1.2
2.4
3.6
4.8
6.0
7.2
8.4
9.6
10.8
12

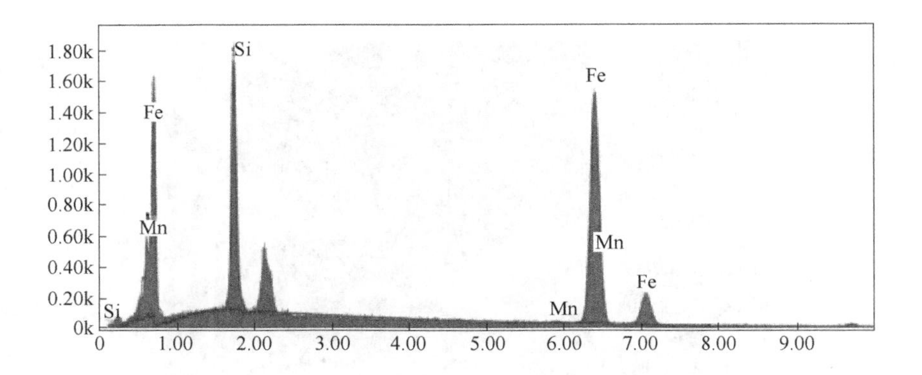
Si
Fe
Fe
Mn
Mn
Fe
Si
Mn
1.80k
1.60k
1.40k
1.20k
1.00k
0.80k
0.60k
0.40k
0.20k
0k
0
1.00
2.00
3.00
4.00
5.00
6.00
7.00
8.00
9.00

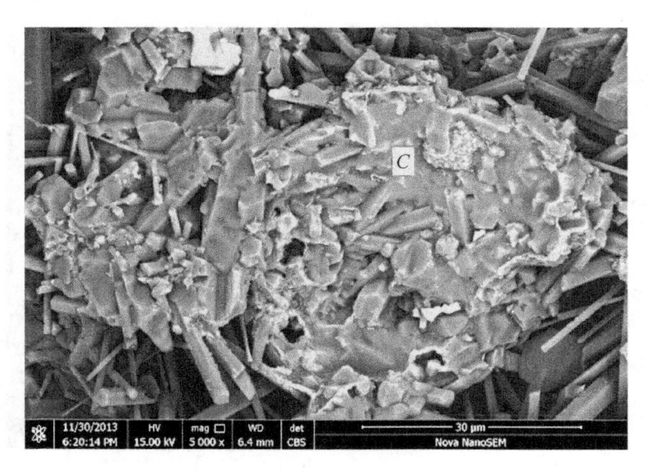
C
11/30/2013
6:20:14 PM
HV
15.00 kV
mag
5 000 x
WD
6.4 mm
det
CBS
30 μm
Nova NanoSEM

c

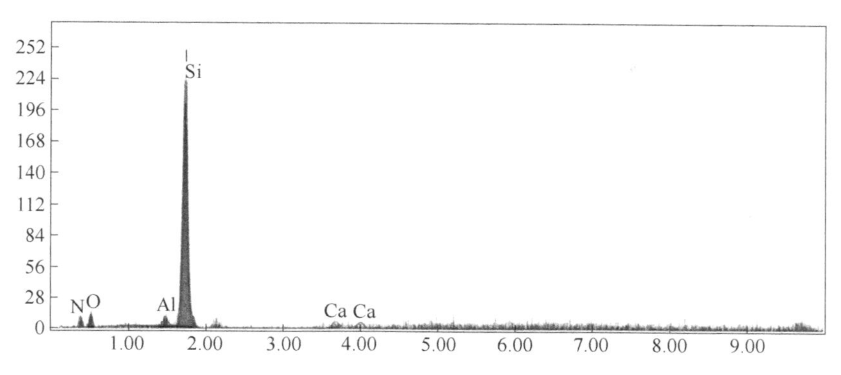

图 2-3　$Fe\text{-}Si_3N_4$三种典型形貌的 SEM 照片及 EDS 分析结果

相，把部分晶体包裹在熔融相内。致密区域大小不一，弥散地分布在 $Fe\text{-}Si_3N_4$的微观结构中。对图 2-3c 致密区域内 *C* 点进行 EDS 分析，其所含元素为 Si、N、O、Al 和 Ca。其中 Al 和 Ca 是 FeSi75 原料中所含有的杂质元素，除了 Si、N、Al 和 Ca 之外，氧元素在致密区富集，在其他微观结构中并没有发现氧元素的存在。

$Fe\text{-}Si_3N_4$中氮化产物 Fe_3Si 表面及剖面的 SEM 照片与 EDS 结果如图 2-4 所示。Fe_3Si 的表面有类似球状的 Fe-Si 颗粒，整体附着在大的 Fe_3Si 颗粒表面。部分 β-Si_3N_4柱状晶体全部插入 Fe_3Si 颗粒或者与 Fe_3Si 颗粒表面接触，还有少量的致密区域与 Fe_3Si 颗粒表面相连。对 Fe_3Si 颗粒表面较为光滑的部分作 EDS 分析，如图 2-4a 中 *A* 点，其 EDS 结果显示主要成分为 Fe_3Si，还含有微量的杂质元素 Mn，Au 峰的出现为 SEM 样品喷金导致。图 2-4b 为 $Fe\text{-}Si_3N_4$中氮化产物 Fe_3Si 剖面的 SEM 照片和 EDS 分析结果，其显示 Fe_3Si 颗粒与氮化硅基体具有紧密的结合。剖面 *B* 点经过 EDS 分析，表明其不含其他杂质元素，仅含有 Fe、Si 两种元素，其应为 Fe_3Si 颗粒。结合 $Fe\text{-}Si_3N_4$的 XRD 分析结果，$Fe\text{-}Si_3N_4$中的含铁相都以 Fe_3Si

a

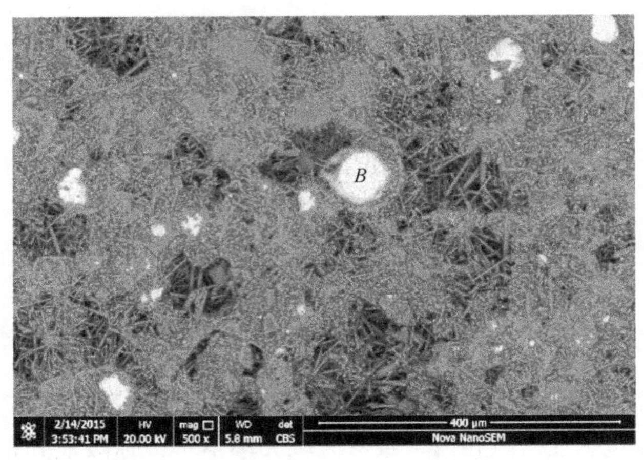

b

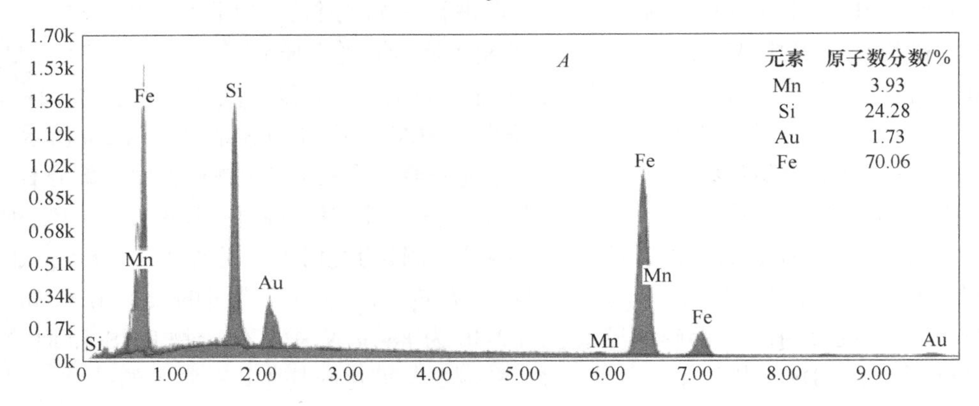

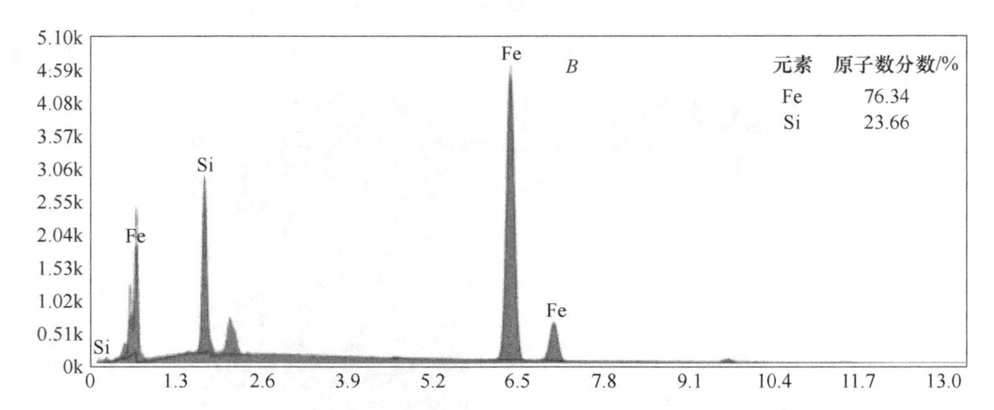

图 2-4　Fe-Si_3N_4中 Fe_3Si 表面和剖面的 SEM 照片与 EDS 结果

的形式存在，与此同时，原料 FeSi75 中引入的杂质同样在 Fe_3Si 颗粒的表面发现。

对 Fe-Si_3N_4中 Fe_3Si 颗粒的表面进行分析，其表面除了有多个 Fe-Si 小颗粒之外，部分区域还发现了六方的 β-Si_3N_4晶体，如图 2-5 所示。尽管还不是完整的六方柱状结构，但 β-Si_3N_4晶体已经具有了明显的六方形貌。Fe_3Si 颗粒表面的 β-Si_3N_4晶体为 Fe-Si 熔体高温进行表面氮化的结果，其 EDS 结果显示其含有 Si、N、O、Fe 等元素，其中 Fe 元素为周围 Fe_3Si 颗粒的影响，而 O 元素则由 N_2 引入。

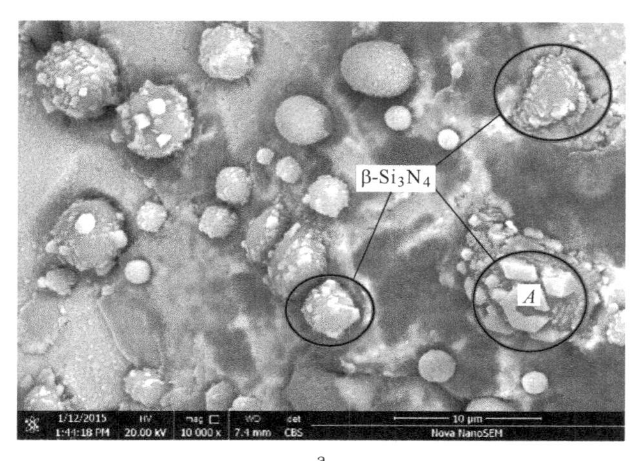

a

元素	原子数分数/%
N	32.96
Si	39.01
O	23.97
Fe	4.06

b

图 2-5　Fe-Si_3N_4中 Fe_3Si 表面的 SEM 照片（a）与 EDS 结果（b）

利用透射电子显微镜（TEM）和选区电子衍射（SAED）对 Fe-Si_3N_4的微观结构和结晶程度进行表征。图 2-6 为柱状 β-Si_3N_4晶体的 TEM 照片、HRTEM 照片、EDS 结果和 SAED 图谱。图 2-6a 为柱状 β-Si_3N_4晶体的 TEM 照片，对其内部红色区域进行 EDS 和 SAED 分析：EDS 结果显示其为 Si、N 的化合物，如图 2-6c 所示；SAED 花样表明其为 β-Si_3N_4单晶，如图 2-6d 所示。β-Si_3N_4单晶原子

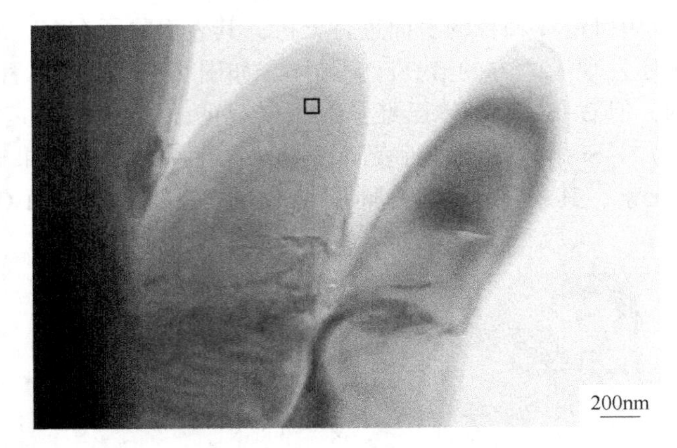

a

b

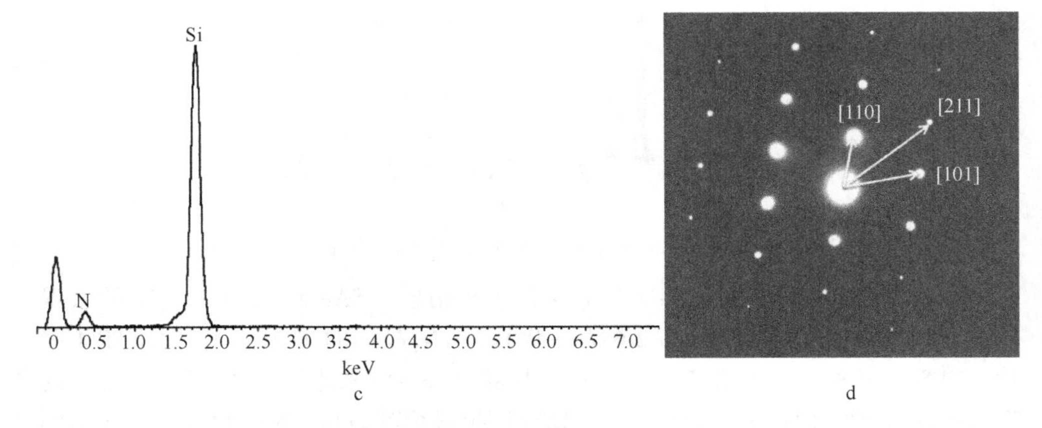

c d

图 2-6 柱状 β-Si_3N_4晶体的 TEM 照片（a）、HRTEM 照片（b）、EDS 结果（c）和 SAED 图谱（d）

排列整齐，结晶良好，如图 2-6b 中 HRTEM 照片所示。综上所述，呈六方棱柱状的 $\beta-Si_3N_4$晶体是发育良好的纯的 $\beta-Si_3N_4$单晶，并无其他杂质。

第二节　氮化硅铁的物理性能和组成结构

一、氮化硅铁的物理性能

利用阿基米德排水法对 $Fe-Si_3N_4$块体的显气孔率和体积密度进行表征（显气孔率、体积密度测定仪）；将 $Fe-Si_3N_4$制成 3mm×4mm×36mm 的长方体，利用三点弯曲法对其抗弯强度进行测定，跨度为 30mm，十字头速度为 0.05mm/min（微机控制电子压力试验机）；利用单边切口梁法（SENB）对 $Fe-Si_3N_4$块体的断裂韧性进行测定，加载速度为 0.05mm/min（断裂韧性试验设备）；将 $Fe-Si_3N_4$块体制成 25mm×25mm×150mm 试样，依据 GB/T 3002—2004 进行 1400℃ 的高温抗折强度测定（高温抗折测试仪）。

$Fe-Si_3N_4$的各项物理性能测试平均结果如表 2-3 所示。$Fe-Si_3N_4$块体不同部位的各项性能均有所差异，但差异不大。其平均气孔率为 44%（35%～55%），平均体积密度为 1.9g/cm^3（1.72～2.11g/cm^3），平均抗弯强度为 139MPa（133～152MPa），平均断裂韧性为 2.3MPa·m$^{1/2}$（2.1～2.5MPa·m$^{1/2}$），1400℃平均高温抗折强度为 47MPa（45～52MPa）。作为孔隙率较大的一种陶瓷材料，其力学性能表现一般。

表 2-3　$Fe-Si_3N_4$的各项物理性能（测试平均结果）

显气孔率 /%	体积密度 /g·cm^{-3}	抗弯强度 /MPa	断裂韧性 /MPa·m$^{1/2}$	1400℃高温抗折强度 /MPa
44	1.9	139	2.3	47

二、氮化硅铁的孔隙分布

利用 X 射线三维显微镜高分辨成像技术对 $Fe-Si_3N_4$内部的物相分布和孔隙结构进行表征。取 $Fe-Si_3N_4$块体内部一微小长方体，利用 X 射线三维显微镜对其微观结构、孔隙分布等进行表征，并利用三维立体模拟图来模拟其结构，结果如图 2-7 所示。图 2-7a 为长方体块体整体的扫描图，图 2-7b 为 Si_3N_4相在块体中的分布图，图 2-7c 为 Fe_3Si 相在块体中的分布图，图 2-7d 为孔隙在块体中的分布图。从整体来看，Si_3N_4相和 Fe_3Si 相在块体中均匀地分布。从长方体表面看，其孔隙分布无规律，但分布基本均匀，其孔隙全部为连通气孔，且无特定取向。

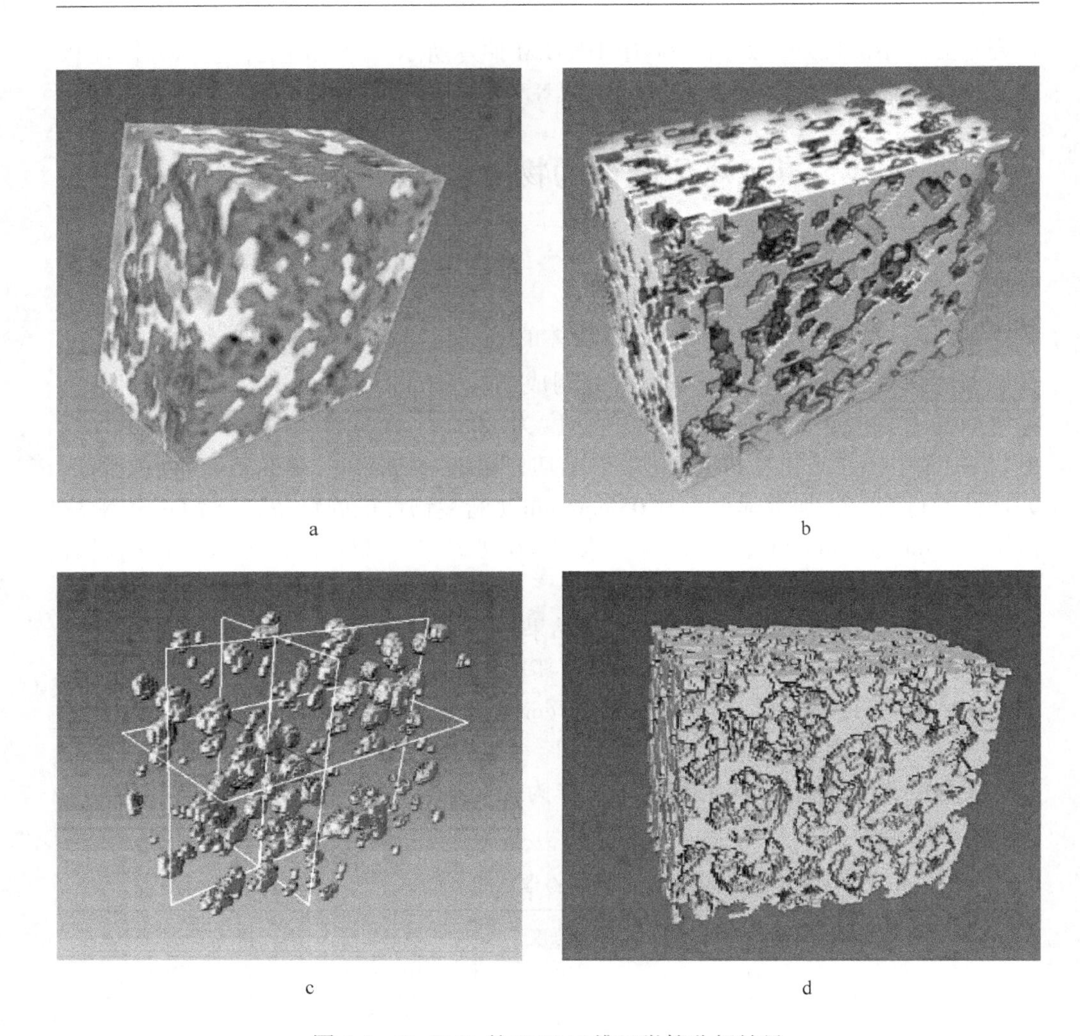

图 2-7　$Fe\text{-}Si_3N_4$的 XRD 三维显微镜分析结果

对得到的孔隙结构进行分析，如表 2-4 所示。等效直径在 10μm 以下的孔隙，其体积占孔隙总体积的比例约为 $2.6\times10^{-5}\%$，等效直径在 10～20μm 的孔隙，其体积占孔隙总体积的比例约为 $4.1\times10^{-4}\%$，等效直径在 20～30μm 的孔隙，其体积占孔隙总体积比例约为 $1.7\times10^{-3}\%$，而等效直径在 990μm 以下的孔隙占孔隙总体积的比例约为 99.99%。

$Fe\text{-}Si_3N_4$中的孔以大孔为主，还有少许介孔，然而，介孔体积所占总的孔体积的比例微乎其微。因而，我们认为 $Fe\text{-}Si_3N_4$的孔结构以亚毫米级的孔隙为主，其等效直径主要分布在 30～990μm 之间，无特定取向，几乎全部为贯通气孔。

表 2-4　孔隙分布统计列表

孔隙序号	孔隙体积 /μm³	孔隙等效直径（按标准球形等效法）/μm	孔隙占孔隙总体积比例/%
1	40.7	4.2	2.6×10^{-5}
2	40.7	4.2	
3	40.7	4.2	
4	40.7	4.2	
5	488.4	9.7	
6	1180.5	13.1	4.1×10^{-4}
7	1465.4	14.0	
8	2483.1	16.8	
9	3297.3	18.4	
10	7083.1	23.8	1.7×10^{-3}
11	7775.1	24.5	
12	7815.8	24.6	
13	11113.1	27.6	
14	509190122.4	990.7	99.99

三、氮化硅铁的组成结构

Fe-Si_3N_4块体的常温抗弯强度为139MPa，在同样气孔率的陶瓷制品中并不十分出色。究其原因，可以通过以下两点来说明：（1）组成Fe-Si_3N_4块体微观结构的结构单元为海胆状的Si_3N_4集合体和Fe_3Si颗粒。其中海胆状的Si_3N_4集合体以致密区域为中心，表面多处插入着柱状的β-Si_3N_4晶体，其结构如图2-8所示。

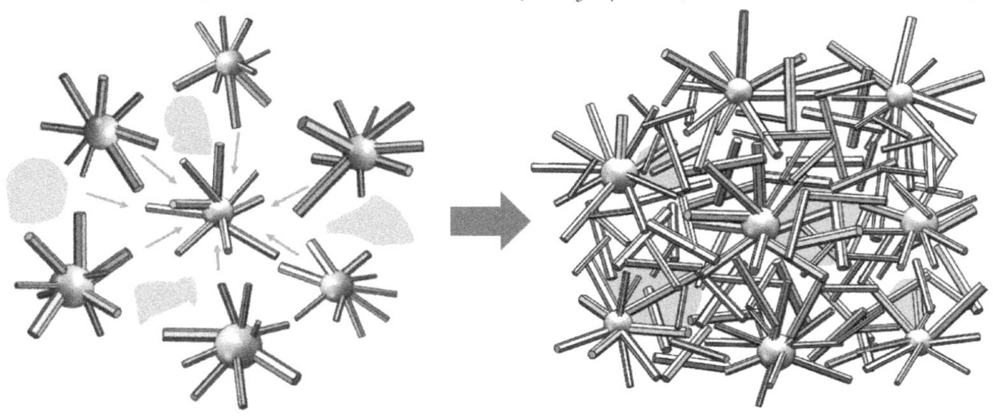

图 2-8　Fe-Si_3N_4微观结构的结合状态

海胆状的 Si_3N_4集合体和 Fe_3Si 颗粒互相搭接形成 Fe-Si_3N_4块体基本的微观结构，而伸长的柱状 β-Si_3N_4晶体之间只是交错和重叠，晶体之间并没有连接，这是抗弯强度不高的主要原因。（2）闪速燃烧合成 Fe-Si_3N_4的合成温度为 1450℃左右，相比于常规氮化硅陶瓷制品的制备温度较低。较低的温度导致 α-Si_3N_4没有完全转化为 β-Si_3N_4，这也是 Fe-Si_3N_4抗弯强度不高的一个原因。

第二篇

闪速燃烧合成氮化硅铁的基本原理及表征

第三章　闪速燃烧合成氮化硅铁的基本原理

第一节　闪速燃烧合成概述

一、闪速燃烧合成的基本概念

（一）经典燃烧

传统的经典燃烧是利用燃料和氧化剂（主要是氧）两种组分产生剧烈自维持放热反应的过程，其主要目的是通过放热反应获得热能。这种化学反应在很多场合下是氧化还原反应，被氧化剂氧化的物质称为燃料，反应所生成的物质称为燃烧产物。各种燃烧类型可归纳于表3-1中。

表3-1　燃烧类型

类别	燃烧类型	燃烧反应式
1	经典的预混气体燃烧	X（气）+Y（气）═Z（气）
2	气体的凝聚燃烧	X（气）+Y（气）═Z（气+颗粒）
3	燃料悬（飘）浮在气体中的燃烧	X（颗粒或液粒）+Y（气）═Z（气或颗粒或气+颗粒）
4	非均相燃烧	X（表面）+Y（气）═Z（气）
5	渗透燃烧	X（多孔体系）+Y（气）═Z（气或固体）
6	单组元燃料燃烧	X（液）═Z（气） X（固）═Z（气）
7	混合物燃烧	X（液）+Y（液）═Z（气） X（固）+Y（固）═Z（气）
8	铝热剂燃烧（液体火焰）	X（粉末）+Y（粉末）═Z（液）
9	固体火焰	X（粉末）+Y（粉末）═Z（固）

（二）自蔓延高温合成与经典燃烧

自蔓延高温合成，也称燃烧合成，它是使反应混合物在一定的条件下发生高放热的化学反应，所放出的热量促使反应以燃烧波的形式自动蔓延下去，形成新的化合物。它不同于传统的经典燃烧，而是获得有用材料的一种燃烧合成方法。自蔓延高温合成的燃烧类型涉及表 3-1 中的渗透燃烧、铝热剂燃烧（液体火焰）和固体火焰等。渗透燃烧是指多孔金属或非金属压坯与气体发生燃烧反应，气体通过空隙进入固体多孔从而得到不断补充，产物一般为固相。液体火焰是指在燃烧过程中原料、燃烧中间产物和最终产物三者之间有部分或全部为液相。固体火焰是指燃烧原料、燃烧中间产物和最终产物都是固体的燃烧。其反应通式可以表达为反应式（3-1）：

$$\sum n_i R_i = \sum n_j P_j \tag{3-1}$$

式中，R_i与P_j分别表示相应的反应物和产物；n_i与n_j分别表示相应反应物和产物的物质的量。更具体一些，自蔓延高温合成是利用燃料和氧化剂（不一定含氧）的放热反应获得有用的材料。其反应通式可以表达为：

$$\sum_{i=1}^{m} a_i x_i + \sum_{j=1}^{n} b_j y_j = Z + Q \tag{3-2}$$

式中，x_i表示燃料，可以是 Al、Si、Ti 等，y_j表示氧化剂，可以是 N_2、C、B 等；a_i或b_j分别代表燃料或氧化剂的物质的量；Z 表示化合物，如氮化物、碳化物、硼化物等；Q 表示热量。

自蔓延高温合成与经典燃烧的区别在于自蔓延高温合成的目的是为了获取有用的合成材料，而经典燃烧的研究目的是为了充分、有效和安全地利用燃烧热能。自蔓延高温合成建立在经典燃烧理论基础之上，同时大大丰富了经典燃烧理论的内容，促进了燃烧理论的发展。

（三）闪速燃烧合成

闪速燃烧合成是利用燃料的固体或液体颗粒群漂浮在氧化剂气体中的放热燃烧反应，自我维持反应的持续进行，最终获得有用材料的燃烧合成方法。其燃烧类型属于表 3-1 的第 3 类，即燃料悬浮（或漂浮）在气体中的燃烧。由于此种燃烧反应速率很快，故不妨命名为“闪速燃烧合成”。其燃烧反应通式可以表达为：

$$\sum_{i=1}^{m} a_i x_i + \sum_{j=1}^{n} b_j y_{(g)j} = Z + Q \tag{3-3}$$

式中，x_i表示燃料，可以是 Al、Si、Ti 等，$y_{(g)j}$表示气体氧化剂，可以是 N_2、O_2 等；a_i代表燃料的物质的量；b_j代表气体氧化剂的物质的量；Z 表示固体化合物，如氮化物、氧化物等；Q 表示热量。

对于 Si 和 Al 与 N_2的放热闪速燃烧合成反应，其燃烧合成反应方程式可以分别表示为：

$$3Si+2N_2\ (g) = Si_3N_4+Q_{Si_3N_4} \tag{3-4}$$

$$2Al+N_2\ (g) = 2AlN+Q_{AlN} \tag{3-5}$$

式中，Q 表示热量。为使反应式（3-4）或反应式（3-5）中的化学反应着火自燃，首先预热反应器，使其内部温度达到 Si 或 Al 颗粒群的着火温度；经过预热的 Si 或 Al 颗粒群漂浮在 N_2气体中，在燃烧反应区发生放热燃烧反应，产生的热量 Q 可以维持闪速燃烧合成反应的持续进行，最终可在冷却区获得 Si_3N_4和 AlN 材料。

（四）闪速燃烧合成与自蔓延高温合成

闪速燃烧合成与自蔓延高温合成的最终目的是相同的，即都是为了获取有用的合成材料，但是，它们之间的区别是显著的。表 3-2 列出了闪速燃烧合成与自蔓延高温合成的比较。从表 3-2 可以看出，闪速燃烧合成法与自蔓延高温合成法的根本区别就在于燃烧类型的不同，闪速燃烧合成涉及燃烧类型为固体或液体颗粒群燃料悬浮（或飘浮）在气体中的燃烧，而自蔓延高温合成涉及的燃烧类型为渗透燃烧、铝热剂燃烧（液体火焰）和固体火焰。

表 3-2　闪速燃烧合成与自蔓延高温合成的比较

项　目	闪速燃烧合成	自蔓延高温合成
燃烧类型	固体或液体颗粒群燃料悬浮（或飘浮）在气体中的燃烧	渗透燃烧 铝热剂燃烧（液体火焰） 固体火焰
氮气压力	低	高
氮化程度	氮化完全	对大尺寸料坯，不易氮化完全
点燃方式	预热点燃	高温电点燃
燃烧速率	很快	快
工　艺	简单，间断或连续生产	复杂，间断生产
设　备	简单	高压设备，复杂
生产规模	大	小
制备成本	低	高
产物质量	高	高

闪速燃烧合成只需要在很低的氧化剂气体压力下就可实现，例如：闪速燃烧合成氮化硅只需要 0. 1MPa 以上的近常压氮气压力下就可实现，而自蔓延燃烧合

成氮化物需要很高的氮气压；闪速燃烧合成是稀疏相的细颗粒群在氧化剂气体中的燃烧，因其细小单个颗粒和氮气充分接触反应，燃烧反应在数秒内完成，反应速率很快，燃烧反应完全，而自蔓延高温合成除要求一定的氮气压力外，还要求有合适的充填密度，否则不容易实现燃烧波传递来完成燃烧合成反应；闪速燃烧合成工艺相对简单，不需要高压设备，因此设备构造较自蔓延高温合成设备简单，燃烧合成氮化物时也不需要高压或超高压氮气，因此易获得氮气源；由于闪速燃烧过程中不需要外部提供额外的能源和特殊的高压设备，并具有生产规模大的特点，因而制备成本低廉；由于闪速燃烧合成可以控制反应过程中的含氧量，可以制备含氧量低的高纯氮化物。闪速燃烧合成克服了自蔓延高温合成方法的一些不足，可以利用相对简单的设备，在低氮气压下，连续、大规模、低成本和高质量地燃烧合成一些氮化物，如氮化硅铁、氮化硅和氮化铝等，它是一种极有前途的新型燃烧合成方法。

二、闪速燃烧合成的理论燃烧温度

闪速燃烧合成是依赖于燃烧反应产生的热量自我维持反应进行的。闪速燃烧合成过程能否持续进行，主要取决于反应体系的热效应，反应的热效应可由闪速燃烧合成温度反映出来。定义理论燃烧温度 T_{th} 为在标准状态且无物质和能量损失的的条件下，燃烧反应热全部用来加热体系时，所能达到的最高温度。

在定压燃烧反应系统中，如果忽略燃烧反应的流动体系的动能和势能的变化，则燃烧反应产生的热量等于系统焓的增加：

$$Q_p = \sum_j n_j \Delta H_{T_{th}}^{pj} - \sum_i n_i \Delta H_{T_0}^{r_i} \tag{3-6}$$

设燃烧反应前后反应体系处于绝热状态（$Q_p=0$），反应物被预热到起始温度 T_0，体系完全进行了燃烧反应，反应完成后只有生成物，反应放出的热量全用于加热生成物，使生成物的温度达到理论燃烧温度 T_{th}，于是有

$$\sum_i n_i \Delta H_{T_0}^{r_i} = \sum_j n_j \Delta H_{T_{th}}^{p_j} \tag{3-7}$$

式中，$\Delta H_{T_0}^{r_i}$ 为反应物 r_i 在起始温度 T_0 时的生成焓变，J/mol；$\Delta H_{T_{th}}^{p_j}$ 为生成物 p_j 在理论燃烧温度 T_{th} 时生成焓变，J/mol；n_i 为反应物的化学计量系数；n_j 为生成物的化学计量系数；T_0 为反应物的起始温度，K；T_{th} 为燃烧反应的理论燃烧温度，K；r 为反应物；p 为生成物。

根据热力学第一定律

$$dH/dT = C_p \tag{3-8}$$

或

$$\Delta H_{f,\ T_2}^{\ominus} = \int_{T_1}^{T_2} C_p \mathrm{d}T + \Delta H_{f,\ T_1}^{\ominus} \tag{3-9}$$

以 298K 作为参考温度，代入式（3-7），可以得到

$$\sum_i n_i \Delta H_{r,\ f,\ 298}^{\ominus} + \sum_i n_i \int_{298}^{T_0} C_p \mathrm{d}T = \sum_j n_j \Delta H_{p,\ f,\ 298}^{\theta} + \sum_j n_j \int_{298}^{T_{adi}} C_p^p \mathrm{d}T \tag{3-10}$$

由经验关系式

$$Cp = a + bT + cT^{-2} + dT^2 \tag{3-11}$$

经积分，得到

$$\int_{298}^{T} C_p \mathrm{d}T = aT + \frac{1}{2}bT^2 - cT^{-1} + \frac{1}{3}dT^3 - (a \times 298 + \frac{1}{2}b \times 298^2 - c \times 298^{-1} + \frac{1}{3}d \times 298^3) \tag{3-12}$$

式中，C_p为反应物或生成物的热容，J/(mol · K)；$\Delta H_{298}^{\ominus}$为反应物或生成物在 298K 时的标准生成热，J/mol。

考虑燃烧过程中的相转变，按式（3-10）计算相转变率：

$$P_K^A = \left(\sum_i n_i \Delta H_{T_0}^{r_i} - \sum_j n_j \Delta H_{T_K}^{pj} \right) / n_{i,\ j} \Delta H_{T_K}^{A} \tag{3-13}$$

式中，P_K^A 为相转变率；$n_{i,\ j}$ 为化学计量系数；$\Delta H_{T_K}^{A}$ 为相变热；K 为相转变形式，$K=m$ 代表熔化，$K=v$ 代表蒸发，$K=c$ 代表固态晶型转变；A 为反应物或产物。利用式（3-9）、式（3-10）和式（3-13），可以计算出闪速燃烧体系的理论燃烧温度 T_{th}。

三、闪速燃烧合成燃烧室的理论模型

（一）闪速燃烧体系的着火自燃

设想实际的闪速燃烧合成反应器（图 1-7）的反应室 16 的燃烧区 18 与预热区 17 和冷却区 19 分别有一道假想的分界线，把燃烧区 18 分隔成理想的燃烧反应器，容器内均匀分布可燃烧的颗粒群和氧化剂气体，燃烧反应为完全反应。设反应热效应为 q，反应温度为 T，燃烧室内的燃料和氧化剂气体在反应器中的分布是均匀的，而且温度也是各点相同的，反应容器的直径为 d，反应器表面积为 S，反应器的体积为 V，由体系向外总散热系数为 α，反应容器的器壁的温度为

T_0，燃料的体积浓度为 C，由于连续不断地向反应器供应燃料和氧化剂，在空间中的反应物质的浓度是不随时间变化的；假设容器的器壁的温度不随容器内温度的升高而变化，即温度为恒定，仍然为 T_0；假定理想的燃烧反应容器内的温度、压力等参数的平均值和出口参数是相同的，则燃烧反应热生成速度，即单位时间内燃烧反应生成的热量 Q_G 为

$$Q_G = q \times \frac{dW}{dt} \tag{3-14}$$

式中，$\frac{dW}{dt}$ 为燃料颗粒群生成 1mol 的生成物的总反应速率。设此反应为化学反应控速，反应速率与温度的关系可用反应速率常数与温度的关系来表达，按照 Arrihnius 定律，这个关系为超越函数，有

$$\frac{dW}{dt} = A_c \times \frac{1}{T}\exp\left(-\frac{E}{RT}\right) \tag{3-15}$$

式中，E 为燃烧反应的活化能；R 为气体常数，式（3-14）可写为

$$Q_G = qA_c \times \frac{1}{T}\exp\left(-\frac{E}{RT}\right) \tag{3-16}$$

在燃烧开始以前，即在着火过程中，假设反应物质的浓度是不变的，自燃着火温度和反应器器壁温度相差不大，可以忽略辐射热散失。则燃烧反应的结果是反应器内温度升高到 T，此时反应物体系产生的热量将转化为单位时间内燃烧产物的热量（产物增加的热量）Q_{L1} 和单位时间内将向体系外散失（支出）的热量 Q_{L2}。

单位时间内燃烧产物增加的热量为

$$Q_{L1} = C_p(T - T_0) \tag{3-17}$$

因为自燃着火温度和反应器器壁温度相差不大，可以忽略辐射热散失，则热散失速度，即单位时间内由体系向外热散失的热量 Q_{L2} 为

$$Q_{L2} = \alpha \times \frac{S}{V} \times (T - T_0) = \alpha \times \frac{4}{d} \times (T - T_0) \tag{3-18}$$

式中，α 为燃烧体系向反应器表面的放热系数。定义

$$Q_L = Q_{L1} + Q_{L2} = \left(C_p + \alpha \times \frac{4}{d}\right)(T - T_0) \tag{3-19}$$

根据 Q_G 与 Q_L，可以定性地讨论燃烧室内进行燃烧合成反应时的可能的状态。Q_G 与 T 为超越函数关系，将 Q_G 的曲线称为热生成曲线，Q_L 与 T 呈直线函数

关系，将 Q_L的曲线称为热散失曲线。将公式（3-16）和公式（3-19）画在 $Q-T$ 坐标图上，示于图 3-1～图 3-4。

图 3-1 表示 Q_G与 Q_L在低温区有一个交点 1 的状态。在点 1 处，$Q_G=Q_L$，即反应物燃料和氧化剂气体反应体系热生成速度与反应体系向反应器器壁热散失速度相等；在点 1 前，即温度低于点 1 的温度，$Q_G>Q_L$，即反应物燃料和氧化剂气体反应体系热生成速度大于反应体系向反应器器壁热散失速度，说明反应物燃料和氧化剂气体反应体系热量多于反应体系向反应器器壁散失的热量。此时，反应体系被加热，温度逐渐升高。到达点 1 时，热量达到平衡状态，过程即稳定下来，保持点 1 的温度。因某种外力作用，使过程超过点 1 时，$Q_G<Q_L$，即反应物燃料和氧化剂气体反应体系热生成速度小于反应体系向反应器器壁热散失速度，体系受到冷却，将重新回到点 1。点 1 是低温区的稳定点。在这种情况下，体系自燃着火是不可能发生的。

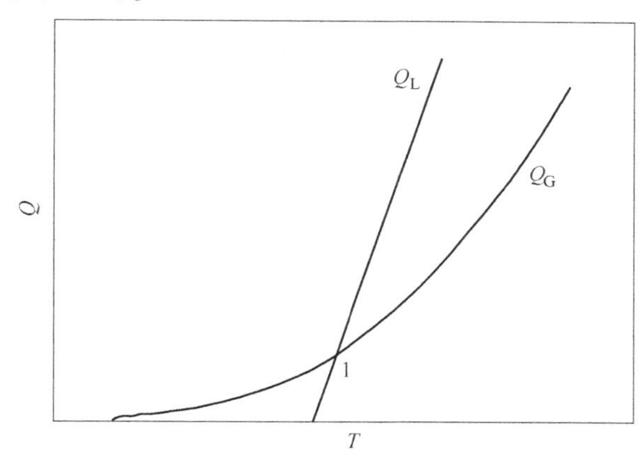

图 3-1　热生成曲线 Q_G与热散失曲线 Q_L关系-a

如果改变热散失条件，例如，改变反应器器壁的表面积，可以得到不同斜率的热散失曲线，如图 3-2 所示。Q_L^3 是热散失很弱的情况，总是大于 Q_L。这时，反应自动加速，直到发生自燃。Q_L^1 是热散失很强的情况，与图 3-1 相同，不会发生着火自燃。在 Q_L^1 与 Q_L^3 之间，存在着 Q_L^2 与 Q_G有一个切点 3。在切点 3 之前，体系不断被加热，达到切点 3 时，$Q_G=Q_L$，即反应物燃料和氧化剂气体反应体系热量等于反应体系向反应器器壁散失的热量。但是，该点是不稳定的，Q_L^2 是临界状态，稍过切点 3，反应便被加速而引起着火自燃，此时燃点为 T_b。

倘若改变容器的器壁温度为 T_0，则可以得到一组平行的热散失曲线，如图 3-3 所示。这时，Q_L^2 是临界状态，与 Q_G有切点 3。Q_L^1 与 Q_G有 2 个交点，交点 1 和交点 2。交点 1 为低温稳定点。交点 2 为高温稳定点，当过程稍有向右移动时，$Q_G>Q_L$，体系就可以着火自燃；当过程向左移动时，$Q_G<Q_L$，体系便会冷却而降到低温稳定点。

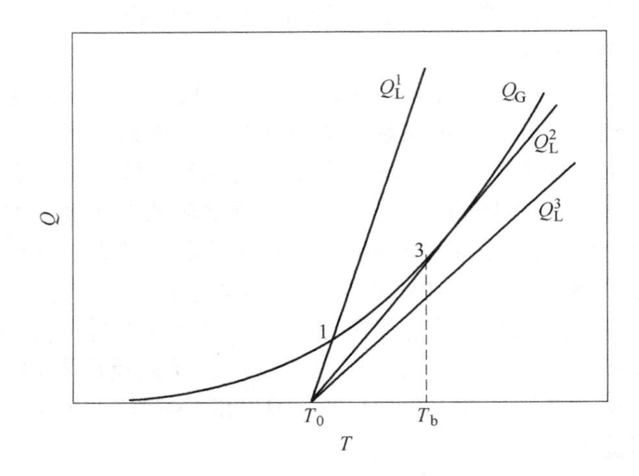

图 3-2　热生成曲线 Q_G 与热散失曲线 Q_L 关系-b

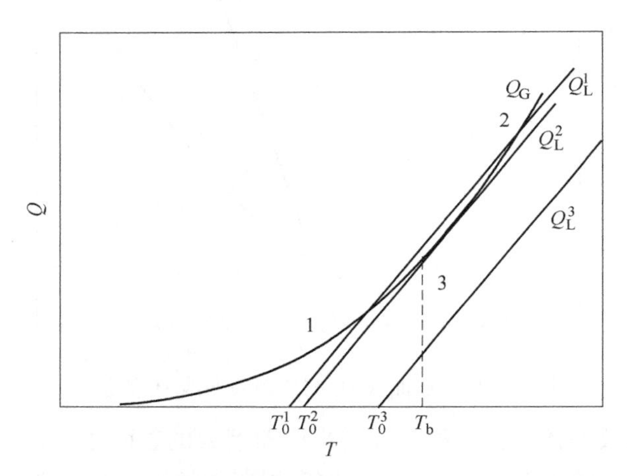

图 3-3　热生成曲线 Q_G 与热散失曲线 Q_L 关系-c

如果热散失曲线不改变，而改变热生成曲线，例如改变反应物成分或添加稀释剂，便可得到一组热生成曲线，如图 3-4 所示。图 3-4 中，交点 1 为低温稳定点，切点 3 为临界点。

（二）闪速燃烧体系的着火温度

设着火温度为 T_b，着火自燃发生时，着火条件可表示如下。

（1）平衡条件：反应物燃料和氧化剂气体反应体系热生成速度与反应体系向反应器器壁热散失速度相等，用数学公式表达为

$$[Q_G]_{T=T_b} = [Q_L]_{T=T_b} \tag{3-20}$$

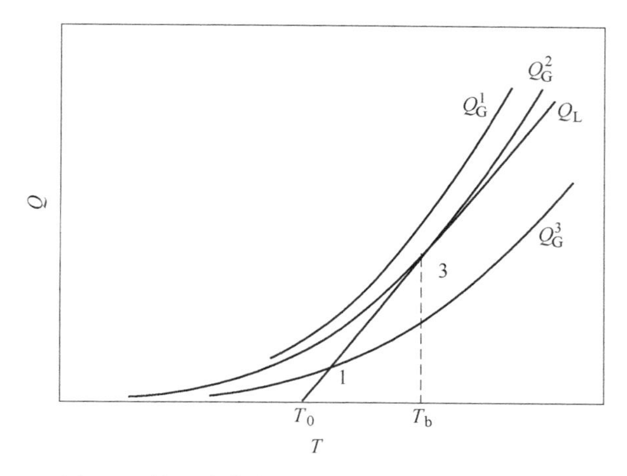

图 3-4　热生成曲线 Q_G 与热散失曲线 Q_L 关系-d

（2）临界条件：在 Q_G 热生成曲线与 Q_L 热散失曲线有切点 3，即 $Q-T$ 坐标系中，热生成曲线和热散失曲线相切，即放热量对温度的偏导数与散热量对温度的偏导数相等，用数学公式表达为

$$\left[\frac{\partial Q_G}{\partial T}\right]_{T=T_b}=\left[\frac{\partial Q_L}{\partial T}\right]_{T=T_b} \tag{3-21}$$

反应物燃料在氧化剂气体中的着火过程，可以理解为在某一恒定的管壁温度下，反应物燃料和氧化剂气体首先受到管壁的加热，以致在反应器中的某一位置反应物燃料和氧化剂气体达到反应器器壁温度之后，由于反应物燃料和氧化剂气体反应体系放出热量，如果反应器器壁温度足够高，使此反应物燃料反应放热量能够超过反应体系向反应器器壁散热量，且放热量对温度的偏导数也超过散热量对温度的偏导数，反应物燃料即可着火，着火温度即为满足着火条件的反应器器壁的最低温度。将式（3-16）和式（3-19）代入式（3-20），可得自燃着火温度 T_b 与反应器器壁温度 T_0 关系式

$$qA_c\times\frac{1}{T_b}\exp\left(-\frac{E}{RT_b}\right)=(C_p+\alpha\times\frac{4}{d})(T_b-T_0) \tag{3-22}$$

整理后，得

$$T_0=T_b-\left[QA_c\frac{1}{T_b}\exp\left(-\frac{E}{RT_b}\right)\right]\Big/\left(C_p+\alpha\times\frac{4}{d}\right) \tag{3-23}$$

将式（3-16）和式（3-19）代入式（3-21），并求导，可得

$$q\left[-A_c\times\frac{1}{T_b^2}\exp\left(-\frac{E}{RT_b}\right)+A_c\times\frac{E}{RT_b^3}\exp\left(-\frac{E}{RT_b}\right)\right]=C_p+\alpha\times\frac{4}{d} \tag{3-24}$$

用式（3-23）和式（3-24），可以计算闪速燃烧体系的自燃着火温度 T_b 与反应器器壁温度 T_0。

（三）闪速燃烧合成实际燃烧温度的控制原理

闪速燃烧过程中，反应物燃烧完成后转变成产物。在热平衡上，可以认为反应物产生的热量是产物的收入热量，它的一部分供给了产物本身，成为产物所含的热量，另一部分热量损失掉，可以认为这部分是产物支出的热量。根据热力学第一定律，即能量守恒和转化定律，燃烧产物的收入热量与产物本身所含的热量和支出的热量之和必相等。因此，单位反应物的燃烧合成反应的热平衡方程式可以表示为

$$Q_r = C_p \Delta T + Q_s \tag{3-25}$$

改写为

$$\Delta T = \frac{Q_r - Q_s}{C_p} \tag{3-26}$$

或

$$\Delta T \propto Q_r - Q_s \tag{3-27}$$

式中，ΔT 为实际燃烧条件下的燃烧产物的温度变化，即实际闪速燃烧反应温度的变化；Q_r 为闪速燃烧产物收入的热量，包括燃烧反应产生的化学热量、氧化剂气体带入的物理热量以及固体颗粒原料和稀释剂带入的物理热量等；Q_s 为闪速燃烧产物支出的热量，包括产物传给反应环境（如反应器的散热）的热量、燃烧反应不完全损失的热量、产物的热分解吸收的热量；$C_p\Delta T$ 为单位燃烧产物所含的热量；C_p 为闪速燃烧产物在 T_b 温度下的平均比热容。

从式（3-27）可以看出，在恒压氮气条件下，连续反应器内的燃烧合成反应温度的变化与燃烧反应过程收入的热量与燃烧反应支出的热量的差值呈正比关系。在实验条件下，用预热法点燃燃烧反应之后，维持反应的连续进行依赖于持续燃烧反应产生的热量与氮气的供给和反应物颗粒群（Si 或 Al 粉）不断地漂浮进入燃烧反应区。燃烧反应温度取决于燃烧反应过程中产生的燃烧产物的收入热量 Q_r 和燃烧产物的支出热量 Q_s 的热平衡关系。根据能量守恒和转化定律，当收入热量 Q_r 大于支出热量 Q_s，即 $Q_r>Q_s$ 时，燃烧反应温度 T 呈上升趋势；反之，$Q_r<Q_s$，则燃烧反应温度 T 呈下降趋势；当收入热量 Q_r 等于支出热量 Q_s，即 $Q_r=Q_s$ 时，燃烧反应温度便处于相对的稳定状态，体系达到一个相对稳定的燃烧温度，而此时燃烧反应的温度水平取决于热量平衡的水平，燃烧反应则处于等温燃烧状态。

影响实际燃烧温度的因素很多，例如：反应物燃料的发热量，氧化剂气体的预热温度。发热量较高的原料与放热量较低的原料相比，热量收入也较高，因而其实际燃烧温度也较高，在原料中配入稀释剂可以降低实际燃烧温度；提高或降低反应氧化剂气体的预热温度，也可以提高或降低热量收入，因为也能提高或降低实际燃烧温度。在保证充分发生燃烧反应和氮气恒压的条件下，可以通过调节向连续反应器内加入的原料及其稀释剂的配比与加入速度及加入量和控制氧化剂气体的预热温度来调控收入热量 Q_r 和支出热量 Q_s 的热量平衡水平，从而达到控制实际燃烧反应温度的目的，实现不同温度下的等温燃烧反应。

第二节　闪速燃烧合成氮化硅(铁)的计算机模拟与理论分析

一、热力学模型及模型参数

热力学模型是对实际化合物和熔体相进行假定和近似后得到的热力学特征函数表达式。在闪速燃烧合成体系中，涉及的物相有两大类，一类是成分固定的相，如纯组元或成分固定的化合物，另一类是成分在一定范围内变化的相，一般称为非计量化合物，包括熔体，如液体或固熔体。它们的吉布斯自由能是温度、压力和成分的函数。

（一）纯组元或成分固定化合物的热力学模型

纯组元或成分固定化合物质量定压热容是温度的函数，不考虑磁和化学有序，在德拜（Debye）温度以上，纯组元和化合物的质量定压热容 C_p 表达式为

$$C_p = m_3 + m_4 T + m_5 T^{-2} + m_6 T^2 + m_7 T^3 \tag{3-28}$$

它们的焓和熵与 C_p 的关系表达为

$$H = H(T_0) + \int_{T_0}^{T} C_p \mathrm{d}T \tag{3-29}$$

$$S = S(T_0) + \int_{T_0}^{T} \frac{C_p}{T} \mathrm{d}T \tag{3-30}$$

根据关系式

$$G = H - TS \tag{3-31}$$

可得吉布斯（Gibbs）自由能

$$G = H(T_0) - S(T_0)T + m_3 T(1 - \ln T) - m_4 T^2/2 - m_5 T^{-2}/2 - m_6 T^3/6 - m_7 T^4/12 \tag{3-32}$$

压力关系取决于状态方程。一般情况下视气体为理想气体，压力的影响仅限于混合熵相——$RT\ln(P/P^{\ominus})$。凝聚相忽略压力的影响，在高压下，凝聚相的热力学参数可视为压力的线性二阶导数。

（二）熔体的热力学模型

多元系中的熔体相的摩尔吉布斯自由能可表达为：

$$G_{\mathrm{m}} = \sum_{i=1}^{c} x_i {}^{*}G_m^i + RT\sum_{i=1}^{c} x_i \ln x_i + {}^{\mathrm{E}}G_{\mathrm{m}} \tag{3-33}$$

式中，${}^{*}G_m^i$ 为纯组元的摩尔吉布斯自由能；c 为体系组元数；x_i 为摩尔化学式中组元 i 摩尔分数，${}^{\mathrm{E}}G_m$ 为合金熔体相的过剩吉布斯自由能；$\sum_{i=1}^{c} x_i {}^{*}G_m^i$ 为机械混合相；$RT\sum_{i=1}^{c} x_i \ln x_i$ 为理想熔体的混合相；$\sum_{i=1}^{c} x_i {}^{*}G_m^i + RT\sum_{i=1}^{c} x_i \ln x_i$ 为理想熔体的过剩自由能。${}^{\mathrm{E}}G_{\mathrm{m}}$ 为非理想熔体的过剩自由能，是真实溶液与理想溶液的自由能之差，${}^{\mathrm{E}}G_{\mathrm{m}}$ 是成分和温度的函数，描述熔体偏离理想态的程度。实际上，求 G 的表达问题就是要找到 ${}^{\mathrm{E}}G_{\mathrm{m}}$ 的解析式，从熔体的物理本质出发建立了规则熔体模型、亚规则熔体模型、准化学模型、亚点阵模型等物理模型。

（三）变组成化合物热力学模型

闪速燃烧合成体系存在一些成分在一定范围可变的化合物，如 Fe 与 Si 金属间的化合物，对于此类可变组成的化合物用亚点阵模型处理。

二、氮化炉内热模拟及温度控制

用不同的合成方式制备氮化硅铁都要将原料硅铁合金置于氮化炉内氮化，硅铁的氮化与氮化过程中温度的控制有很大的关系。氮化合成过程放出大量的热，通过对氮化炉内温度分布的模拟与计算有助于对氮化反应产物的控制。

（一）立式连续氮化炉内温度分布

对于立式连续氮化合成氮化硅铁的氮化过程，靠反应区的物料氮化反应的热效应完成对氮气的加热，而高温氮气气流再将常温入口的物料加热至反应温度。氮化炉的反应室中包含预热区与反应区两部分。反应固体粉料从炉顶的常温加料口投入，在重力与气相的双重作用下，原料一边下降一边被由进气管进入的热氮气进行加热，这部分区域称为预热区。当物料达到反应温度后与热氮气在反应区内发生氮化反应。可见反应的预热区和反应区的分布是由物料是否达到反应温度进行界定的。

为控制物料的预热及反应情况，就要研究炉内的温度分布，在反应物加热的过程中，炉内形成轴向温度分布。为简化问题，我们将立式连续氮化炉沿温度梯度方向设为 z 轴。由于预热区与反应区的界线就在于固相是否达到某一反应温度，因此重点讨论预热区温度分布与控制。

立式连续氮化炉的长径比很大，可以对预热区建立平推流模型，在推导基本方程时假定：（1）炉内气固两相为直线流动，忽略热传导的影响；（2）氮化炉壁是绝热的；（3）忽略热性质的变化；（4）操作在稳态条件下进行。

图 3-5 为预热区传热示意图。在假定成立，预热区没有化学反应的条件下，仅考虑 z 方向的矢量时，预热区内的气固两相可以简化为如图 3-5 所示的一维问题。

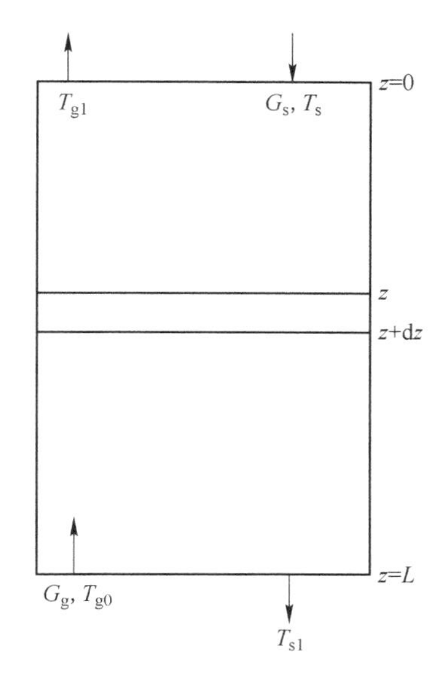

图 3-5　预热区传热示意图

这种条件下，气相和固相的热量衡算方程可表示为：

$$C_g G_g \mathrm{d}T_g / \mathrm{d}z = ha(T_g - T_s) \tag{3-34}$$

$$C_s G_s \mathrm{d}Ts / \mathrm{d}z = ha(T_g - T_s) \tag{3-35}$$

式中，C_g，C_s 分别为气相与固相的比热容；G_g，G_s 分别为气相与固相的质量通量矢量；h 为气相对颗粒的传热系数；a 为颗粒比表面积。

式（3-34）和式（3-35）两式相除得

$$\mathrm{d}T_g / \mathrm{d}T_s = C_s G_s / (C_g G_g) \tag{3-36}$$

定义

$$\beta \equiv C_s G_s / (C_g G_g) \tag{3-37}$$

β 称为热流比，是气固两相温度分布曲线特征的重要参数。

定义

$$\gamma \equiv ha/(C_g G_g) \tag{3-38}$$

则

$$dT_g/dz = \gamma(T_g - T_s) \tag{3-39}$$

$$dT_s/dz = \gamma/\beta(T_g - T_s) \tag{3-40}$$

式（3-39）和式（3-40）即为上述条件简化下的基本方程。

为得到气固两相的温度分布，下面讨论在预热区高度、固体物料和气流入口温度条件下对基本方程的解法。

式（3-39）、式（3-40）两式相减得

$$d(T_g - T_s)/dz = \gamma(\beta - 1)/\beta(T_g - T_s) \tag{3-41}$$

定义

$$\delta \equiv \gamma(\beta - 1)/\beta \tag{3-42}$$

则

$$d(T_g - T_s)/dz = \delta(T_g - T_s) \tag{3-43}$$

$\beta = 1$ 时，$d(T_g - T_s)/dz = 0$，$T_g - T_s =$ 常数。$\beta \neq 1$ 时，对式（3-36）及式（3-43）求积分，得到

$$T_g = \beta T_s + C_1 \tag{3-44}$$

$$T_g - T_s = C_2 \exp(\delta z) \tag{3-45}$$

式中，C_1，C_2 为积分常数。

式（3-44）、式（3-45）联立可得

$$T_s = \frac{C_1 - C_2 \exp(\delta z)}{1 - \beta} \tag{3-46}$$

$$T_g = \frac{C_1 - \beta C_2 \exp(\delta z)}{1 - \beta} \tag{3-47}$$

将边界条件 $z = 0$，$T_s = T_{s0}$ 及 $z = L$，$T_g = T_{g0}$，代入方程式（3-46）、式（3-47）得

$$C_1 = (1 - \beta)\left[T_{s0} + \frac{T_{g0} - T_{s0}}{1 - \beta \exp(\delta L)}\right] \tag{3-48}$$

$$C_2 = \frac{(1-\beta)(T_{g0}-T_{s0})}{1-\beta\exp(\delta L)} \tag{3-49}$$

将式（3-48）、式（3-49）代入式（3-46）、式（3-47）得

$$T_s = T_{s0} + \frac{(T_{g0}-T_{s0})[1-\exp(\delta z)]}{1-\beta\exp(\delta L)}$$

$$T_g = T_{s0} + \frac{(T_{g0}-T_{s0})[1-\beta\exp(\delta z)]}{1-\beta\exp(\delta L)}$$

可计算出气固两相的温度分布。

（二）燃烧合成热分析

燃烧合成依赖于燃烧反应产生的热量维持反应的进行，下面就燃烧合成的热生成与热散失间的关系以及体系的自燃进行讨论与分析。

假设燃烧合成使用理想的燃烧反应器，燃烧反应为完全反应。设反应热效应为 q，反应温度为 T，反应容器的直径为 d，反应器表面积为 S，反应器的体积为 V，由体系向外总散热系数为 α，反应容器的器壁的温度为 T_0，且器壁的温度不随容器内温度的升高而变化，即温度恒为 T_0；燃料的体积浓度为 C，由于连续不断地向反应器供应燃料和氧化剂，燃烧室内的燃料和氧化剂气体分布均匀，且温度也是各点相同的，在空间中的反应物质的浓度不随时间变化；理想的燃烧反应容器内的温度、压力等参数的平均值和出口参数是相同的。

燃烧反应热生成速度，即单位时间内反应器内燃烧反应生成的热量 Q_G 为

$$Q_G = q\frac{dW}{dt} \tag{3-50}$$

式中，$\frac{dW}{dt}$ 为反应物生成 1mol 的生成物的总反应速率。

若此反应为化学反应控速，反应速率与温度的关系可用反应速率常数与温度的关系来表达，按照 Arrihnius 定律，有

$$\frac{dW}{dt} = A_c \times \frac{1}{T}\exp\left(-\frac{E}{RT}\right) \tag{3-51}$$

式中，E 为燃烧反应的活化能；R 为气体常数；A_c 为化学反应控制过程表观频率因子。

式（3-50）可写为

$$Q_G = qA_c \times \frac{1}{T}\exp\left(-\frac{E}{RT}\right) \tag{3-52}$$

当扩散步骤为全过程的最慢步骤时，即扩散控速时，氮化反应总的速度可以用扩散速度 V_d 表示：

$$V_d = \frac{dW}{dt} = AMC_{N_2}\frac{D_{eff}}{x} \tag{3-53}$$

式中，A 为反应面积；M 为氮气分子量；C_{N_2} 为氮化反应界面上氮气的浓度；D_{eff} 为氮气在产物层中的有效扩散系数；x 代表产物层的厚度。

$$\ln\left(\Delta WT\frac{dW}{dt}\right) = \ln(A_d) - \frac{E_d}{R}\times\frac{1}{T} \tag{3-54}$$

式（3-54）即为扩散控制过程的反应动力学方程式。其中，E_d 为表观扩散活化能，$A_d = \frac{A^2MP_{N_2}D^0(\rho - \rho^0)}{R}$ 为扩散控制过程的表观频率因子。

在燃烧开始以前，即在着火过程中，假设反应物质的浓度是不变的，则燃烧反应的结果是反应器内温度升高到 T，此时反应物体系产生的热量将转化为单位时间内燃烧产物的热量（产物增加的热量）Q_{L1} 和单位时间内将向体系外散失（支出）的热量 Q_{L2}。

单位时间内燃烧产物增加的热量为

$$Q_{L1} = C_p(T - T_0) \tag{3-55}$$

因为着火自燃温度和反应器器壁温度相差不大，忽略辐射热散失，则热散失速度，即单位时间内由体系向外热散失的热量 Q_{L2} 为

$$Q_{L2} = \alpha\times\frac{S}{V}\times(T - T_0) \tag{3-56}$$

式中，α 为燃烧体系向反应器表面的放热系数。定义

$$Q_L = Q_{L1} + Q_{L2} = \left(C_p + \alpha\times\frac{S}{V}\right)(T - T_0) \tag{3-57}$$

由式（3-57）看出热散失函数 Q_L 与温度 T 成一次函数关系。热散失函数的曲线称为热散失曲线，热散失曲线中热量与温度为一直线，通过改变反应器器壁的表面积等热散失条件，可以得到不同斜率的热散失曲线；而改变器壁温度 T_0，则可以得到一组平行的热散失曲线。

分析热生成函数与热散失函数的大小关系，可以定性地讨论燃烧室内进行燃烧合成反应时的可能的状态。如果热生成函数始终大于热散失函数，则体系不断升温，反应自动加速，直到自燃。这种情况发生在热散失与热生成相比很弱的情况下。若热生成曲线与热散失曲线在某温度 T_1 下有个交点，说明在此温度下体

系生成热量与散失的热量相等，在温度低于此温度时，体系逐渐升温，当温度达到此平衡状态时，热量生成与散失平衡，过程稳定下来温度保持稳定。如某种外部作用使温度超过 T_1，此时体系散失的热量大于生成的热量，体系冷却，重新回到平衡点。这种情况说明体系热散失情况较强。如果热生成曲线与热散失曲线在 T_1 温度下相切，则在温度低于 T_1 时，体系被加热，体系生成热量大于散失热量，当温度升至 T_1 时，热量生成与散失平衡，但体系在该点并不稳定，稍过此切点的临界状态，反应便被加速而引起着火自燃，燃点为 T_1。

三、闪速燃烧合成的相平衡计算原理和方法

闪速燃烧合成相图的计算归根结底就是相平衡的计算。相平衡的计算有等化学位法和体系自由能极小值方法，这两种方法，以后者应用的较多。

（一）等化学位法

以二元系为例，当两相 α 和 β 在某温度下达到平衡时，有关系式

$$\mu_{\alpha}^{i} = \mu_{\beta}^{i}(i = 1,\ 2,\ 3,\ \cdots,\ n) \tag{3-58}$$

当固定了压力之后，上式为

$$\mu_{\alpha}^{i}(X_1,\ X_2,\ \cdots,\ X_n,\ T) = \mu_{\beta}^{i}(X_1,\ X_2,\ \cdots,\ X_n,\ T) \tag{3-59}$$

以 T 为参变量，可列出含有 n 个等式的联立方程组，解此方程组就可求出各平衡相的组元成分（X_1，X_2，…，X_n）。

（二）体系自由能极小值法

以吉布斯自由能最小为判据，通过相平衡计算可能获得体系平衡时平衡相的含量及其相应的平衡成分。以三元系统 A-B-C 为例，按照规则溶液模型系中某相 P 的摩尔吉布斯自由能可表达为

$$G_m^P = \sum_{i=a,\ b,\ c}^{c} {}^{0}G_i^{\mathrm{P}} X_i + RT\Big(\sum_{i=a,\ b,\ c}^{c} X_i \ln X_i\Big) + L_{\mathrm{AB}}X_{\mathrm{A}}X_{\mathrm{B}} + L_{\mathrm{BC}}X_{\mathrm{B}}X_{\mathrm{C}} + L_{\mathrm{AC}}X_{\mathrm{A}}X_{\mathrm{C}} + L_{\mathrm{ABC}}X_{\mathrm{A}}X_{\mathrm{B}}X_{\mathrm{C}} \tag{3-60}$$

式中，X_i 为组元 i 的摩尔分数；${}^{0}G_{\mathrm{i}}^{P}$ 为组元 i 在 P 相中的吉布斯自由能；$L_{i,j}$ 为组元 i 与 j 的反应能，可以利用 Redlich-Kister 多项式表达为组分的函数；$L_{i,j,k}$ 为组元 i，j，k 三元反应能。该体系总的吉布斯自由能为

$$G_m^{\mathrm{P}} = \sum \gamma_{\phi} \sum G_i^{\ \phi} X_i^{\ \phi} \tag{3-61}$$

式中，γ_{ϕ} 为 ϕ 相的含量；$G_i^{\ \phi}$ 为组元 i 在 ϕ 相中的吉布斯自由能；X_i 为组元 i 在 ϕ

相中的摩尔分数。

由于相平衡时，体系自由能需达最小值，故以优化方法求出体系自由能极小值，并以极小值时的各相成分作为平衡相成分，即令

$$\frac{\partial G_i}{\partial X_i} = 0(i = 1, 2, 3, \cdots, n) \tag{3-62}$$

解此 n 个联立方程，可得系统平衡时各相的成分。采用体系自由能极小值方法时，公式中的参数 X_i^{ϕ}，即组元 i 在不同 ϕ 相中的吉布斯自由能，也就是组元 i 的点阵稳定性常数，要从相关的热力学数据库中提取。

四、Thermo-Calc 软件及其数据库

以国际上认可的瑞典皇家工学院开发的图形用户界面的 Thermo-CalcV2.2 软件为工具，以 Thermo-CalcSoftwareAB 的 TCMP 数据库为基础进行计算。TCMP 数据库包括熔渣、冶金熔体、各种固相和气相数据，含括 Ag、Al、Ar、B、Bi、C、Ca、Cd、Cl、Co、Cr、Cu、F、Fe、H、K、Mg、Mn、Mo、N、Na、Nb、Ni、O、P、Pb、S、Sb、Si、Sn、Ti、U、V、W 和 Zn 等 35 种元素，可应用于材料加工、冶金工艺、工业与化学和核废料的处理，材料的回收利用、烧结、焚化和燃烧工艺等方面。TCMP 数据库中有很多类型的多相的按化学计量的和非理想溶液相的热力学数据可以利用，例如：熔体（金属和非金属熔体混合物）、渣相（氧化物、硅酸盐、硫化物、磷酸盐、氰化物等熔体混合物）、气体（气体混合物）、金属和非金属固体溶液以及其他碳化物、氮化物、硅化物、磷化物与硼化物和很多化学计量固体和固熔体（例如：金属、氧化物、氢氧化物、硅酸盐、硫化物、硫酸盐、硝酸盐、亚硝酸盐、磷酸盐等，以及其他金属和非金属化合物）。

Thermo-Calc 的计算分析可在很宽的温度、压力和组成的范围内采用一些缺省的某些合适的热动力学模型进行处理，例如：Sublattice 模型用于固熔体和液态混合相，Kapoor-Frohberg-GayeCell 模型用于渣相，理想气体模型用于气体混合相，Inden 模型用于磁性体。

五、FeSi75 闪速燃烧合成氮化硅铁体系的 Thermo-Calc 计算

在氮化硅铁合成体系计算中，为了简化计算，只考虑 FeSi75 硅铁中的 Si 和 Fe，工业氮气中的 N 和 O 等四种元素，原始组成（质量分数）为：51.82%的 Si，15.17%的 Fe，31.25%的 N_2 和 1.75%的 O_2。所使用的 Thermo-Calc 软件的数据库为 TCMP1。

所考虑的生成平衡物相为气相、液相和固相，具体如下：

（1）气相：SiO、N_2、Fe、FeO、N、N_2O、N_2O、N_2O_3、N_2O_4、N_2O_5、NO、

NO_2、NO_3、O、O_2、O_3；

（2）液相：Fe、Si；

（3）固相：Si、Fe、Si_3N_4、Fe_3N、Si_3Si、SiO_2、$Fe_{0.947}O$、Fe_3O_4、FeO、Fe_2O_3、$Fe_{0.5}Si_{0.5}$、FeSi、Fe_2Si、$(FeO)_2(SiO_2)$、Fe_5Si_3、M_3Si（Fe_3Si）、（Fe，O，Si）$(N, VA)_3$（即 BCC_ A2）、（Fe，O，Si）（N，VA）（即 FCC_ A1）、（Fe，Si）$(N, VA)_{0.5}$（即 HCP_ A3）。

图 3-6～图 3-11 分别示出了在体系压力 P 分别为 0.11MPa、0.2MPa 和 0.5MPa 时，FeSi75 硅铁粉闪速燃烧合成氮化硅铁系统在不同温度下的平衡相组成。

从图 3-6 至图 3-11 中可以看出，温度低于 1500℃时，系统有最大量的 Si_3N_4 生成；由图 3-10 可以看出，当体系压力 P 为 0.5MPa 与体系温度高于 1500℃时，体系平衡态产物中 Si_3N_4 含量下降，直至气化消失。因此，闪速燃烧合成氮化硅铁时，应控制闪速燃烧合成的燃烧温度，其燃烧温度在自燃着火温度（约 1200℃）与 1500℃之间较为适宜。

从图 3-6～图 3-11 中还可以看出，在有一定氧分压的条件下，Si 都与 O 发生反应生成各种形态的 SiO_2。因此，在计算的各种体系压力下，平衡态产物中会有稳定的 SiO_2 的存在。因系统温度和系统压力的不同，Fe 与 Si 间的平衡态产物可

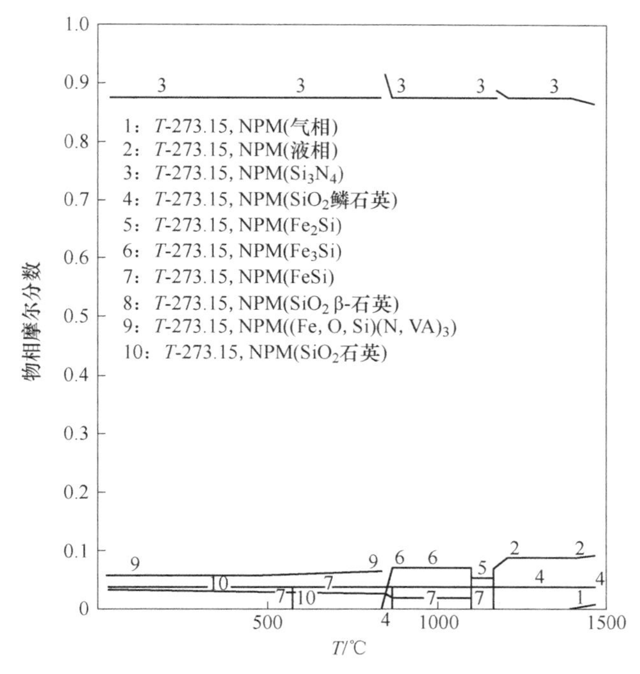

图 3-6　氮化硅铁合成体系计算相图（P=0.11MPa）

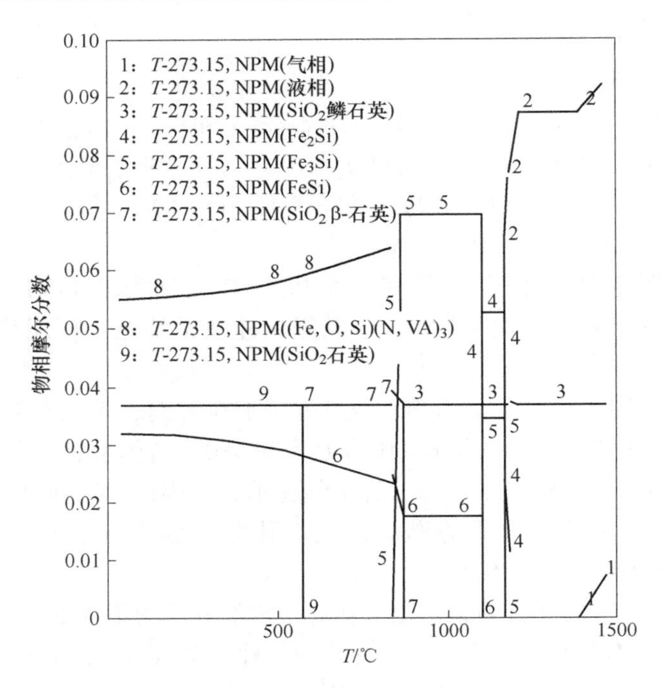

图 3-7　氮化硅铁合成体系局部放大计算相图（$P=0.11$MPa）

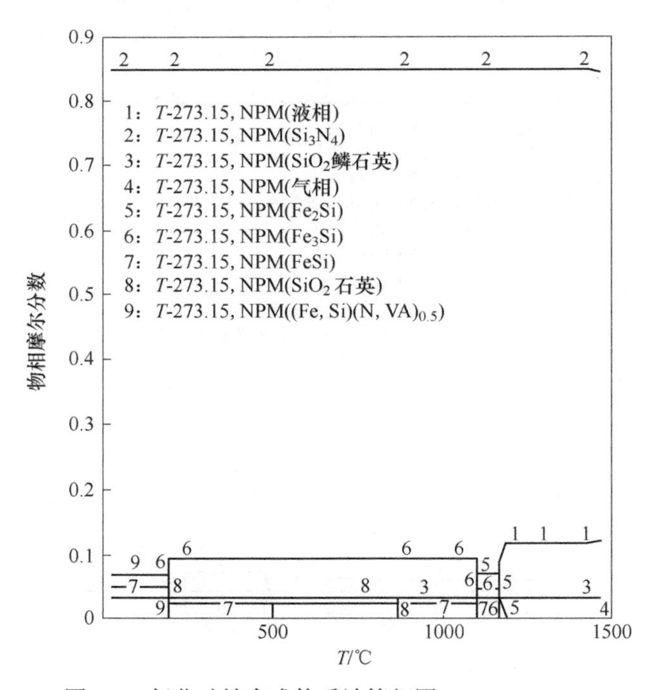

图 3-8　氮化硅铁合成体系计算相图（$P=0.2$MPa）

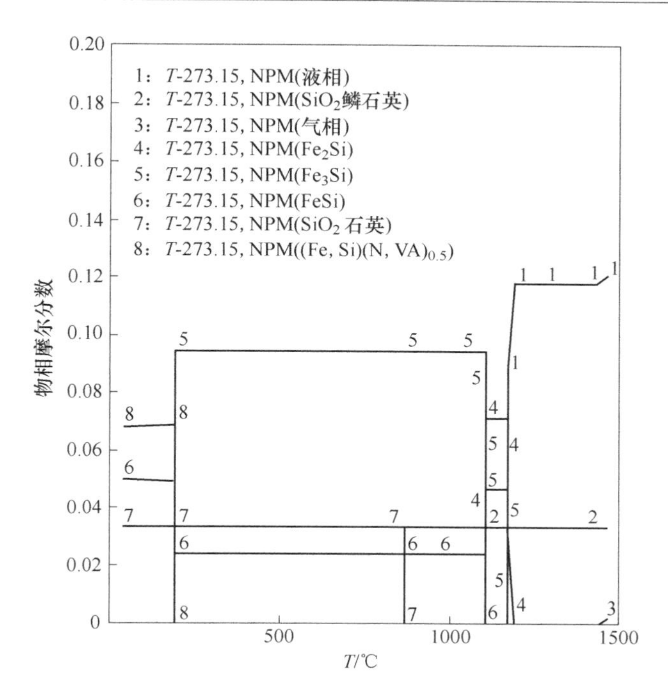

图 3-9 氮化硅铁合成体系局部放大计算相图（$P=0.2$MPa）

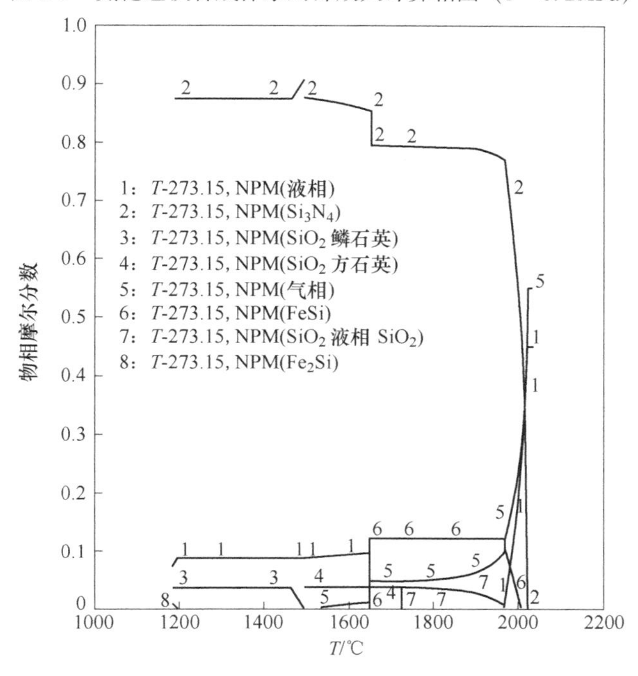

图 3-10 氮化硅铁合成体系计算相图（$P=0.5$MPa）

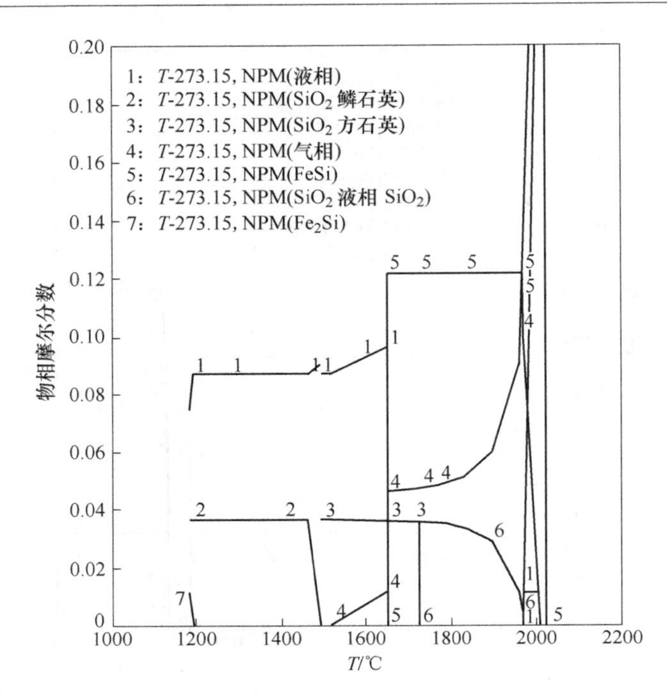

图 3-11　氮化硅铁合成体系局部放大计算相图（P=0.5MPa）

能是 FeSi、Fe_2Si 和 Fe_3Si，或有其他复杂化合物生成；由图 3-6 和图 3-7 可以看出，当体系压力 P=0.11MPa 时，系统只在很窄的温度区域内有较高摩尔分数的 Fe_3Si（摩尔分数约为 0.07）和很少量的 FeSi 存在，在不同的体系温度下，还可能生成 FeSi、Fe_2Si 或复杂化合物；由图 3-8 和图 3-9 可以看出，当体系压力 P 为 0.2MPa 时，系统在较宽的温度区域内有较高摩尔分数（约 0.095）的 Fe_3Si 生成；由图 3-10 可以看出，体系压力 P=0.5MPa 时，系统只可能有 FeSi 或 Fe_2Si 存在。由图 3-8 和图 3-9 可以推测，在氮气压力为 0.2MPa 与燃烧合成温度为 1400℃的条件下，由 FeSi75 硅铁粉闪速燃烧合成氮化硅铁时，在燃烧反应区 FeSi75硅铁粉颗粒与 N 和 O 燃烧反应，生成 Si_3N_4、SiO_2和液相，反应产物落入冷却区后，在冷却阶段会有较高量的 Fe_3Si 和很少量的 FeSi 从液相中结晶析出，最后形成含有 Si_3N_4、Fe_3Si、SiO_2和 FeSi 的固态混合物。此推测结果与实验结果基本一致。由图 3-7 还可以看出，当温度降到 190℃以下时，系统还可能有复杂化合物存在，但是由于动力学因素不足，所以不考虑此复杂化合物。

六、Si 粉闪速燃烧合成氮化硅体系的 Thermo-Calc 计算

在氮化硅合成体系计算中，为了简化计算，只考虑 Si 粉中的 Si，工业氮气中的 N 和 O 等三种元素，原始组成为：38.138%Si，60.602%N_2和 1.8%O_2。所使用 Thermo-Calc 软件的数据库为 TCMP1。

所考虑的生成平衡物相为气相、液相和固相，列于如下：

（1）气相：SiO、N_2、Fe、FeO、N、N_2O、N_2O、N_2O_3、N_2O_4、N_2O_5、NO、NO_2、NO_3、O、O_2、O_3；

（2）液相：Si；

（3）固相：Si、Si_3N_4、Si_3Si、SiO_2。

图 3-12 示出了常压下（0.1MPa）氮化硅合成体系计算相图。图 3-12 中表明：未反应的 Si 在 1412℃由固相转变为液相；生成的 SiO_2在 867℃由 β-石英转变为鳞石英，在 1460℃由鳞石英转变为方石英，在 1720℃由方石英转变为渣相；在温度不低于 1790℃时，随着 N 含量的增加，Si_3N_4分解形成气相+液相或形成气相+液相+Si_3N_4平衡相，在温度不低于 1860℃时，Si_3N_4完全分解。

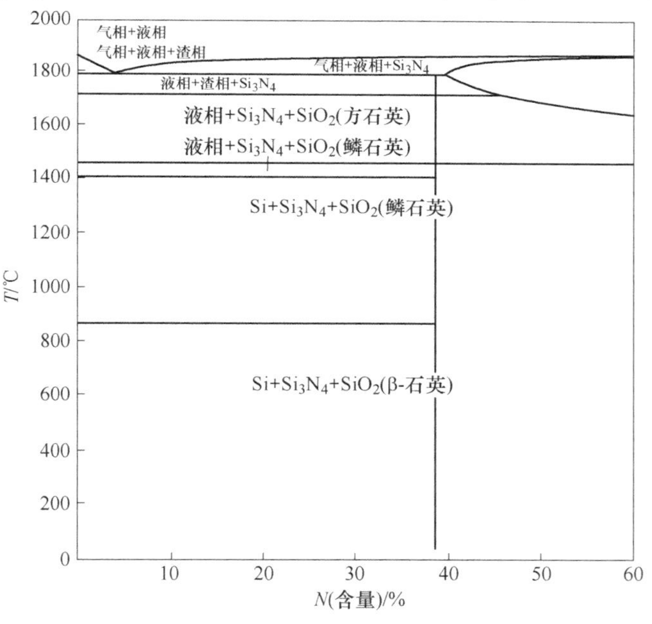

图 3-12　氮化硅合成体系计算相图

图 3-13～图 3-18 分别示出了在体系压力 P 分别为 0.1MPa、0.2MPa 和 0.5MPa 时 Si 粉合成氮化硅系统在不同温度下的平衡相组成。从图中可以看出：在体系压力 P 分别为 0.1MPa、0.2MPa 和 0.5MPa 时，Si 和 N 都能发生反应生成 Si_3N_4；Si_3N_4开始分解温度随体系压力的提高而升高，在体系压力分别为 0.1MPa、0.2MPa 和 0.5MPa 时，其开始分解温度分别为 1790℃、1880℃或更高，因此，闪速燃烧合成氮化硅时，应控制闪速燃烧合成的燃烧温度，其燃烧温度应在着火温度（约 1240℃）与 Si_3N_4开始分解温度之间较为适宜，例如：闪速燃烧合成氮化硅体系压力在 0.2MPa 时，其燃烧温度应控制在 1240～1880℃之间；在有一定氧分压的条件下，Si 都与 O 发生反应，生成 SiO_2，因此，在所计算的各种体系压

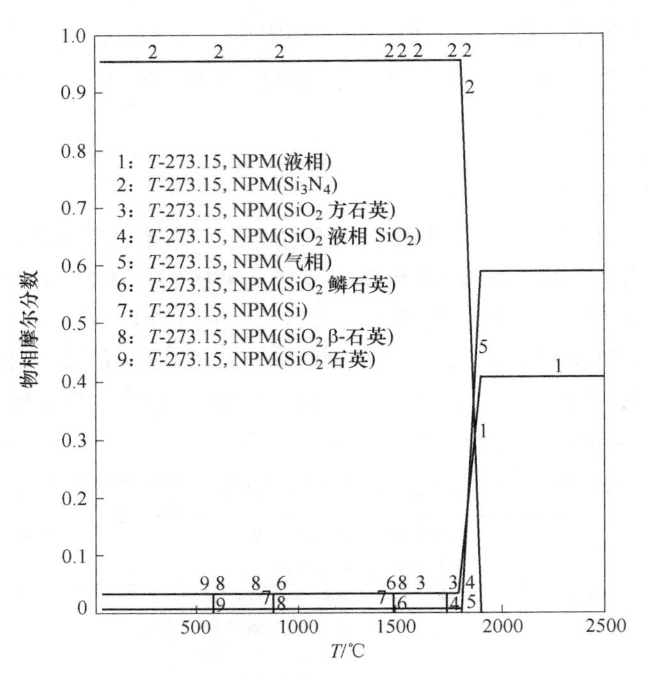

图 3-13　氮化硅合成体系计算相图（$P=0.10$MPa）

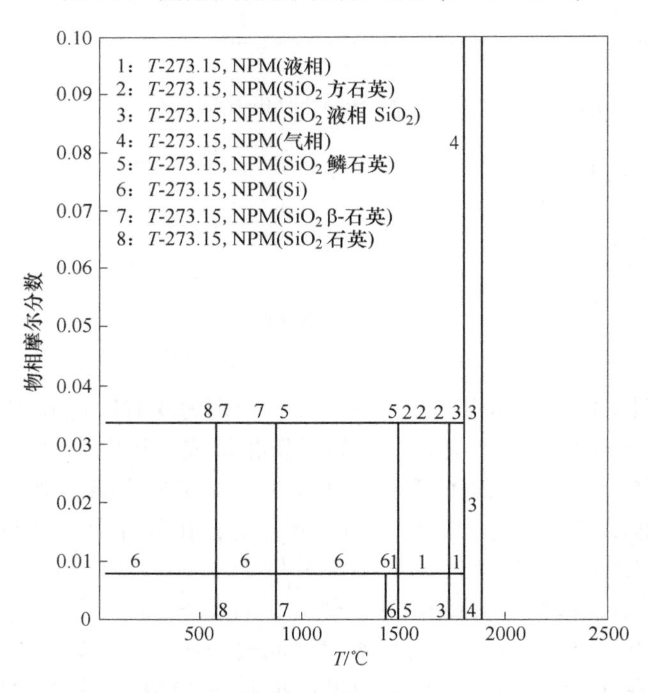

图 3-14　氮化硅合成体系局部放大计算相图（$P=0.1$MPa）

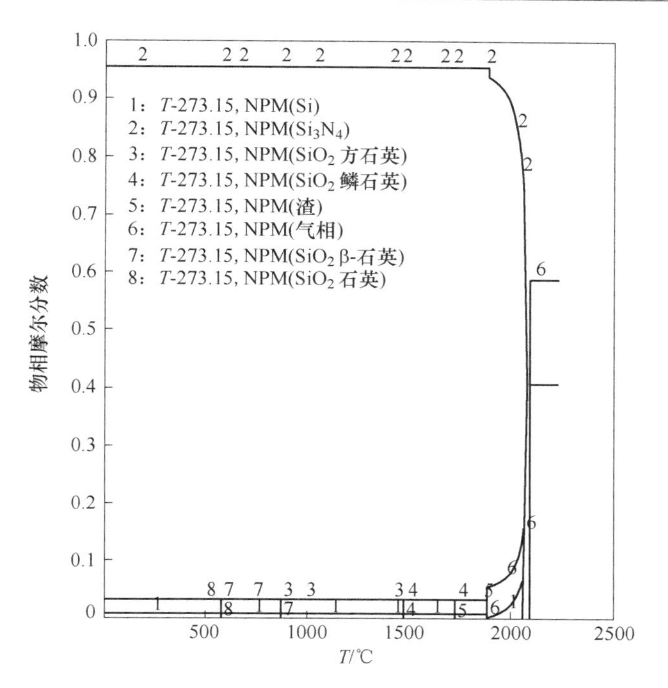

图 3-15　氮化硅合成体系计算相图（$P=0.2$MPa）

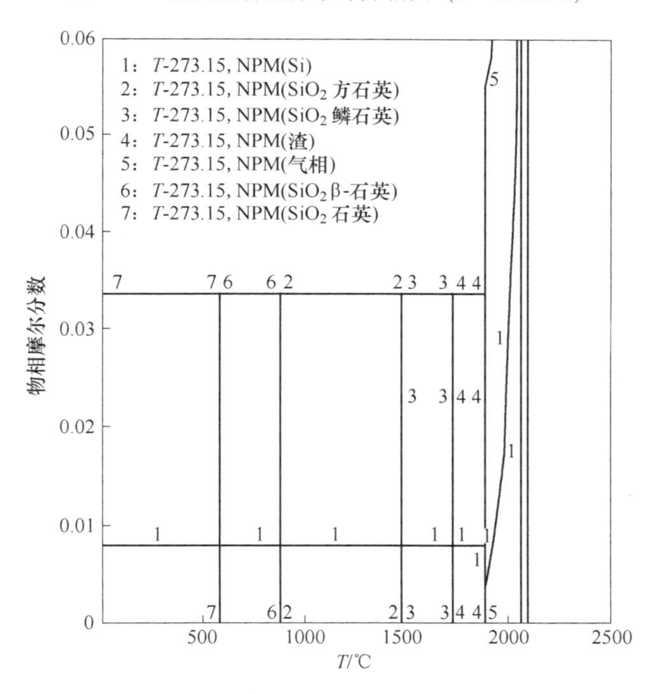

图 3-16　氮化硅合成体系局部放大计算相图（$P=0.2$MPa）

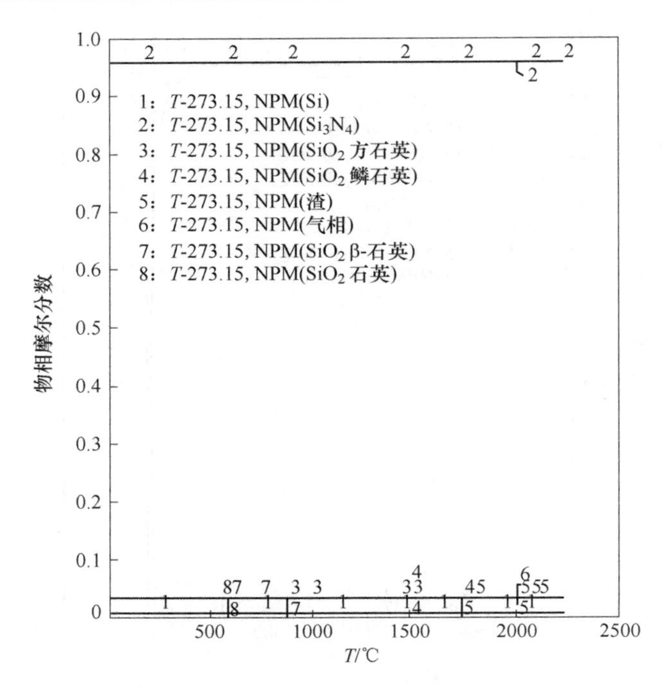

图 3-17　氮化硅合成体系计算相图（P=0.5MPa）

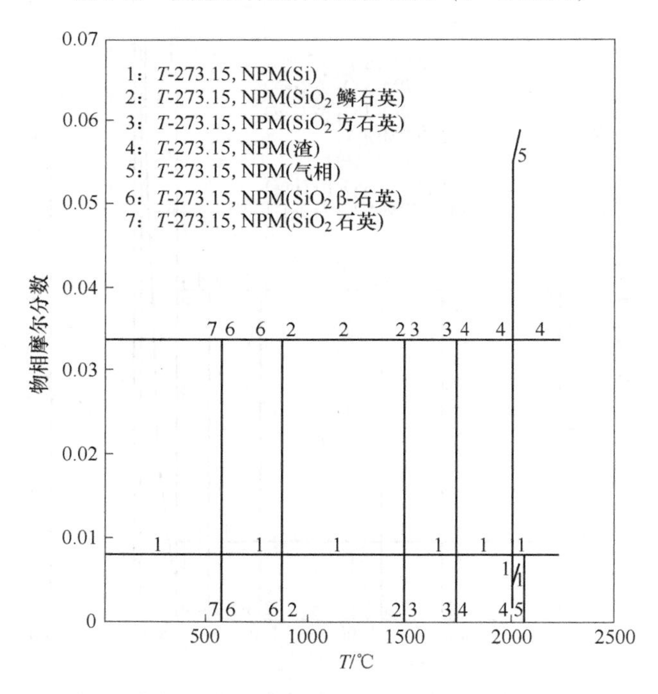

图 3-18　氮化硅合成体系局部放大计算相图（P=0.5MPa）

力条件下，平衡态产物中都会有少量的 Si 的氧化物 SiO_2 存在，为了控制燃烧合成产物的氧含量，必须降低氮气中的氧含量。

图 3-19、图 3-20 和图 3-21 分别示出了在 1000℃、1200℃和 1550℃时，不同

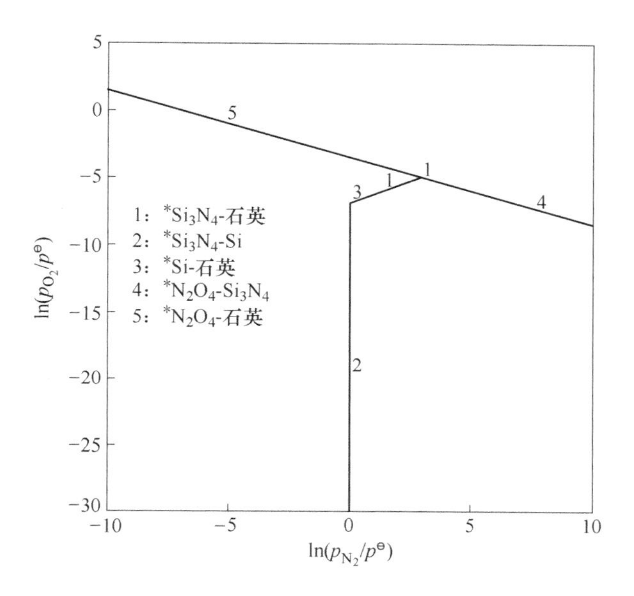

图 3-19 在不同氮和氧分压下平衡相稳定区域图（在 1000℃计算）

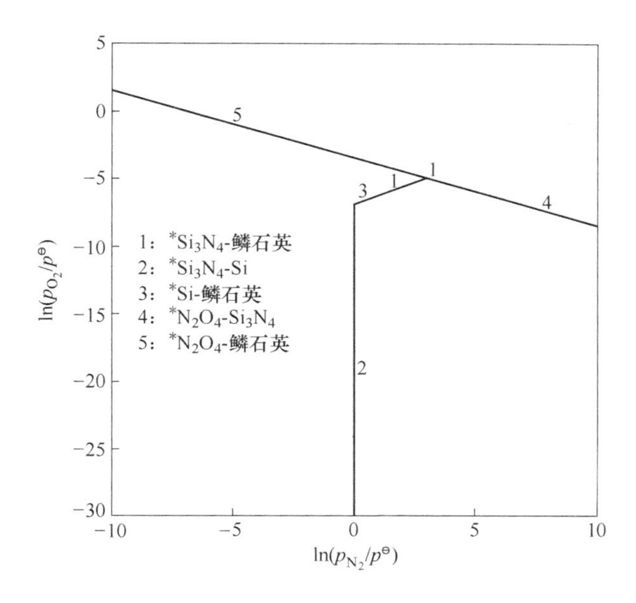

图 3-20 在不同氮和氧分压下平衡相稳定区域图（在 1200℃计算）

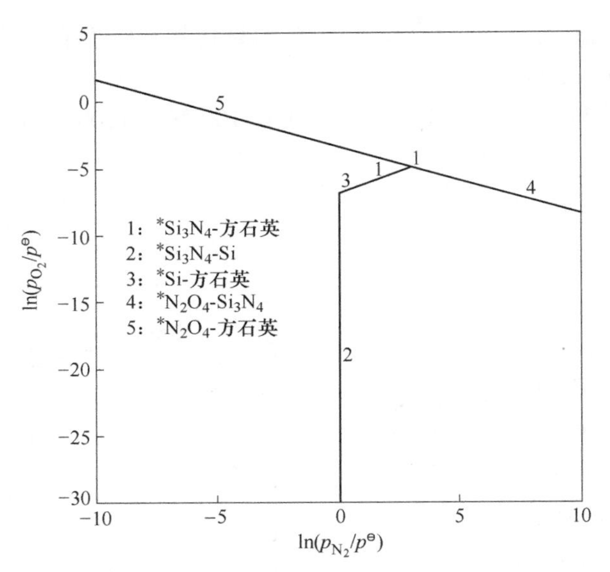

图 3-21　在不同氮和氧分压下平衡相稳定区域图（在 1550℃计算）

氮分压和氧分压下的氮化硅合成体系平衡相稳定区域图。图 3-19～图 3-21 的分析结果表明：生成 Si_3N_4的区域是图 3-19～图 3-21 中右下角的区域；在氮气压力不低于 0.1MPa 和低氧分压下，就可以制备 Si_3N_4；在常氮气压（0.1MPa）下，氧分压小于 10^{-8}MPa 时，在高氮气压下，氧分压小于 10^{-5}～10^{-9}MPa 时，有利于 Si_3N_4的生成，偏离上述氮气分压与氧分压范围，或者无法制备氮化硅或者生成大量的 SiO_2或者发生氮氧气体间的反应，而不利于高纯 Si_3N_4的制备。

七、Si 粉理论燃烧温度的热力学计算

Si 与 N_2闪速燃烧反应属于高放热的反应体系，对于实际反应而言，理论燃烧温度 T_{th}不是固定的，由于反应物的起始温度、稀释剂的加入，会影响反应物和生成物的能量状态，因此也影响到理论燃烧温度 T_{th}。

然而理论燃烧温度 T_{th}的高低直接影响生成物的状态，同时，对比理论计算结果，可以把计算的相关结果应用到实验和实际生产中去，指导实验和实际生产，因此将热力学应用于闪速燃烧合成的理论燃烧温度的分析计算，计算体系的理论燃烧温度是十分必要的。

（一）热力学分析

对于反应：

$$3Si+2N_2(g)+xSi_3N_4 = (1+x)Si_3N_4 \tag{3-63}$$

式中，x 为 Si_3N_4稀释剂加入的物质的量。假设此体系在燃烧反应过程中按式（3-28）进行，没有其他反应进行，反应体系在反应过程中处于绝热状态，与外界不存在能量交换，Si 细颗粒和 N_2按化学计量完全进行了反应，没有剩余，只有 Si_3N_4的生成。另外，由于燃烧时间极短，Si 粉气化率极低，因此不考虑 Si 的气化。考虑到反应物不同的固体、液体或气体状态有不同的物性参数，令作为稀释剂加入的 Si_3N_4的化学计量系数为 x，对于反应物体系存在：

（1）在 $298K \leqslant T_0 < 400K$ 时，有

$$\sum_i n_i \Delta H_{T_0}^{r_i} = \sum_i n_i \Delta H_{r,f,298}^{\ominus} + \sum_i n_i \int_{298}^{T_0} C_p^r dT = x\Delta H_{Si_3N_4,f,298}^{\ominus} + 3\int_{298}^{T_{Si}} C_{p_1}^{Si} dT + 2\int_{298}^{T_{N_2}} C_{p_1}^{N_2} dT + x\int_{298}^{T_{Si_3N_4}} C_{p_1}^{Si_3N_4} dT \tag{3-64}$$

（2）在 $400K \leqslant T_0 < 600K$ 时，有

$$\sum_i n_i \Delta H_{T_0}^{r_i} = \sum_i n_i \Delta H_{r,f,298}^{\ominus} + \sum_i n_i \int_{298}^{T_0} C_p^r dT = x\Delta H_{Si_3N_4,f,298}^{\ominus} + 3\int_{298}^{T_{Si}} C_{p_1}^{Si} dT + 2\int_{400}^{T_{N_2}} C_{p_2}^{N_2} dT + 2\int_{298}^{400} C_{p_1}^{N_2} dT + x\int_{298}^{T_{Si_3N_4}} C_{p_1}^{Si_3N_4} dT \tag{3-65}$$

（3）在 $600K \leqslant T_0 < 1600K$ 时，有

$$\sum_i n_i \Delta H_{T_0}^{r_i} = \sum_i n_i \Delta H_{r,f,298}^{\ominus} + \sum_i n_i \int_{298}^{T_0} C_p^r dT = x\Delta H_{Si_3N_4,f,298}^{\ominus} + 3\int_{298}^{T_{Si}} C_{p_1}^{Si} dT + 2\int_{400}^{T_{N_2}} C_{p_2}^{N_2} dT + 2\int_{298}^{400} C_{p_1}^{N_2} dT + x\int_{600}^{T_{Si_3N_4}} C_{p_2}^{Si_3N_4} dT + x\int_{298}^{600} C_{p_1}^{Si_3N_4} dT \tag{3-66}$$

（4）在 $1600K \leqslant T_0 < 1685K$ 时，有

$$\sum_i n_i \Delta H_{T_0}^{r_i} = \sum_i n_i \Delta H_{r,f,298}^{\ominus} + \sum_i n_i \int_{298}^{T_0} C_p^r dT = x\Delta H_{Si_3N_4,f,298}^{\ominus} + 3\int_{298}^{T_{Si}} C_{p_1}^{Si} dT + 2\int_{1600}^{T_{N_2}} C_{p_2}^{N_2} dT + 2\int_{400}^{1600} C_{p_2}^{N_2} dT + 2\int_{298}^{400} C_{p_1}^{N_2} dT + x\int_{1600}^{T_{Si_3N_4}} C_{p_3}^{Si_3N_4} dT + x\int_{600}^{1600} C_{p_2}^{Si_3N_4} dT + x\int_{298}^{600} C_{p_1}^{Si_3N_4} dT \tag{3-67}$$

（5）在 Si 的熔点 $T_0 = 1685K$ 时，Si 开始熔化，设 Si 的熔化率为 P_m^{Al}，ΔH_m^{Si} 为 Si 的熔化热，有

$$\sum_i n_i \Delta H_{T_0}^{r_i} = \sum_i n_i \Delta H_{r,f,298}^{\ominus} + \sum_i n_i \int_{298}^{T_0} C_p^r dT = x\Delta H_{Si_3N_4,f,298}^{\ominus} + P_m^{Al} \times 3 \times \Delta H_m^{Si} + 3\int_{298}^{T_{Si}} C_{p_1}^{Si} dT + 2\int_{1600}^{T_{N_2}} C_{p_2}^{N_2} dT + 2\int_{400}^{1600} C_{p_2}^{N_2} dT +$$

$$2\int_{298}^{400} C_{p_1}^{N_2}dT + x\int_{1600}^{T_{Si_3N_4}} C_{p_3}^{Si_3N_4}dT + x\int_{600}^{1600} C_{p_2}^{Si_3N_4}dT + x\int_{298}^{600} C_{p_1}^{Si_3N_4}dT \tag{3-68}$$

（6）在 1850K<T_0≤3500K 时，有

$$\sum_i n_i \Delta H_{T_0}^{r_i} = \sum_i n_i \Delta H_{r,f,298}^{\ominus} + \sum_i n_i \int_{298}^{T_0} C_p^r dT = x\Delta H_{Si_3N_4,f,298}^{\ominus} +$$
$$3\Delta H_m^{Si} + 3\int_{1685}^{T_{Si}} C_{p_2}^{Si}dT + 3\int_{298}^{1685} C_{p_1}^{Si}dT + 2\int_{1600}^{T_{N2}} C_{p_2}^{N_2}dT + 2\int_{400}^{1600} C_{p_2}^{N_2}dT +$$
$$2\int_{298}^{400} C_{p_1}^{N_2}dT + x\int_{1600}^{T_{Si_3N_4}} C_{p_3}^{Si_3N_4}dT + x\int_{600}^{1600} C_{p_2}^{Si_3N_4}dT + x\int_{298}^{600} C_{p_1}^{Si_3N_4}dT \tag{3-69}$$

对于产物体系存在：

（1）在 298K≤T_{th}<600K 时，有

$$\sum_j n_j \Delta H_{T_{ad}}^{P_j} = \sum_j n_j \Delta H_{p,f,298}^{\ominus} + \sum_i n_i \int_{298}^{T_{ad}} C_p^p dT \tag{3-70}$$
$$= (1+x)\left(\Delta H_{Si_3N_4,f,298}^{\ominus} + \int_{298}^{T_{Si_3N_4}} C_{p_1}^{Si_3N_4}dT\right)$$

（2）在 600K≤T_{th}<1600K 时，有

$$\sum_j n_j \Delta H_{T_{ad}}^{P_j} = \sum_j n_j \Delta H_{p,f,298}^{\ominus} + \sum_i n_i \int_{298}^{T_{ad}} C_p^p dT$$
$$= (1+x)\left(\Delta H_{Si_3N_4,f,298}^{\ominus} + \int_{600}^{T_{Si_3N_4}} C_{p_2}^{Si_3N_4}dT + \int_{298}^{600} C_{p_1}^{Si_3N_4}dT\right) \tag{3-71}$$

（3）在 T_{th} = 1600K 时，设 Si_3N_4的转变率为 $P_c^{Si_3N_4}$，$\Delta H_c^{Si_3N_4}$ 为 Si_3N_4的晶型转变热，有

$$\sum_j n_j \Delta H_{T_{ad}}^{P_j} = \sum_j n_j \Delta H_{p,f,298}^{\ominus} + \sum_i n_i \int_{298}^{T_{ad}} C_p^p dT = (1+x)\left(\Delta H_{Si_3N_4,f,298}^{\ominus} +\right.$$
$$\left.\int_{600}^{1600} C_{p_2}^{Si_3N_4}dT + \int_{298}^{600} C_{p_1}^{Si_3N_4}dT + P_c^{Si_3N_4}\Delta H_m^{Si_3N_4}\right) \tag{3-72}$$

（4）在 1600K<T_{th}≤6000K 时，有

$$\sum_j n_j \Delta H_{T_{ad}}^{P_j} = \sum_j n_j \Delta H_{p,f,298}^{\ominus} + \sum_i n_i \int_{298}^{T_{ad}} C_p^p dT = (1+x)\left(\Delta H_{Si_3N_4,f,298}^{\ominus} +\right.$$
$$\left.\int_{1600}^{T_{Si_3N_4}} C_{p_3}^{Si_3N_4}dT + \int_{600}^{1600} C_{p_2}^{Si_3N_4}dT + \int_{298}^{600} C_{p_1}^{Si_3N_4}dT + \Delta H_m^{Si_3N_4}\right) \tag{3-73}$$

（二）计算原理

利用式（3-10）采用循环算法计算 T_{th}，设计算函数 $f(T_{th})$，使得

$$f(T_{th}) = \sum_j n_j \Delta H_{T_{ad}}^{P_j} - \sum_i n_i \Delta H_{T_0}^{r_i} \quad (3\text{-}74)$$

设 $T_{th}=1000\text{K}$，如果 $f(T_{th})\leqslant 0$，则循环试算步长+100，直至 $f(T_{th})\geqslant 0$；再将循环试算步长改为+10，直至 $f(T_{th})\leqslant 0$；然后将循环试算步长+1，这样循环试算结果为 $T_{ad}=(f(T_{th})-0.5)\pm 0.5\text{K}$。如果循环试算得到 $T_{th}\geqslant T_K^A$ 时，则计算相转变率，当相转变率 $P_K^A=0$ 时，相变为未发生，直到 $T_{ad}=T_K^A$；当相转变率 $P_K^A>0$ 时，相变发生，计算 P_K^A 值，直到 $T_{ad}=T_K^A$；当相转变率 $P_K^A>1$ 时，相变完毕，重新计算 T_{th}。

最后利用计算软件 Mathematica5.0 进行了验证计算，验证结果与上述计算结果相符。Mathematica 是由美国物理学家 Stephen Wolfram 领导的 Wolfram Research 开发的数学系统软件，它拥有强大的数值计算和符号计算能力。

（三）理论燃烧温度计算

计算用 Si、N_2 和 Si_3N_4 的热力学物性参数列于表 3-3。

表 3-3 计算用热力学物性参数表

物质		焓 $\Delta H_{298}^{\ominus}$ /kJ · mol^{-1}	Gibbs 自由能 $\Delta G_{298}^{\ominus}$/J · mol^{-1}	比热容/J · (mol · K)$^{-1}$				温度范围/K	
				a	b	c	d	T_1	T_2
Si	s	0.000	18.820	22.824	3.858	-3.540	0.000	298.150	1685.00
	l	50.208	29.797	27.196	0.000	0.000	0.000	1685.00	3504.00
	g	450.000	167.980	19.275	1.687	2.352	-0.184	298.15	5000.00
Si_3N_4	s	-744.752	112.968	84.966	74.089	-7.134	5.379	298.15	600.00
	s	0.000	0.000	72.198	118.163	-8.877	-31.398	600.00	1600.00
	s	0.000	0.000	189.548	13.946	-465.669	-5.101	1600.00	2200.00
N_2	g	0.000	191.610	29.192	-1.121	0.000	3.092	298.15	400.00
	g	0.000	0.000	22.552	13.209	3.130	-3.389	400.00	1600.00
	g	0.000	0.000	36.840	0.259	-54.789	0.000	1600.00	6000.00

注：$C_p=a+b\times10^{-3}\times T+c\times10^{5}\times T^{-2}+d\times10^{-6}\times T^{2}$。

不同稀释剂 Si_3N_4 加入量的 Si 粉理论燃烧温度计算结果列于表 3-4，在不同的 Si 原料起始温度和 N_2 的起始温度下的 Si 粉理论燃烧温度的计算结果列于表 3-5。

表 3-4　不同稀释剂 Si_3N_4 加入量的 Si 粉理论燃烧温度 T_{th} 的计算值

Si_3N_4 物质的量/mol	Si_3N_4 加入量（质量分数）/%	理论燃烧温度 T_{th}/K
0	0	4802. 83
0. 2	24. 98	3973. 4
0. 4	39. 97	3444. 42
0. 6	49. 97	3067. 55
0. 8	57. 12	2782. 19
1	62. 48	2557. 19
1. 2	66. 64	2374. 47
1. 4	69. 98	2222. 68
1. 6	72. 71	2094. 28
1. 8	74. 98	1984. 04
2	76. 90	1888. 2
2. 2	78. 55	1804
2. 4	79. 98	1729. 34
2. 8	82. 34	1602. 54
2. 81	82. 38	1600
3	83. 32	1548. 31
3. 2	84. 20	1498. 76
3. 5	85. 35	1432. 17
4	86. 94	1337. 67
4. 5	88. 22	1259. 01
5	89. 28	1192. 34
5. 5	90. 15	1135
6	90. 90	1085. 08
8	93. 02	936. 02
11	94. 82	797. 92

表 3-5　Si 粉理论燃烧温度 T_{th} 计算值

起始温度/K	理论燃烧温度 T_{th}/K			
	$x=0$	$x=0.1$	$x=0.2$	$x=0.4$
298	4802. 83	4334. 12	3974. 05	3444. 95
398	4891. 92	4407. 7	4037. 28	3495. 39
498	4988. 12	4485. 54	4103. 87	3548. 25
598	5091. 02	4567. 11	4173. 27	3603. 07

续表 3-5

起始温度/K	理论燃烧温度 T_{th}/K			
	$x=0$	$x=0.1$	$x=0.2$	$x=0.4$
698	5197.84	4652.34	4245.36	3659.7
798	5312.08	4741.31	4320.12	3718.07
898	5433.45	4834.17	4397.57	3778.14
998	5562.9	4931.14	4477.76	3839.88
1098	5701.77	5032.49	4560.77	3903.28
1198	5851.99	5138.59	4646.71	3968.33
1298	6016.36	5249.9	4735.7	4035.05
1398	6201.02	5367.01	4827.92	4103.42
1498	6410.88	5490.66	4923.57	4173.48
1598	6664.09	5621.89	5022.89	4245.24

注：x 代表作为稀释剂加入的 Si_3N_4的物质的量，单位为 mol。

根据表 3-4 计算结果，绘制了 Si、N_2和稀释剂处于标准状态下的 Si 粉的理论燃烧温度随稀释剂加入量的变化关系图，示于图 3-22。从图 3-22 可以看出，理论燃烧温度随稀释剂加入量的增加呈下降趋势。纯 Si 粉的理论燃烧温度为 4803K，当稀释剂加入量为 Si 粉和稀释剂总量的 25%时，燃烧体系的理论燃烧温度为 3973K，当稀释剂加入量为 80%时，燃烧体系的理论燃烧温度为 1729K，当稀释剂加入量为 90%时，燃烧体系的理论燃烧温度只达到 1135K。

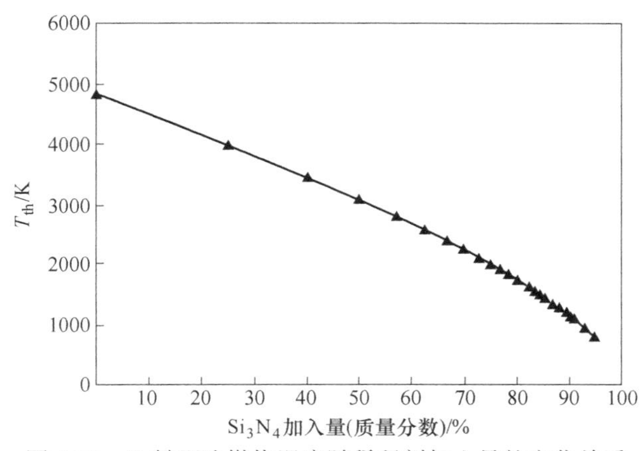

图 3-22　Si 粉理论燃烧温度随稀释剂加入量的变化关系

根据表 3-5 计算结果，绘制了 Si 粉理论燃烧温度随原料和 N_2的起始温度的变化关系图，示于图 3-23。从图 3-23 中可以看出，随反应物起始温度的提高体系理论燃烧温度呈上升趋势。

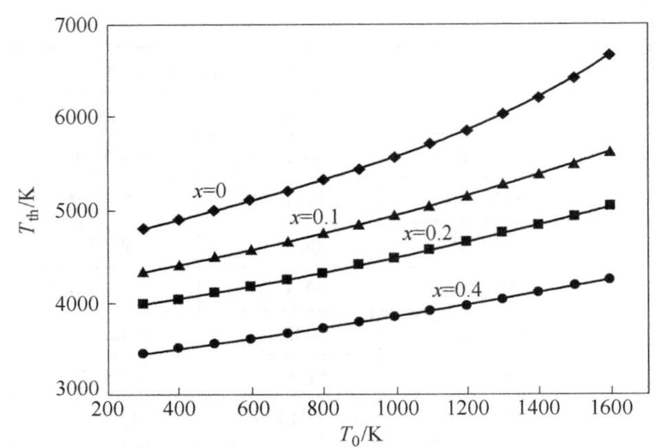

图 3-23　Si 粉理论燃烧温度随原料和 N_2 起始温度的变化关系

因此，可以通过加入适当比例的稀释剂与选择合理的原料的起始温度和 N_2 的起始温度，来调整闪速燃烧合成反应体系的理论燃烧温度，进而控制燃烧产物的收入的热量和支出的热量之间的平衡，增强对实际燃烧反应体系的可操控性，达到有效地控制闪速燃烧合成温度的目的。

第三节　闪速燃烧体系反应动力学的研究

一、闪速燃烧体系反应的热重分析

试样为粒度符合≤0.088mm（$D(\mathrm{v}, 0.9)=72.49\mu m$）高纯 Si 细粉，其化学指标和粒度见表 3-6，粒度分布见图 3-24。氮气为纯度（体积分数）99.999%的

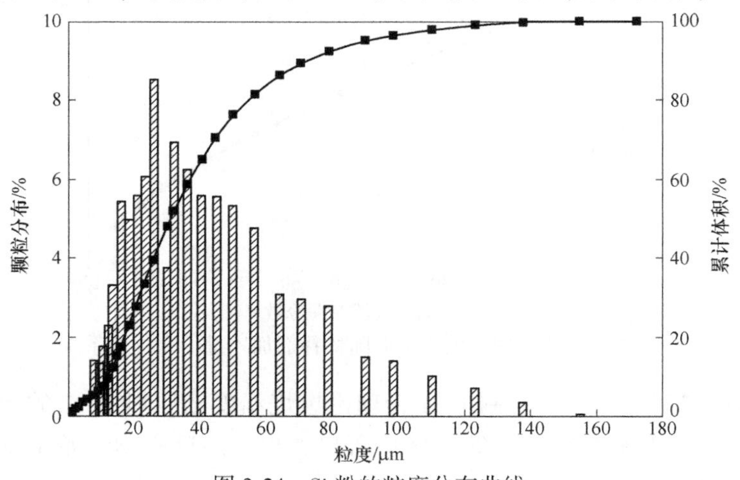

图 3-24　Si 粉的粒度分布曲线

高纯氮气，其化学分析见表 3-7。粉状试样放置在高温综合热分析仪上，采用热重法（TG 和 DTG）进行 Si-N 闪速燃烧体系的反应动力学实验。通入高纯氮气的恒定流量为 55mL/min，升温速率为 10K/min。用切线法确定 Si 在 N_2中的自燃着火温度，即在 TG 曲线上做反应开始点和记录的结束点作切线，其两条切线的交点上指示的温度定义为自燃着火温度。

表 3-6　硅粉的化学指标和粒度

项　　目	指　　标
Si 含量(质量分数)/%	99.3
Fe 含量(质量分数)/%	0.6
Al 含量(质量分数)/%	<0.01
Ca 含量(质量分数)/%	<0.01
Mg 含量(质量分数)/%	<0.01
Mn 含量(质量分数)/%	<0.01
D(v, 0.1)/μm	12.01
D(v, 0.5)/μm	31.09
D(v, 0.9)/μm	72.49
比表面积/$m^2 \cdot g^{-1}$	0.1153

表 3-7　实验室用高纯氮气的化学组成

项　　目	指　　标
N_2 含量(质量分数)/%	99.999
O_2 含量(质量分数)/%	$\leqslant 3\times10^{-4}$
H_2 含量(质量分数)/%	$\leqslant 1\times10^{-4}$
THC 含量(质量分数)/%	$\leqslant 3\times10^{-4}$
H_2O 含量(质量分数)/%	$\leqslant 5\times10^{-4}$

图 3-25 示出了等速非等温的 TG 曲线图。图 3-26 示出了等速非等温的 DTG 曲线图。从图 3-25 可以看出，在研究的 700～1400℃ 温度区域内，Si 粉在约 750℃时与氮气发生反应，在 1200℃以前反应进行得比较缓慢，当温度升高到 1200℃时，反应速率迅速提高，用切线法可以判断出自燃着火点约为 1240℃，在 1300℃以上时，燃烧反应剧烈进行。TG 曲线图表明 1300℃以后的燃烧合成反应是快速的燃烧反应阶段。

从图 3-26 可以看出，在 1000～1400℃温度区域内，Si-N 反应速率随温度的提高呈显著的上升趋势，且反应速率随温度上升呈指数增大的变化关系。利用温度判别法，可以基本推测出 Si-N 燃烧体系的反应是化学反应控制的，即燃烧反应为化学反应控制，燃烧反应速率为化学反应速率。

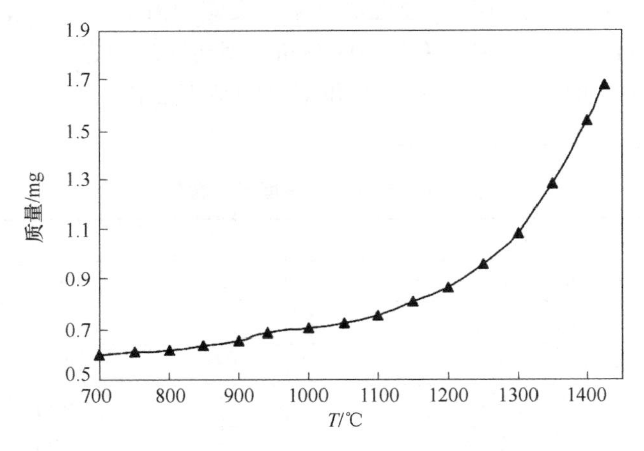

图 3-25　Si 颗粒群在 N_2 下的 TG 图

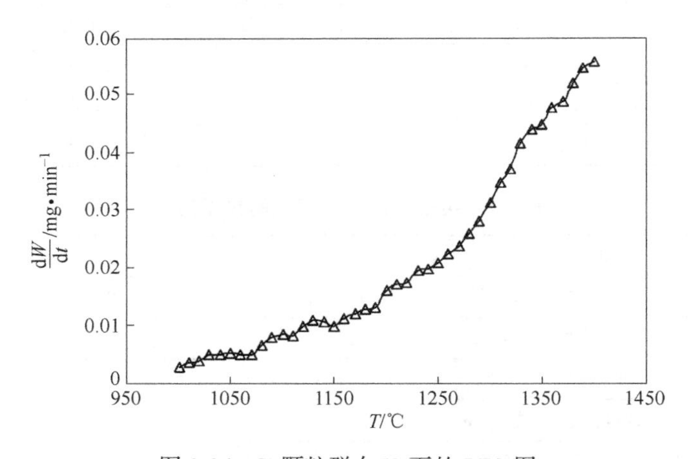

图 3-26　Si 颗粒群在 N_2 下的 DTG 图

二、闪速燃烧体系反应动力学

(一) 反应动力学理论

对于所研究的 Si-N 闪速燃烧合成 Si_3N_4 的体系，其反应方程式为

$$3Si + 2N_2 = Si_3N_4 \tag{3-75}$$

根据气固相反应动力学原理，可知气固间的非催化流气固相间的反应一般包括五个步骤。在通常条件下，Si-N 闪速燃烧体系反应过程中没有气相生成，那么，反应包括下列三个步骤。

（1）氮气通过气固边界扩散到 Si 粉颗粒外表面：

$$J_1 = K_m(C_{N_2} - C_{N_2}^s) \tag{3-76}$$

（2）氮气通过反应产物层扩散到反应界面：

$$J_2 = D_{eff}(C_{N_2}^s - C_{N_2}^i)/x \tag{3-77}$$

（3）在反应界面上 N_2和 Si 进行化学反应：

$$J_3 = K_c C_{N_2}^i \tag{3-78}$$

式中，C_{N_2}、$C_{N_2}^s$、$C_{N_2}^i$ 分别为氮气的环境浓度、气固相界面和反应层截面的浓度；K_m、D_{eff}、K_c 分别为气体边界层扩散系数、有效扩散系数和化学反应速率常数；x 代表产物层的厚度；J 代表氮气单位时间单位面积通过的氮气摩尔通量。

设进程已到达准稳态，上面的各步骤的速度达到相等，于是有

$$J_1 = J_2 = J_3 \tag{3-79}$$

联立方程式（3-76）~式（3-78）并消去变量 $C_{N_2}^s$、$C_{N_2}^i$，则得到如下公式：

$$J_{N_2} = \frac{C_{N_2}}{\dfrac{x}{D_{eff}} + \dfrac{1}{K_m} + \dfrac{1}{K_c}} \tag{3-80}$$

忽略研究体系在反应过程中反应前后体积变化，不考虑 Si_3N_4 挥发。那么，体系的反应速率可用单位时间内试样中生成物的增加量来表示：

$$V = \frac{dW}{dt} = AMJ_{N_2} = \frac{AMC_{N_2}}{\dfrac{x}{D_{eff}} + \dfrac{1}{K_m} + \dfrac{1}{K_c}} \tag{3-81}$$

式中，A 为反应面积；M 为氮气的摩尔质量。式（3-81）为 Si-N 闪速燃烧体系反应动力学方程式，这是一个包括气固边界扩散、通过反应产物层扩散和化学反应的总方程。很显然，在气固反应中，气固边界扩散是很迅速的，不会成为控制环节。因此，下面只讨论化学控制和通过产物层扩散控制。在整个反应过程中，如果某一步骤的反应速率慢，则这一步骤的反应速率可以代表整个过程的反应速率，即整个反应为慢的反应所控速。

1. 化学反应控制的反应动力学方程

如果全部过程中，化学反应步骤是慢的步骤，即化学反应为速度控制环节，此时化学反应速率常数很小，与 $\dfrac{1}{K_c}$ 相比，$\dfrac{x}{D_{eff}}$ 和 $\dfrac{1}{K_m}$ 的值很小，可以忽略不计。此时 Si 颗粒的燃烧反应总速度 V 与界面上的化学反应 V_c 是相等的，即 $V = V_c$。对于化学反应，有

$$V = \frac{dW}{dt} = AMK_c C_{N_2}^i \tag{3-82}$$

式中，K_c 为化学反应的速度常数；C_{N_2} 为氮化反应界面上氮气的浓度。

对于理想气体，

$$C_{N_2} = \frac{P_{N_2}}{RT} \tag{3-83}$$

由 Arrihnius 公式，

$$K_c = K_0 \exp\left(-\frac{E_c}{RT}\right) \tag{3-84}$$

将式（3-83）和式（3-84）代入式（3-82）中，则有

$$\frac{dW}{dt} = AMK_0 \exp\left(-\frac{E_c}{RT}\right)\frac{P_{N_2}}{RT} \tag{3-85}$$

对式（3-85）进行整理，得

$$T\frac{dW}{dt} = \frac{AMP_{N_2} K_0 \exp\left(-\frac{E_c}{RT}\right)}{R} \tag{3-86}$$

对式（3-86）两边同时取对数，可得

$$\ln\left(T\frac{dW}{dt}\right) = \ln(A_c) - \frac{E_c}{RT} \tag{3-87}$$

式（3-87）为化学反应控制的反应动力学方程式。其中，$A_c = \frac{AMP_{N_2} K_0}{R}$ 为化学反应控制过程中的表观频率因子；E_c 为氮化反应的表观活化能。

对于所研究的氮化反应过程，若受化学反应过程控制，可应用式（3-87）的动力学方程式。通过 TG 实验对所得到的数据进行处理，可得到不同温度下的 $\frac{dW}{dt}$，将 $\ln\left(T\frac{dW}{dt}\right)$ 对 $1/T$ 作图，应为一直线。

2. 扩散控制的反应动力学方程

当扩散步骤为全过程的最慢步骤时，此时，氮化反应总速度 $\frac{x}{D_{eff}} + \frac{1}{K_m} + \frac{1}{K_c} \approx \frac{x}{D_{eff}}$，$V$ 可由扩散速度 V_d 来表示。

$$V_d = \frac{dW}{dt} = AMC_{N_2}\frac{x}{D_{eff}} \tag{3-88}$$

式中，D_{eff} 为 N_2 在产物层中的有效扩散系数。在氮化反应过程中，单位面积的增重 $\Delta W/A$ 为

$$\frac{\Delta W}{A} = \frac{W - W_0}{A} = \frac{xA\rho - xA\rho^0}{A} = x(\rho - \rho^0) \tag{3-89}$$

$$x = \frac{1}{\rho - \rho^0} \times \frac{\Delta W}{A} \tag{3-90}$$

式中，A 为试样反应的总表面积；x 为氮化反应产物的厚度；ρ 为氮化反应后试样的平均密度；ρ^0 为氮化反应前试样的平均密度。

由 $C_{N_2} = \frac{P_{N_2}}{RT}$，$D_{eff} = D_0 \exp\left(-\frac{E_d}{RT}\right)$，并将式（3-90）代入式（3-88），可得

$$\Delta WT \frac{dW}{dt} = \frac{A^2 MP_{N_2}(\rho - \rho^0) D_0}{R} \exp\left(-\frac{E_d}{RT}\right) \tag{3-91}$$

对式（3-91）两边取对数，可得

$$\ln\left(\Delta WT \frac{dW}{dt}\right) = \ln(A_d) - \frac{E_d}{RT} \tag{3-92}$$

式（3-92）即为扩散控制过程的反应动力学方程式。其中，E_d 为表观扩散活化能；$A_d = \frac{A^2 MP_{N_2}(\rho - \rho^0)}{R}$ 为扩散控制过程的表观频率因子。对于所研究的燃烧反应过程，若受扩散过程控制，可应用式（3-92）的反应动力学方程式。通过 TG 实验并对所得到的数据进行处理，可得到不同温度下的 $\frac{dW}{dt}$，将 $\ln\left(\Delta WT \frac{dW}{dt}\right)$ 对 $1/T$ 作图，如此温度区间的反应为扩散控速则应为一直线。

（二）闪速燃烧体系反应动力学分析

根据 Si-N 闪速燃烧体系反应增重曲线和数据，按式（3-87）和式（3-92）的动力学方程式进行数据处理。作 Si-N 闪速燃烧体系反应动力学曲线图，其 $\ln\left(\Delta WT \frac{dW}{dt}\right)$ 与 $1/T$ 不成直线关系，表明此燃烧反应不受扩散过程控制；而 $\ln\left(T \frac{dW}{dt}\right)$ 和 $1/T$ 成近似的直线关系（图 3-27），表明此燃烧反应受化学反应过程控制，由此得到线性回归的直线方程，可计算出有关动力学参数，计算结果见表 3-8。

由表 3-8 可见，回归直线方程的相关系数很高，表明以上推导的 Si-N 燃烧体系的化学反应控制的反应动力学模型是正确的，其反应速率方程的微分表达式为式（3-93）。此结果表明，在所研究的 1000～1400℃ 温度范围内，Si 颗粒在氮气中燃烧反应过程由表面反应控制，燃烧反应为化学反应控制，燃烧反应速率为化学反应速率。

$$\frac{dW}{dt} = \frac{1.805 \times 10^6}{R} \times \exp\left(-\frac{1.375 \times 10^5}{8.314T}\right) \tag{3-93}$$

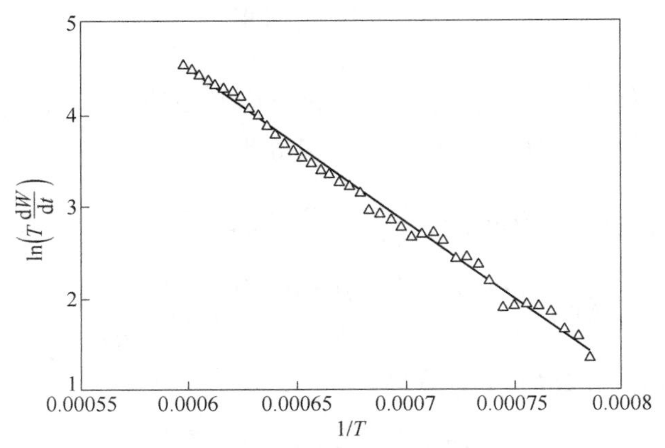

图 3-27 Si-N 燃烧体系反应动力学曲线

表 3-8 由图 3-27 中的直线方程计算的有关参数

控制阶段	化学反应控制
表观频率因子 A_c	1.805×10^6
表观活化能 E_c/J · mol^{-1}	1.375×10^5
相关系数 R	0.9916
温度范围/K	1273~1673

三、闪速燃烧合成时间

(一) 闪速燃烧合成时间的概念

通过分析认为，氮化硅的闪速燃烧合成按两个步骤进行。第一步，Si 颗粒进入反应容器的预热区被加热到燃烧反应温度，此种 Si 颗粒被加热到反应温度所需的时间称为升温时间；第二步，在燃烧反应区的燃烧反应温度下完成闪速燃烧合成氮化硅的反应，此种 Si 颗粒在反应温度下完成闪速燃烧反应所需的时间称为燃尽时间。考虑到第一步和第二步有重合的可能，氮化硅的闪速燃烧合成时间应等于或小于 Si 颗粒升温时间与 Si 颗粒燃尽时间之和。一般希望闪速燃烧反应在数秒内完成，以保证 Si 颗粒完全反应。如果此燃烧合成时间较长，Si 颗粒就可能在没有完成燃烧合成反应之前就落入了冷却区，出现燃烧不完全的产物。当用闪速燃烧合成法制备氮化硅时，希望 Si 颗粒在燃烧反应区完成闪速燃烧反应，因此有必要对燃烧反应的完成时间进行研究。

(二) Si 颗粒的升温时间

Si-N 体系的闪速燃烧合成可以简化为单个的 Si 颗粒和氮气燃烧反应。Si 颗粒进入反应器预热区后，在高温氮气中受热升温，如果只考虑对流传热，加热过程中没有发生氮化反应，那么，可以通过考察整个 Si 颗粒内部温度随时间的变化过程，即考察单个 Si 颗粒被送入在反应温度下的氮气中在不同时间的瞬态传热过程——瞬态温度场来判断其在高温下的升温时间。

采用有限元方法进行了计算。有限元计算机辅助分析软件为 ANSYS。为了简化计算，假设 Si 颗粒为球形，根据对称性，在求解过程中取过球心的某一截面建立有限元计算模型。定义 ANSYS 中的单元类型为 thermosolid，quad4node55。材料性能参数取 Si 颗粒密度 $\rho=2330\text{kg/m}^3$，导热系数 $\kappa=150\text{W/(m}\cdot\text{K)}$，比热容 $C=702.24\text{J/(kg}\cdot℃)$。采用 SmartSizes 智能划分网格，选用 Transient 瞬态热分析选项，施加的边界载荷温度设定为 1673K，Si 颗粒初始温度设定为 298K。

图 3-28～图 3-30 分别示出了在施加的边界载荷温度设定为 1673K 时直径为 0.088mm 的 Si 颗粒在 0.1s、0.5s 和 1s 时的温度场分布图。图 3-31～图 3-34 分别示出了在施加的边界载荷温度设定为 1673K 时直径为 0.2mm 的 Si 颗粒在 0.5s、1s、2s 和 4s 时的温度场分布图。从上述图中可以看出：Si 颗粒直径增加，升温时间也延长，颗粒内部升高到一致的温度所需时间也较长；反之，Si 颗粒直径减小，升温时间也降低，颗粒内部升高到一致的温度也较短；在边界载荷温度为 1673K 的情况下，直径为 0.088mm 的 Si 颗粒需要 2s，直径为 0.2mm 的 Si 颗粒大于 4s，直径为 0.088mm 在 0.1s 以内，0.2mm 的 Si 颗粒在 0.5s 以内，其整个颗粒的温度就可以升高到 1660K 以上。由上述的分析可以认为：0.088mm 与 0.2mm 粒径的 Si 颗粒升温时间很短，燃尽时间是更重要的参数，对于这样较大直径的 Si 颗粒，闪速燃烧合成时间主要由反应温度下的完成闪速燃烧反应的燃尽时间决定，燃尽时间是决定闪速燃烧合成能否完成的主要参数。

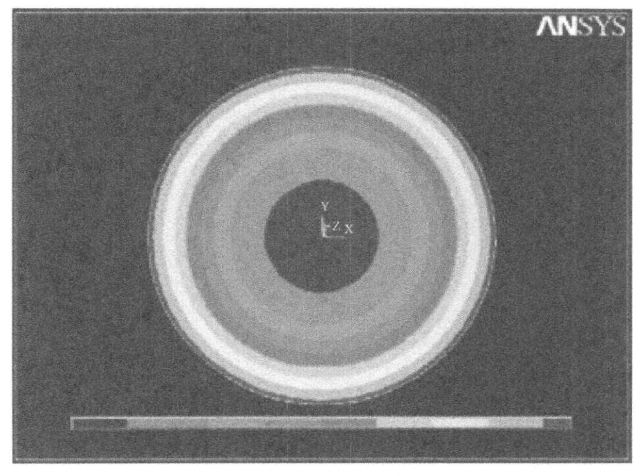

图 3-28　直径为 0.088mm 的 Si 颗粒在 0.1s 时的温度分布图

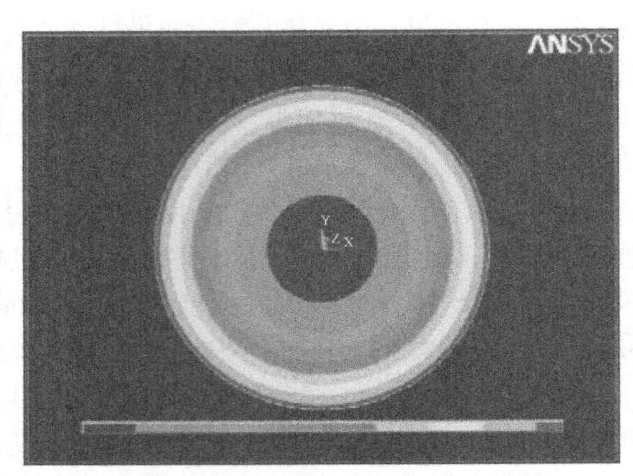

图 3-29　直径为 0. 088mm 的 Si 颗粒在 0. 5s 时的温度分布图

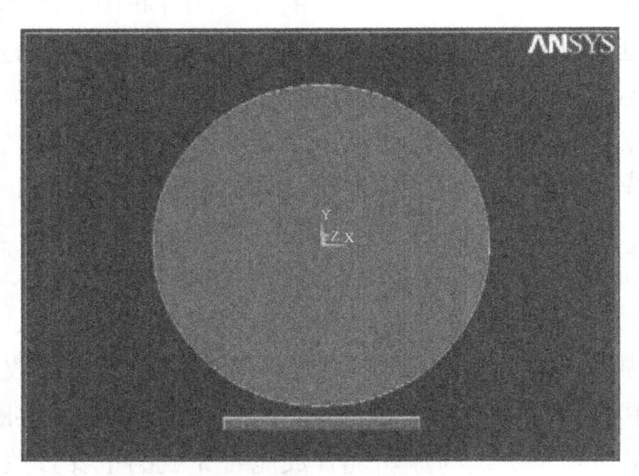

图 3-30　直径为 0. 088mm 的 Si 颗粒在 1s 时的温度分布图

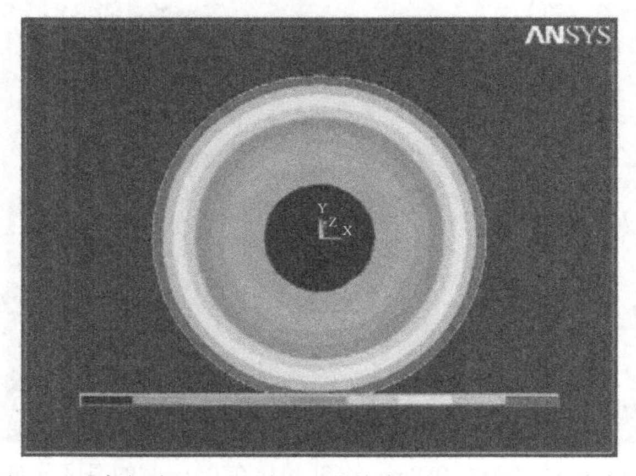

图 3-31　直径为 0. 2mm 的 Si 颗粒在 0. 5s 时的温度分布图

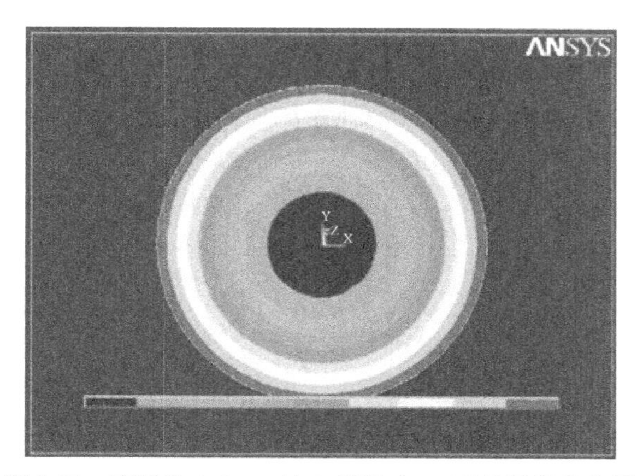

图 3-32　直径为 0.2mm 的 Si 颗粒在 1s 时的温度分布图

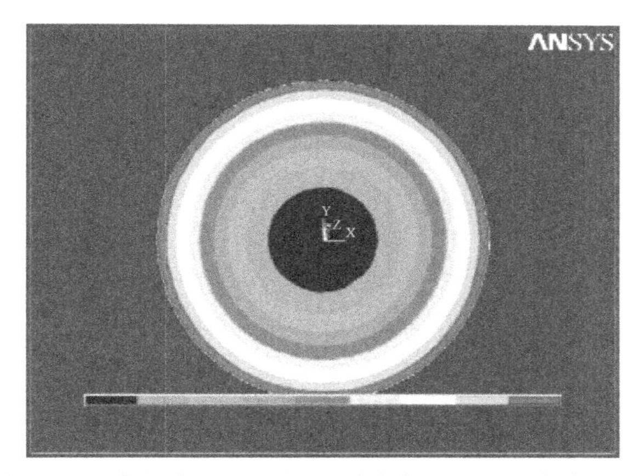

图 3-33　直径为 0.2mm 的 Si 颗粒在 2s 时的温度分布图

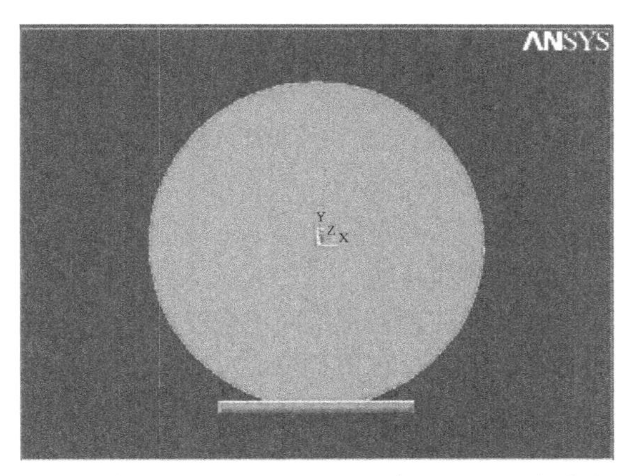

图 3-34　直径为 0.2mm 的 Si 颗粒在 4s 时的温度分布图

（三）Si 颗粒的燃尽时间

由化学反应控制的 Si-N 闪速燃烧体系反应动力学方程式（3-87）得到

$$T\frac{\mathrm{d}W}{\mathrm{d}t}=A_{\mathrm{c}}\exp\left(-\frac{E_{\mathrm{c}}}{RT}\right) \tag{3-94}$$

对式（3-94）积分后，可得

$$W=A_{\mathrm{c}}\exp\left(-\frac{E_{\mathrm{c}}}{RT}\right)\times\frac{1}{T}\times t+C \tag{3-95}$$

式中，C 为积分常数。把 Si 颗粒反应前后皆视为球形，则有

$$W=\frac{4}{3}\pi r^{3}\rho \tag{3-96}$$

式中，ρ 为颗粒的体积密度。对于 Si 颗粒，ρ_{Si} 取值为 2.33mg/mm³；对于 Si_3N_4 颗粒，$\rho_{\mathrm{Si_3N_4}}$ 取值为 3.187mg/mm³。当 $t=0$ 时，

$$C=W_{\mathrm{Si}} \tag{3-97}$$

将式（3-97）代入式（3-95）中，可得

$$W_{\mathrm{Si_3N_4}}=A_{\mathrm{c}}\exp\left(-\frac{E_{\mathrm{c}}}{RT}\right)\frac{1}{T}\times t+W_{\mathrm{Si}} \tag{3-98}$$

整理式（3-98）可得

$$t=(W_{\mathrm{Si_3N_4}}-W_{\mathrm{Si}})/\left[A_{\mathrm{c}}\exp\left(-\frac{E_{\mathrm{c}}}{RT}\right)\frac{1}{T}\right] \tag{3-99}$$

将式（3-96）代入式（3-99），整理后可得

$$t\propto r^{3}(T\text{一定时}) \tag{3-100}$$

式（3-99）和式（3-100）中，t 为半径是 r 的单个球形 Si 颗粒在温度 T 条件下发生闪速燃烧完全反应生成重量为 $W_{\mathrm{Si_3N_4}}$ 的 Si_3N_4 所需要的燃尽时间。利用式（3-99）可以计算各种粒径的单个 Si 颗粒在不同反应温度下的闪速燃烧反应的燃尽时间。由式（3-100）可知，在反应温度一定的条件下，Si 颗粒的闪速燃烧反应的燃尽时间与颗粒的粒径的立方成正比。因此，只要减少 Si 颗粒的粒径，就可以迅速缩短闪速燃烧反应的燃尽时间。

表 3-9 列出了不同直径的 Si 颗粒在不同反应温度下的闪速燃烧反应的燃尽时间的计算值，其中 1673K 以后的计算值是用式（3-99）外推至 1673K 以后的温度计算得出的，即认为在温度高于 1673K 时的反应动力学遵从式（3-87）的反应规律，并且假定直径大于 0.400mm 的 Si 颗粒的燃烧反应也受化学反应控制，其反应动力学也遵从式（3-87）的反应规律。

表 3-9　Si 颗粒在不同反应温度下的燃尽时间的计算值　(s)

颗粒直径 /mm	反应温度/K					
	1523	1573	1623	1673	1723	1823
0.022	0.02	0.02	0.01	0.01	0.01	<0.01
0.044	0.18	0.13	0.10	0.07	0.06	0.04
0.088	1.44	1.06	0.79	0.60	0.46	0.29
0.200	16.95	12.40	9.26	7.04	5.44	3.40
0.400	135.60	99.19	74.05	56.30	43.53	27.22

从表 3-9 的计算结果可以看出：Si 颗粒闪速燃烧反应在反应温度下的燃尽时间，随颗粒直径的减少而降低，随着颗粒直径的增大而增加，随着燃烧反应温度的升高而缩短，特别是在颗粒直径较大的情况下，提高反应温度可以有效地缩短 Si 颗粒的闪速燃烧反应燃尽时间；在计算的燃烧反应温度（1523K）下，直径为 0.088mm 的单个 Si 颗粒的燃尽时间为 1.44s；在较高的温度（1673K）下，直径为 0.2mm 的单个 Si 颗粒的燃尽时间为 7.04s；直径为 0.4mm 的 Si 颗粒，其燃尽时间较长，从几十秒到几百秒不等，会有燃烧不完全产物出现，而不适合于闪速燃烧反应。由此可以推断，颗粒直径为 0.088mm 的 Si 颗粒群在反应温度不低于 1523K 下可以完成闪速燃烧合成 Si_3N_4 的反应；颗粒直径为 0.20mm 的 Si 颗粒群可以在较高的反应温度（≥1673K）下完成闪速燃烧合成 Si_3N_4 的反应。因此，工业上可以用球磨机等磨碎设备低成本地将 Si 磨碎成直径不大于 0.088mm 的颗粒，这是容易实现的。

四、Si 颗粒群闪速燃烧着火温度的计算

利用式（3-24）与式（3-23），可以通过迭代的方法计算 Si 颗粒群在 N_2 中的着火温度 T_b 和反应器器壁温度 T_0。

由于反应器气流的雷诺数较小，因此反应器的气流运动为层流，Si-N 闪速燃烧体系向反应器表面的放热系数 α 取

$$\alpha = 3.65\lambda_{N_2}/d \tag{3-101}$$

式中，λ_{N_2} 为氮气的导热系数；d 为反应器的直径。

利用了表 3-4 与表 3-6 中的相关数据，且取 $\lambda_{N_2}=0.02475\text{W/(m·K)}$ 和 $d=0.090\text{m}$。用式（3-24）和式（3-23），计算了闪速燃烧体系的自燃着火温度 T_b 与反应器器壁温度 T_0，计算结果列于表 3-10。

表 3-10　Si 颗粒群在氮气中自燃着火温度的计算值

项　目	温度/K
着火温度 T_b	1565
反应器器壁温度 T_0	1466. 5
T_b-T_0	98. 5

从表 3-10 可以看出，着火温度 T_b 的计算值为 1565K，与实际通过高温综合热分析仪测定、用切线法确定的着火温度 1513K 接近，表明此理论模型是基本正确可信的。由 $T_b-T_0=98.5$K 可知，着火温度与反应器器壁温度相差不大，因此在闪速燃烧合成实验中，可以用反应器器壁温度代表着火温度。

第四节　硅铁氮化的热力学计算分析

一、Si 燃烧合成反应产物的计算

在 FeSi75 硅铁粉闪速燃烧合成的氮化硅铁过程中，Si 可能发生如下反应：

$$3/2Si(g) + N_2(g) \xlongequal{} 1/2Si_3N_4$$

$$\Delta_r G^{\ominus} = 0.3804T - 1041.2(kJ/mol) \tag{3-102}$$

$$3/2Si(s) + N_2(g) \xlongequal{} 1/2Si_3N_4$$

$$\Delta_r G^{\ominus} = 0.1657T - 372.73(kJ/mol) \tag{3-103}$$

$$3/2Si(l) + N_2(g) \xlongequal{} 1/2Si_3N_4$$

$$\Delta_r G^{\ominus} = 0.2027T - 435.70(kJ/mol) \tag{3-104}$$

$$1/3Si_3N_4 + O_2(g) \xlongequal{} SiO_2 + 2/3N_2(g)$$

$$\Delta_r G^{\ominus} = 0.0629T - 656.47(kJ/mol) \tag{3-105}$$

$$4/3Si_3N_4 + O_2(g) \xlongequal{} 2Si_2N_2O + 2/3N_2(g)$$

$$\Delta_r G^{\ominus} = 0.03822T - 842.55(kJ/mol) \tag{3-106}$$

$$2Si(s) + N_2(g) + 1/2O_2(g) \xlongequal{} Si_2N_2O$$

$$\Delta_r G^{\ominus} = 0.240T - 918.24(kJ/mol) \tag{3-107}$$

$$2Si(l) + N_2(g) + 1/2O_2(g) \xlongequal{} Si_2N_2O$$

$$\Delta_r G^{\ominus} = 0.2661T - 970.00(kJ/mol) \tag{3-108}$$

$$1/2SiO_2(s) + 3/2Si(s) + N_2(g) \xlongequal{} Si_2N_2O$$

$$\Delta_r G^{\ominus} = 0.1499T - 462.48(\text{kJ/mol}) \tag{3-109}$$

$$1/2SiO_2(s) + 3/2Si(l) + N_2(g) \longrightarrow Si_2N_2O$$

$$\Delta_r G^{\ominus} = 0.18695T - 525.45(\text{kJ/mol}) \tag{3-110}$$

$$2SiO_2(s) + N_2(g) \longrightarrow Si_2N_2O + 3/2O_2(g)$$

$$\Delta_r G^{\ominus} = -0.1195T + 903.12(\text{kJ/mol}) \tag{3-111}$$

$$Si(s) + O_2(g) \longrightarrow SiO_2(s)$$

$$\Delta_r G^{\ominus} = 0.1757T - 907.01(\text{kJ/mol}) \tag{3-112}$$

$$Si(l) + O_2(g) \longrightarrow SiO_2(s)$$

$$\Delta_r G^{\ominus} = 0.1928T - 936.56(\text{kJ/mol}) \tag{3-113}$$

$$Si(g) + O_2(g) \longrightarrow SiO_2(s)$$

$$\Delta_r G^{\ominus} = 0.3161T - 1350.3(\text{kJ/mol}) \tag{3-114}$$

根据上述计算结果，绘制了标准自由能变化 $\Delta_r G^{\ominus}$ 与温度 T 的关系图，示于图 3-35。从反应式（3-102）~式（3-114）和图 3-35 中可以看出，在标准条件

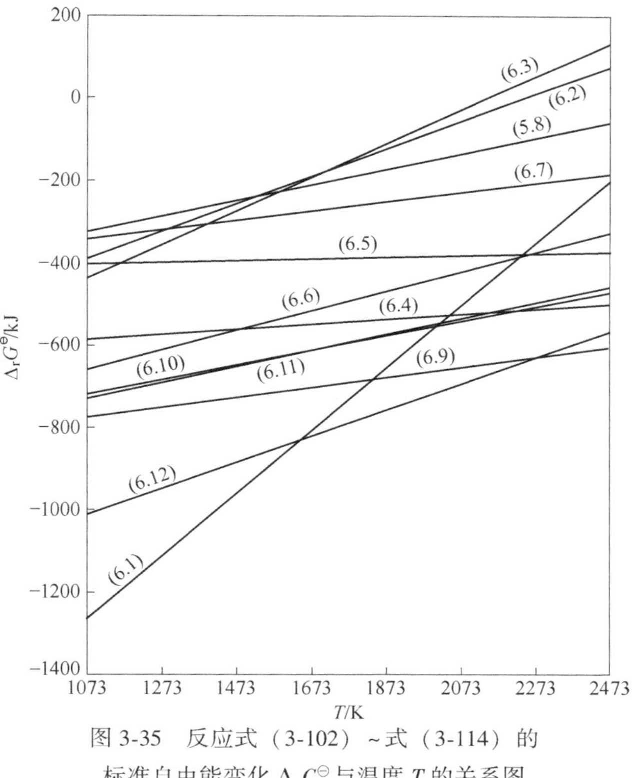

图 3-35 反应式（3-102）~式（3-114）的标准自由能变化 $\Delta_r G^{\ominus}$ 与温度 T 的关系图

下，在所研究的温度范围（1073～2073K）内，反应式（3-102）～式（3-114）的化学反应都可能发生，Si 的所有聚集状态都能与 N_2 发生燃烧合成反应生成 Si_3N_4，Si 的所有聚集状态都能和 O_2 发生反应生成 SiO_2，体系中还可能生成 Si_2N_2O，Si 的氧化物比其氮化物稳定。

二、Si-N-O 系统中的相平衡关系

Si-N-O 应用相平衡关系图易于确定体系中凝聚相和气体分压和温度的关系，各反应的平衡式和各反应吉布斯自由能列于表 3-11。

表 3-11　Si-N-O 系统中反应的平衡式与各反应吉布斯自由能

序号	反应平衡式	各反应吉布斯自由能
1	$Si(s) + O_2(g) = SiO_2(s)$	$\lg(P_{O_2}/P^{\ominus}) = 9.176 - 47370.5/T$
2	$Si(l) + O_2(g) = SiO_2(s)$	$\lg(P_{O_2}/P^{\ominus}) = 10.069 - 48913.8/T$
3	$Si(g) + O_2(g) = SiO_2(s)$	$\lg(P_{O_2}/P^{\ominus}) = -\lg(P_{Si(g)}/P^{\ominus}) + 16.509 - 70522.3/T$
4	$3Si(s) + 2N_2(g) = Si_3N_4(s)$	$\lg(P_{N_2}/P^{\ominus}) = 8.646 - 19466.4/T$
5	$3Si(l) + 2N_2(g) = Si_3N_4(s)$	$\lg(P_{N_2}/P^{\ominus}) = 10.586 - 22755.1/T$
6	$3Si(g) + 2N_2(g) = Si_3N_4(s)$	$\lg(P_{N_2}/P^{\ominus}) = -1.5\lg(P_{Si(g)}/P^{\ominus}) + 19.865 - 54378.9/T$
7	$4Si_3N_4(s) + 3O_2(g) = 6Si_2N_2O + 2N_2(g)$	$\lg(P_{N_2}/P^{\ominus}) = 3/2\lg(P_{O_2}/P^{\ominus}) - 2.994 + 66005.6/T$
8	$4Si(s) + 2N_2(g) + O_2(g) = 2Si_2N_2O(s)$	$\lg(P_{N_2}/P^{\ominus}) = -1/2\lg(P_{O_2}/P^{\ominus}) + 12.535 - 47957.0/T$
9	$4Si(l) + 2N_2(g) + O_2(g) = 2Si_2N_2O(s)$	$\lg(P_{N_2}/P^{\ominus}) = -1/2\lg(P_{O_2}/P^{\ominus}) + 13.898 - 50660.3/T$
10	$4SiO_2(s) + 2N_2(g) = 2Si_2N_2O(s) + 3O_2(g)$	$\lg(P_{N_2}/P^{\ominus}) = 3/2\lg(P_{O_2}/P^{\ominus}) - 6.241 + 47167.4/T$
11	$Si_3N_4(s) + 3O_2(g) = 3SiO_2(s) + 2N_2(g)$	$\lg(P_{N_2}/P^{\ominus}) = 3/2\lg(P_{O_2}/P^{\ominus}) - 4.928 + 51428.3/T$

利用表 3-11 分别求得 1673K 温度下的 Si-N-O 系中凝聚相与气相的关系及气相中平衡的各个气相分压，绘制成 Si-N-O 系相等温平衡图，示于图 3-36。从图 3-36 可以看出，在 1673K 时，低于 0.1MPa 的氮气可以使燃烧反应进行，但是为了防止空气进入连续反应器内，氮气压力必须高于 0.1MPa，本实验实现了在

0.2MPa 氮气压力下的闪速燃烧合成反应；氮气中含有微量的氧气，会首先发生氧化反应，在不同的 P_{O_2} 分压的条件下，Si 或与 O_2 作用生成 SiO_2 或与 N_2 和 O_2 作用生成 Si_2N_2O；在 1673℃ 条件下，生成 Si_2N_2O 的 P_{O_2} 分压值区域为 $10^{-24.1}$ ~ $10^{-14.4}$，生成 SiO_2 的 P_{O_2} 分压值分别为 $>10^{-14.4}$ 和 $>10^{-12.9}$；从图 3-36 可见，氮气中所含的 O_2 量虽然只有 10^{-5}MPa，但这明显大于生成 SiO_2 的低 P_{O_2} 分压值，因此可以推测在 SiFe75 的燃烧合成体系中，其平衡相有 SiO_2 存在。

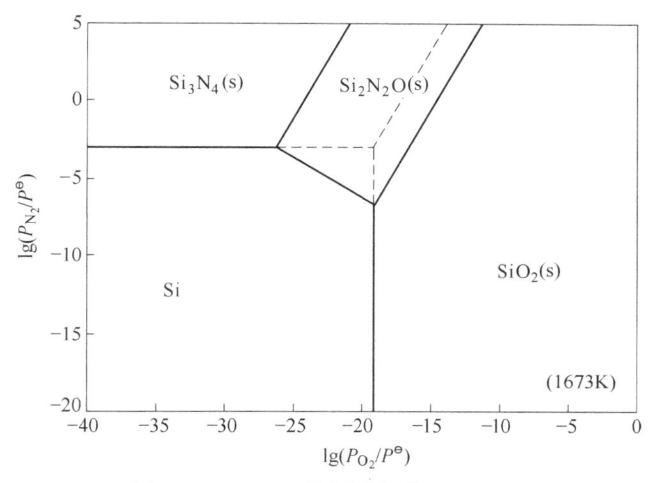

图 3-36　Si-N-O 系相平衡图（1673K）

三、Fe 和 Al 元素在反应中的行为

在 Fe-Si 二元系统中，有 $FeSi_2$、FeSi、Fe_3Si 和 Fe_5Si_3 等铁硅金属间化合物存在，所以在 FeSi75 硅铁粉闪速燃烧合成氮化硅铁时，可能发生下列反应：

$$3/4FeSi_2 + N_2(g) = 3/4Fe + 1/2Si_3N_4$$

$$\Delta_r G^{\ominus} = 0.1497T - 306.41(kJ/mol) \quad (3-115)$$

$$9/10FeSi_2 + N_2(g) = 3/5Si_3N_4 + 3/10Fe_3Si$$

$$\Delta_r G^{\ominus} = 0.1132T - 346.78(kJ/mol) \quad (3-116)$$

$$8Fe(s) + N_2 = 2Fe_4N$$

$$\Delta_r G^{\ominus} = 0.1025T - 242.70(kJ/mol) \quad (3-117)$$

$$3/2FeSi + N_2(g) = 3/2Fe + 1/2Si_3N_4$$

$$\Delta_r G^{\ominus} = 0.1629T - 256.31(kJ/mol) \quad (3-118)$$

$$9/4FeSi + N_2(g) = 1/2Si_3N_4 + 3/4Fe_3Si$$

$$\Delta_r G^{\ominus} = 0.0782T - 332.17(\text{kJ/mol}) \quad (3\text{-}119)$$

$$1/2Fe_5Si_3 + N_2(g) = 5/2Fe + 1/2Si_3N_4$$

$$\Delta_r G^{\ominus} = 0.1657T - 244.27(\text{kJ/mol}) \quad (3\text{-}120)$$

$$9/8Fe_5Si_3 + N_2(g) = 1/2Si_3N_4 + 15/8Fe_3Si$$

$$\Delta_r G^{\ominus} = 0.0427T - 418.87(\text{kJ/mol}) \quad (3\text{-}121)$$

$$3/2Fe_3Si + N_2(g) = 9/2Fe + 1/2Si_3N_4$$

$$\Delta_r G^{\ominus} = 0.3323T - 104.6(\text{kJ/mol}) \quad (3\text{-}122)$$

$$24/25Fe_3Si + N_2(g) = 18/25Fe_4N + 8/25Si_3N_4$$

$$\Delta_r G^{\ominus} = 0.2496T - 154.30(\text{kJ/mol}) \quad (3\text{-}123)$$

分别计算式（3-103）与式（3-104）、式（3-112）与式（3-113）及式（3-115）~式（3-123）在1400℃时的吉布斯自由能的数学值。从中分析可知，硅铁与氮气生成Si_3N_4的反应的吉布斯自由能比纯硅与氮气生成Si_3N_4的反应的吉布斯自由能更负，且其数值的绝对值大一个数量级，这表明硅铁更容易与氮气反应生成Si_3N_4，即硅铁中的一定量的Fe与Si生成金属间化合物对制备Si_3N_4有促进作用。在上述所列的反应中，硅与氧气生成SiO_2的反应吉布斯自由能最负最低，表明氮气中的氧和硅铁中的Si反应生成SiO_2；硅铁中硅铁间化合物（除了Fe_3Si）能与氮气反应生成氮化硅和Fe_3Si，因反应生成Fe_3Si的吉布斯自由能最负，故反应物中Fe以Fe_3Si存在，不可能形成单质铁或氮化铁。此结果表明，当Si含量少、Fe含量高时，Fe的存在不利于Si_3N_4的生成，即硅铁中的Fe阻碍Si_3N_4的形成；在Si：Fe的摩尔比不大于1：3时，硅铁中的Si不能被氮化成Si_3N_4，只有在Si：Fe的摩尔比不小于1：3时，Fe才不妨碍Si_3N_4的形成。上述分析表明，如果存在$FeSi_2$、FeSi和Fe_5Si_3等金属间化合物，在一定的氮气压下，它们都可能发生金属Si燃烧氮化反应，而Fe_3Si中的Si不能发生氮化反应，Fe_3Si可以在氮气中稳定存在，这是以硅铁为原料的燃烧合成产物中残存的Fe以Fe_3Si金属间化合物存在的原因。

四、燃烧合成反应温度与P_{N_2}分压的关系

Si在氮气中受热后，可能发生液化和气化：Si(s)→Si(l, g)，Si(l)→Si(g)。利用热力学数据可以求得：

$$3Si(g) + 2N_2(g) = Si_3N_4$$

$$\Delta_r G_g = 760.7T - 2082400 - RT\ln(P_{N_2}/P^{\ominus}) - RT\ln(P_{Si(g)}/P^{\ominus})(\text{J/mol}) \quad (3\text{-}124)$$

$$3Si(l) + 2N_2(g) = Si_3N_4$$

$$\Delta_r G_l = 405.4T - 871390 - RT\ln(P_{N_2}/P^{\ominus})\ (J/mol) \tag{3-125}$$

$$3Si(s) + 2N_2(g) = Si_3N_4$$

$$\Delta_r G_s = 331.3T - 745450 - RT\ln(P_{N_2}/P^{\ominus})\ (J/mol) \tag{3-126}$$

FeSi75 颗粒粒度细小，燃烧反应的表面很大，反应速率极快，同时升温速度极快，Si 蒸发量很少，或来不及大量蒸发，燃烧反应已经进行完毕。因此不考虑反应式（3-124），利用反应式（3-125）和式（3-126）分别求得燃烧合成温度和 P_{N_2} 分压的平衡关系，示于图 3-37。从图 3-37 可以看出，在 2073K 以下，低于 0.1MPa 的氮气就可以使燃烧反应进行，但是为了严禁空气进入连续反应器内，氮气压力必须高于 0.1MPa，以维持反应器内的正压力，减少 Si 的氧化物的形成，因此在近常压和低压氮气中完成闪速燃烧合成氮化硅铁的反应是完全可行的。

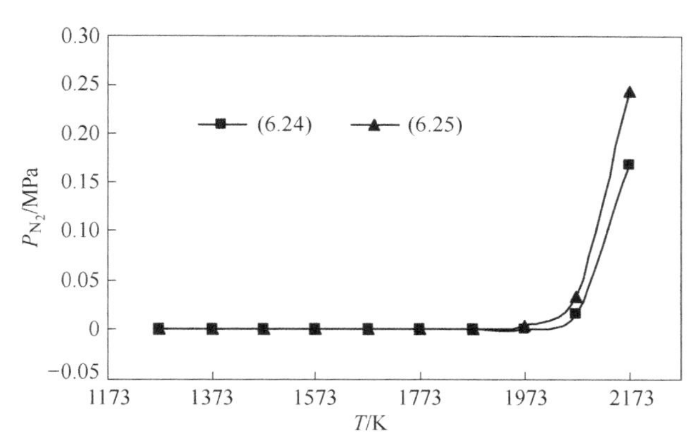

图 3-37　燃烧合成温度和 P_{N_2} 分压的平衡关系

五、SiO_2 或 Si_2N_2O 的生成与 P_{O_2} 分压的关系

利用反应：

$$1/3Si_3N_4 + O_2(g) = SiO_2 + 2/3N_2(g)$$

$$\Delta_r G = 62.9T - 656470 + RT\ln\frac{(P_{N_2}/P^{\ominus})^{\frac{2}{3}}}{(P_{O_2}/P^{\ominus})^{\frac{1}{2}}}\ (J/mol) \tag{3-127}$$

$$2/3Si_3N_4 + 1/2O_2(g) = Si_2N_2O + 1/3N_2(g)$$

$$\Delta_r G^{\ominus} = 19.1T - 421273 + RT\ln\frac{(P_{N_2}/P^{\ominus})^{\frac{1}{3}}}{(P_{O_2}/P^{\ominus})^{\frac{1}{2}}}\ (J/mol) \tag{3-128}$$

求得燃烧体系中在氮分压 P_{N_2} 为 0. 2MPa 时 P_{O_2} 分压和温度的平衡关系，示于图 3-38。在图 3-38 中，曲线上为生成 SiO_2 或 Si_2N_2O 最低 P_{O_2} 分压，如果 P_{O_2} 分压高于此值，$\Delta_rG^{\ominus}<0$，会生成 SiO_2 或 Si_2N_2O。从图 3-38 可以看出温度对 P_{O_2} 分压和燃烧反应的影响，通过提高燃烧温度，可以提高生成 SiO_2 或 Si_2N_2O 最低 P_{O_2} 分压值，从而有利于 Si_3N_4 生成，降低产物的含氧量。

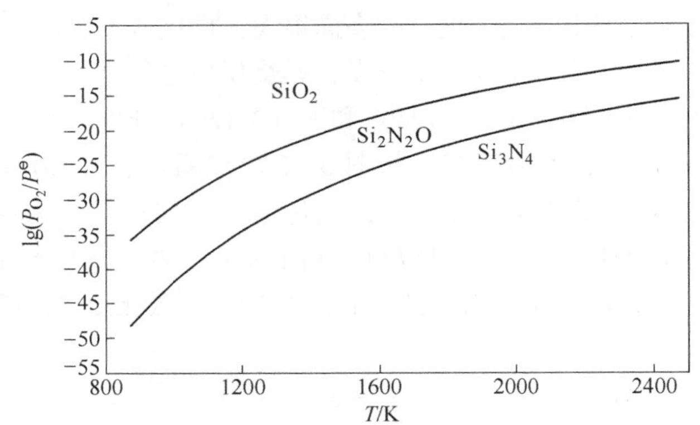

图 3-38 $P_{N_2}=0.2$MPa，$\Delta G=0$ 时 P_{O_2} 分压和温度的平衡关系

六、反应过程中 O_2 的作用

考虑燃烧系统中可能存在如下反应：

$$Si + O_2(g) = SiO_2(s) \tag{3-129}$$

$$2Si + O_2(g) = 2SiO(g) \tag{3-130}$$

在闪速燃烧合成温度下，O_2 和 Si 反应可以生成气态的 SiO(g) 和固态的 SiO_2。因此有必要弄清它们的稳定条件。

$$SiO_2(s) = SiO(g) + 1/2O_2(g)$$

$$\Delta_rG^{\ominus} = 0.518T - 812.4(\text{kJ/mol}) \tag{3-131}$$

$$Si_3N_4(s) + 4SiO_2(s) = 7SiO(g) + 2N_2(g) + 1/2O_2(g)$$

$$\Delta_rG = -1590.9T + 3629300 + RT\ln\left[\left(\frac{P_{O_2}}{P^{\ominus}}\right)^{1/2} \times \left(\frac{P_{SiO}}{P^{\ominus}}\right)^{7} \times \left(\frac{P_{N_2}}{P^{\ominus}}\right)^{2}\right](\text{J/mol}) \tag{3-132}$$

在反应达到平衡时，$\Delta_rG=0$。当 $T=1673$K 时，在 10^{-5}MPa 的氧分压下，可计算得出 $P_{SiO}\approx 8\times10^{-5}$MPa。因此，在本实验所用氮气的氧分压条件下（$P_{O_2}=10^{-5}$MPa），少量的氧就能促使 SiO(g) 的生成。部分 Si_3N_4 可能由下列反应形成：

$$3SiO(g) + 2N_2(g) === Si_3N_4 + 3/2O_2(g) \tag{3-133}$$

反应（3-133）在标准状态下不能进行，但在氧分压很低的生产实验条件下是可以进行的。因此在氮化过程中，当 Si 表面形成氮化硅覆盖层后，进一步氮化是氮气向内扩散与 Si 反应和气态的 SiO 向外扩散与 N_2 反应。由于 SiO 的参加使反应成为气-气反应，可以加速反应进行。然而，由于 SiO 的反应可能是在气道中进行的，生成的 Si_3N_4 可将气道堵塞，使氮化反应减慢，即反应速率得到一定的控制。

七、Si_3N_4 的分解与 P_{N_2} 分压的关系

燃烧合成中也可能存在 Si_3N_4 的热分解反应：

$$Si_3N_4 === 3Si(l) + 2N_2(g)$$

$$\Delta_r G_1 = -405.4T + 871390 + RT\ln(P_{N_2}/P^{\ominus})^2(\mathrm{J/mol}) \tag{3-134}$$

根据式（3-134）绘制出氮化硅的热分解压力和热分解温度的关系图，示于图 3-39。从图 3-39 可以看出，在实验温度下，大于 0.1MPa 的氮气压力就可以抑制氮化硅的分解，如果燃烧合成温度达到 2073K 时，氮化硅的计算分解压力也不到 0.1MPa。本实验氮气压力为 0.2MPa，足以使闪速燃烧反应进行，并抑制氮化硅的分解。

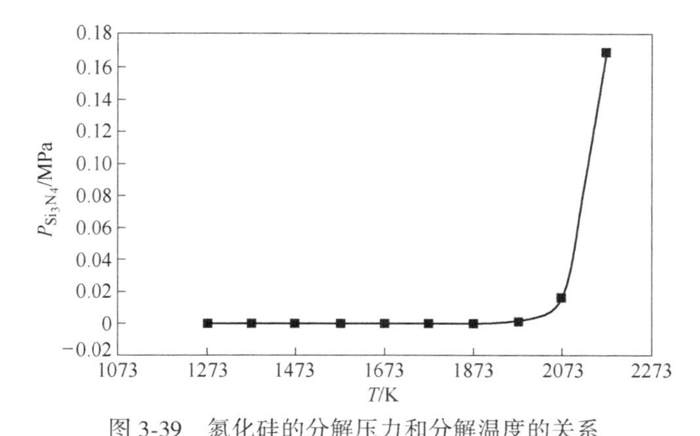

图 3-39　氮化硅的分解压力和分解温度的关系

第四章　闪速燃烧合成氮化硅铁的表征

第一节　氮化硅铁中 α-Si_3N_4的形成机理

一、氮化硅铁中 α-Si_3N_4的微观结构

由第二章第一节可知，Fe-Si_3N_4基体中的柱状晶体为 β-Si_3N_4单晶，仅含有 Si、N 两种元素，晶粒表面并无其他杂相，在此种微观结构中并没有发现 α-Si_3N_4的存在。高亮含铁相为 Fe、Si 的化合物或者固溶体，其主要成分应为 Fe_3Si，此种结构中不存在 N 元素，不存在 Si、N 化合物。XRD（第二章第一节）分析结果显示 Fe-Si_3N_4中含有 α-Si_3N_4物相，在 Fe-Si_3N_4基体两种典型的微观结构中都没有发现 α-Si_3N_4的踪迹，因此，可推断 α-Si_3N_4存在且只存在于致密区域。对致密区域进行进一步的分析。

柱状 β-Si_3N_4晶体根部均植于致密区域，类似放射状，由中心致密区域向外伸出。其所含元素为 Si、N、O、Al 和 Ca 等，其中，氧元素在致密区富集（图 4-1）。图 4-1 为 Fe-Si_3N_4致密区域的 SEM 照片。致密区域内存在各种取向、直径不同的柱状 β-Si_3N_4晶体根部，还有一些非柱状形貌的晶体存在于致密区域，这些晶体紧密地聚集在一起，组成了致密区域，其表面和周围存在大量的非晶态熔融相，把部分晶体包裹在熔融相内，如图 4-1 所示。因 α-Si_3N_4必须通过溶解-沉淀方式方能生成 β-Si_3N_4晶体，所以致密区域很可能是柱状 β-Si_3N_4晶体的生长区。随着温度的降低，熔融相来不及结晶，而以非晶态的形式冷却下来。

对致密区域进行 TEM、HRTEM 及 SAED 分析，图 4-2 是致密区域的透射电镜分析结果。图 4-2a 为致密区域内某一非柱状形貌晶体的 TEM 照片，EDS 分析结果显示其为 Si、N 的化合物，如图 4-2c 所示。HRTEM 照片显示其结晶良好，原子排列整齐，如图 4-2b 所示。SAED 花样分析表明其为 α-Si_3N_4单晶体，如图 4-2d 所示。即在致密区域，不仅存在柱状的 β-Si_3N_4晶体根部，而且存在 α-Si_3N_4晶体。结合第二章第一节的 XRD 分析，α-Si_3N_4晶体以非柱状形貌小晶体的形式存在且只存在于致密区域。

二、氮化硅铁中 α-Si_3N_4的生成机制

FeSi75 的氮化主要是金属 Si 及 ξ 相（ξ 相为非晶体，Lebeauit 体或 Leboit 体，

图 4-1　Fe-Si_3N_4致密区域的 SEM 照片

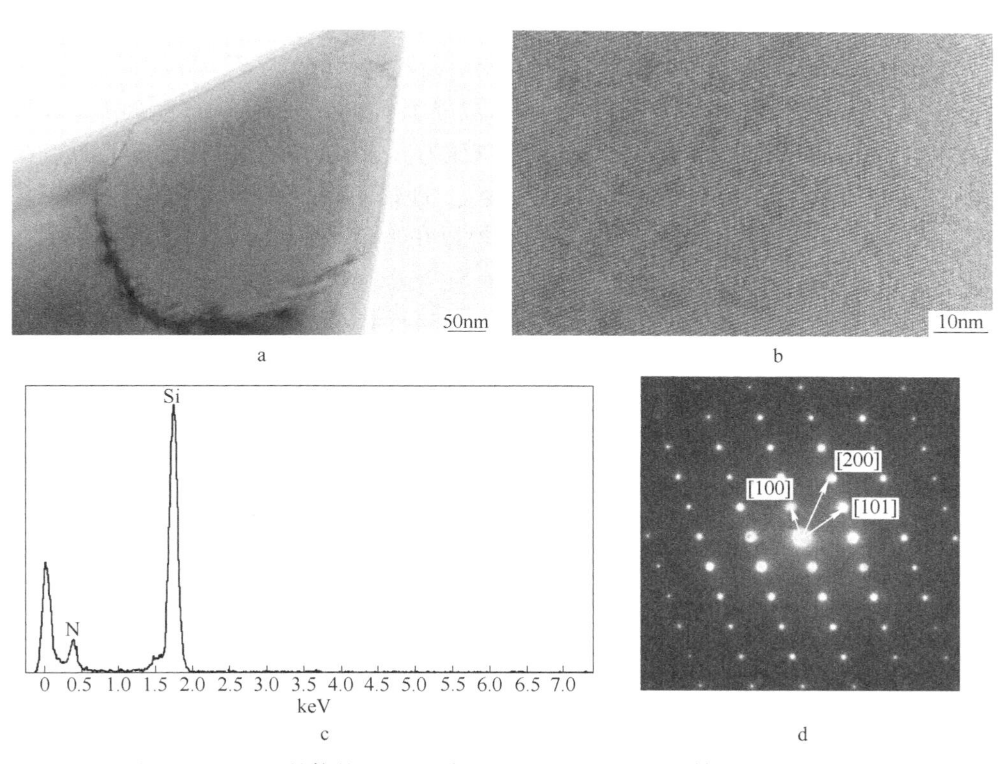

图 4-2　α-Si_3N_4晶体的 TEM 照片、HRTEM 照片、EDS 结果和 SAED 图谱

$FeSi_{2.3}$）的氮化反应。金属 Si 及 ξ 相在高温氮化过程的区别仅为 Si 活度的不同，为方便计算，我们以 Si 组分的氮化为例进行讨论。在高温反应区（1300～1600℃）可能发生的产物为 Si_3N_4的主要反应如式（4-1）～式（4-3）所示：

$$3Si(s) + 2N_2(g) \xlongequal{} Si_3N_4(s)$$

$$\Delta_r G^{\ominus} = -722836 + 351.01T (J/mol) \tag{4-1}$$

$$3Si(l) + 2N_2(g) \xlongequal{} Si_3N_4(s)$$

$$\Delta_r G^{\ominus} = -874456 + 405.01T (J/mol) \tag{4-2}$$

$$3Si(g) + 2N_2(g) \xlongequal{} Si_3N_4(s)$$

$$\Delta_r G^{\ominus} = -2060656 + 739.15T (J/mol) \tag{4-3}$$

金属 Si 或者 ξ 相小颗粒从炉顶加入，缓慢落入高温反应区（1300~1600℃），在落到反应区的瞬间，固态 Si 或者 ξ 相小颗粒来不及熔化和蒸发，直接与 N_2 发生反应，放出大量的热量，如式（4-1）所示。在小颗粒反应的短时间内，热量无法马上散去，因此将整个颗粒加热，导致颗粒的温度上升。小颗粒氮化反应后放出的热量为：

$$3Si(s) + 2N_2(g) \xlongequal{} Si_3N_4(s)$$

$$\Delta_f H^{\ominus} = -841.782 kJ/mol \tag{4-4}$$

经绝热反应计算，其反应后体系的理论温度 T 不低于 5000K 。而 Si 的沸点仅为 3503K 左右，即使在 3000K 时，Si 的饱和蒸气压为：$P_{Si}^{\ominus} = 1.08 \times 10^{-2}$MPa 。因此，在实际的反应体系中，会产生相当数量的 Si 蒸气，即式（4-3）能够明显地发生。

此外，由于气氛中有一定的氧分压，所以在高温反应区，还会有反应发生：

$$3SiO(g) + 2N_2(g) \xlongequal{} Si_3N_4(s) + 3/2O_2(g)$$

$$\Delta_r G^{\ominus} = -410236 + 562.54T (J/mol) \tag{4-5}$$

Si 蒸气或者 SiO 与 N_2 进行气相反应有利于 α-Si_3N_4 的形成，所以反应式（4-1）~式（4-3）、式（4-5）共同生成的 Si_3N_4 应为 α-Si_3N_4、β-Si_3N_4 的混合物。而高温氮化后的 α-Si_3N_4 和 β-Si_3N_4 的混合物在重力的作用下，落入产物池，其时间较短，α-Si_3N_4 并没有时间转化为 β-Si_3N_4。产物在落入产物池后，疏松堆积在产物池，导致产物池温度上升，其中 α-Si_3N_4 发生溶解-沉淀反应转变为 β-Si_3N_4 柱状单晶，其过程如图 4-3 所示。

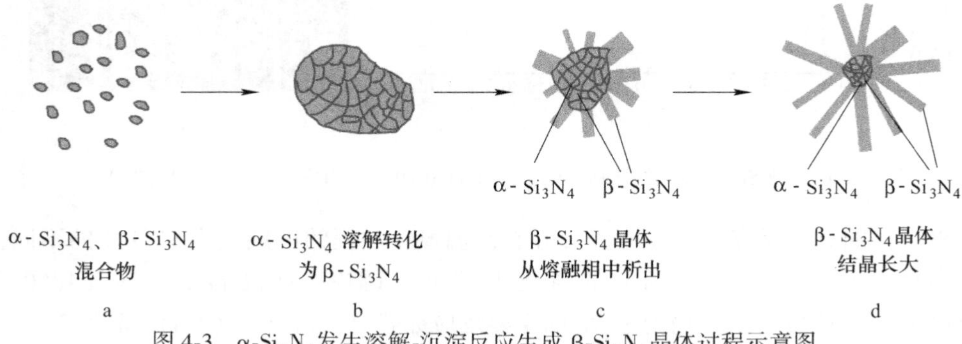

图 4-3　α-Si_3N_4 发生溶解-沉淀反应生成 β-Si_3N_4 晶体过程示意图

图 4-3 中我们可以看出 α-Si_3N_4溶解后形成致密的高温熔体（图 4-3b），致密高温熔体内生长出 β-Si_3N_4柱状单晶（图 4-3c），β-Si_3N_4柱状单晶呈放射状向外生长。随着柱状 β-Si_3N_4晶体的生长，高温熔体内部温度缓慢降低，当温度降低到无法为柱状 β-Si_3N_4晶体生长提供足够的结晶驱动力时，柱状 β-Si_3N_4晶体的结晶停止，而未来得及发生溶解的 α-Si_3N_4晶体留在了致密区域，未来得及结晶的高温熔体也冷却下来形成非晶态熔融相，与 β-Si_3N_4柱状晶体根部一起组成了 Fe-Si_3N_4基体中的致密区域。

因此，我们要提高闪速燃烧合成 Fe-Si_3N_4中 α-Si_3N_4相的含量，需要控制 Si 蒸汽、SiO 与 N_2的气相反应，如式（4-3）、式（4-5）的反应速率，以便控制反应过程中 α-Si_3N_4相的生成量。在产物落入产物池后，可以采取迅速冷却产物池等手段，抑制 α-Si_3N_4向 β-Si_3N_4的转变发生，从而控制 Fe-Si_3N_4中 α-Si_3N_4相的含量，提高 Fe-Si_3N_4使用过程中的烧结性能。

第二节　氮化硅铁中 β-Si_3N_4的形成机理

一、氮化硅铁中柱状 β-Si_3N_4的微观结构

（一）Fe-Si_3N_4中柱状 β-Si_3N_4的生长

经过对 Fe-Si_3N_4中 α-Si_3N_4生成机理的研究，基本确定了致密区域为 β-Si_3N_4柱状晶体的生长区域。因此，对 Fe-Si_3N_4的致密区域进行 SEM 分析，寻求 β-Si_3N_4生长的痕迹。图 4-4 为 Fe-Si_3N_4致密区域的 SEM 图片，显示了 β-Si_3N_4在致密区域的生长。图 4-4a 为 Fe-Si_3N_4致密区域内，处于生长期的 β-Si_3N_4的 SEM 照片，图中具有六方结构的颗粒晶体为 β-Si_3N_4晶体，在其周围存在着非晶态熔融相。而在此区域，部分的 β-Si_3N_4柱状晶体已经有了初始的形貌，而有的 β-Si_3N_4晶体还处于未发育长大的初始晶粒。已发育长大的 β-Si_3N_4柱状晶粒和小的 β-Si_3N_4晶粒及其他小晶粒依靠非晶态熔融相粘接在一起，组成了致密区域基本的形貌，因此，致密区域是 β-Si_3N_4晶体的发育区和长大区。图 4-4b 是位于致密区域表面单独的一处 β-Si_3N_4柱状晶体。其晶体已经完全显示出 β-Si_3N_4特有的六方棱柱的形貌，且从致密区域向外部生长。根据图 4-4 可以得出，Fe-Si_3N_4中的柱状 β-Si_3N_4晶体是从致密区域向外生长的，并且 α-Si_3N_4必须通过结构重建方可形成 β-Si_3N_4，因此，在 β-Si_3N_4晶核形成和晶体长大的过程中必须出现液相，只有致密区域满足 β-Si_3N_4晶体的生长条件。因此，致密区域就是 β-Si_3N_4晶体的生长区域。

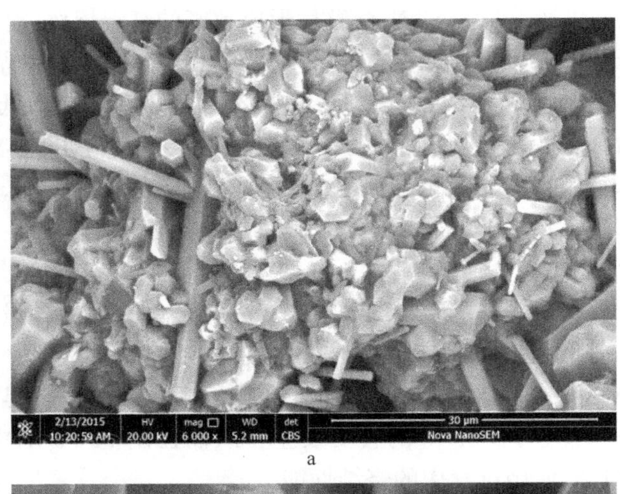

a

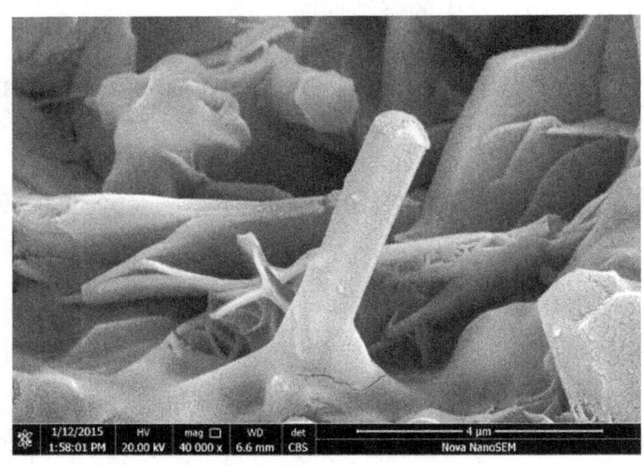

b

图 4-4 Fe-Si_3N_4致密区域 SEM 照片

（二）Fe-Si_3N_4中柱状 β-Si_3N_4的生长过程

图 4-5 为 Fe-Si_3N_4中致密区域柱状 β-Si_3N_4晶体生长过程及残留生长痕迹的 SEM 照片。图 4-5a 为致密区域没有来得及发生转变的 α-Si_3N_4和 β-Si_3N_4微粒的混合物的 SEM 照片，其粒径大部分在 1μm 以下，颗粒之间松散地堆积，并没有明显的 β-Si_3N_4晶体的特征形貌。图 4-5b 是柱状 β-Si_3N_4晶体生长过程初期的 SEM 照片，部分位置已经呈现六方的晶体形貌。在其晶体表面可以观察到大量的螺型生长纹和层状生长纹。图 4-5c 是 β-Si_3N_4晶体生长过程中期的 SEM 照片，此时，β-Si_3N_4晶体已经完全呈现其特征的六方棱柱状形貌，在部分柱状晶体的表面还能看到残留的生长层，个别晶体已经长大，但大部分还未完成结晶过程。图

4-5d 是柱状 β-Si_3N_4晶体结晶完成后的 SEM 照片，其表面光滑，结晶形貌完整，六方棱角分明。柱状 β-Si_3N_4晶体结晶完成后，其表面依然可以清晰地看到生长纹（图 4-5e），在个别的 β-Si_3N_4晶体表面甚至能找到比较大的台阶面（图 4-5f）。

a

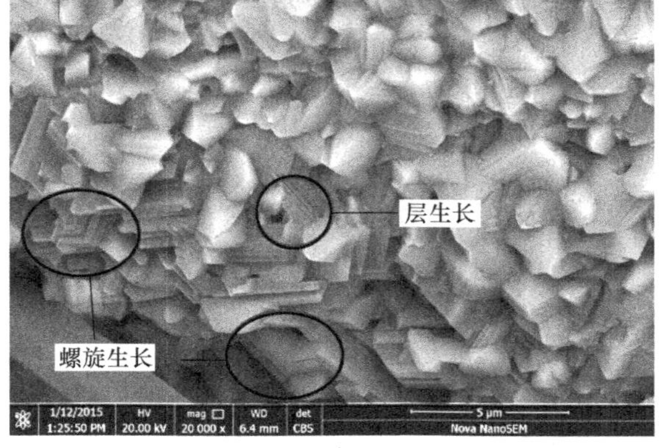

b

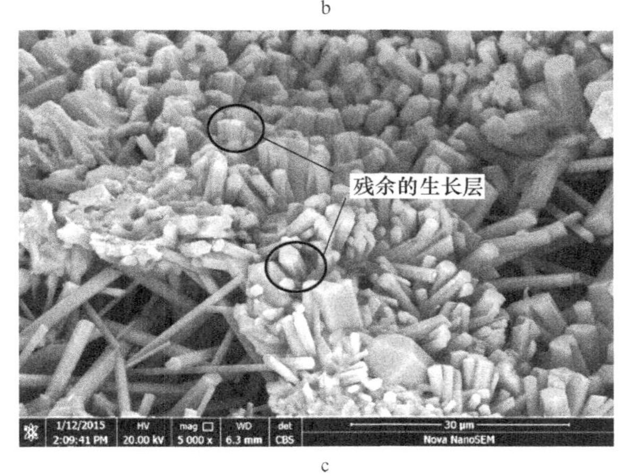

c

图 4-5 Fe-Si_3N_4致密区域柱状 β-Si_3N_4晶体的生长过程及残留的生长痕迹的 SEM 照片

（三）Fe-Si_3N_4致密区域 HRTEM 分析

对致密区域进行 HRTEM 分析，图 4-6 为 Si_3N_4晶体与非晶态熔融相交界处的 HRTEM 照片、EDS 及 SAED 结果。如图 4-6a 所示，界限是 Si_3N_4晶体与非晶态熔融相的交界线，界面左边的质点排列呈无序状态，为非晶态熔融相，EDS 结果显示其含有 Si、N 和 O 三种元素，界面右边的质点排列整齐，周期循环，为晶态物质，EDS 结果显示其只含有 Si、N 两种元素，所以其应为 Si_3N_4晶体。对晶态和非晶态区域分别进行 SAED 分析，其结果表明，晶态区域为 β-Si_3N_4单晶，非晶态区域并无明显的结构信息，如图 4-6b 所示。β-Si_3N_4单晶指向非晶态熔融相的生长方向是［100］晶向，为 β-Si_3N_4晶体 HRTEM 照片中质点构成连线的法线方向（图 4-6b）。其连线间距为 0.658nm，为 β-Si_3N_4晶体［100］方向的晶面间距，即 β-Si_3N_4晶体区域显示的质点连线层为其［100］方向的晶格层（图 4-6b）。

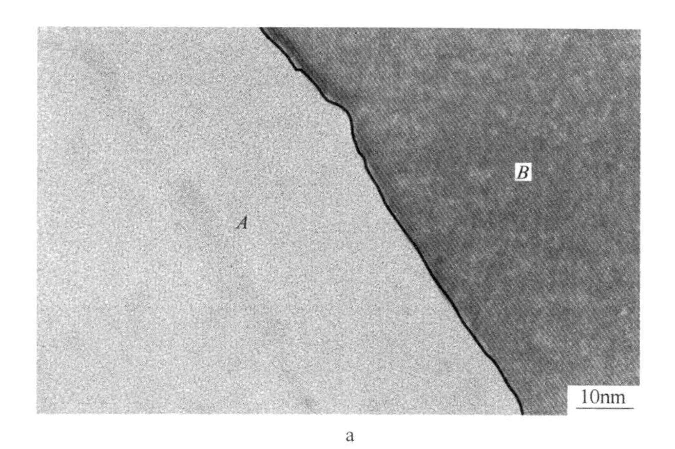

a

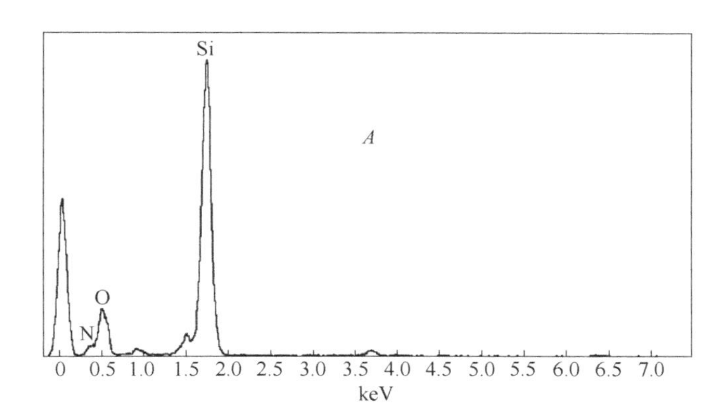

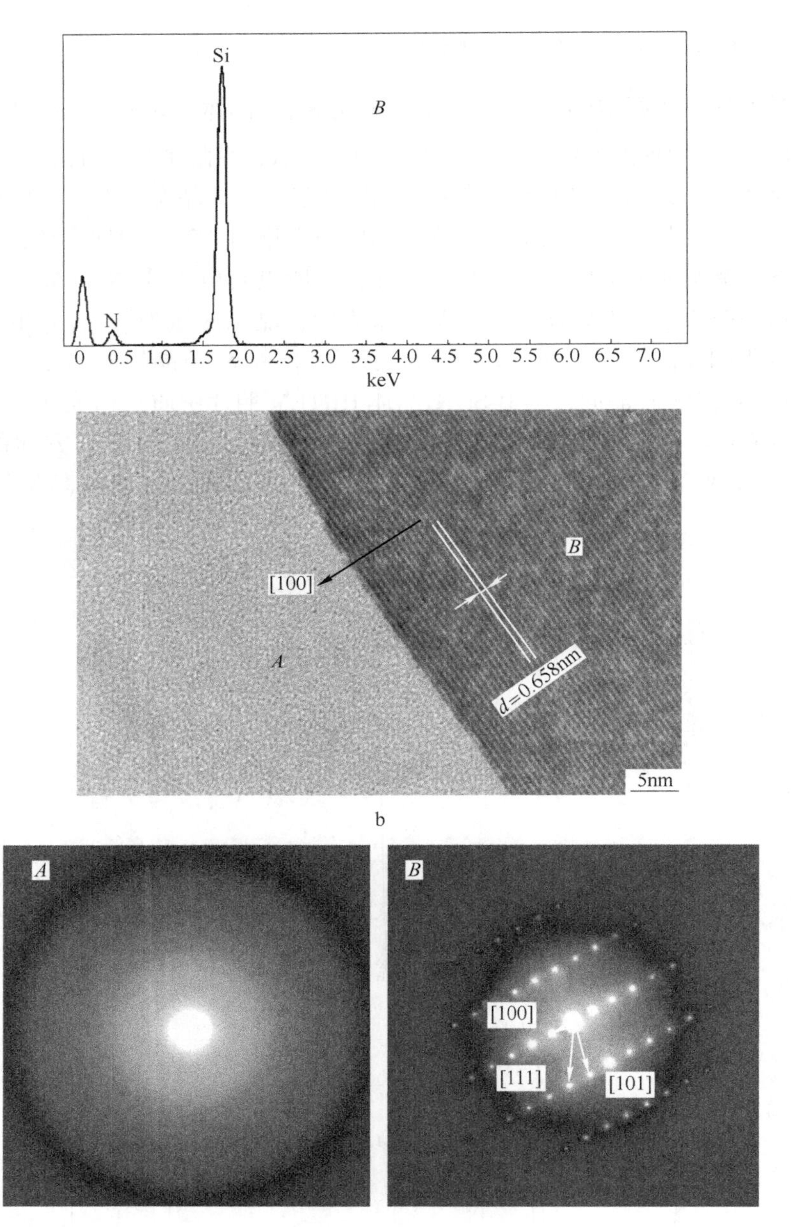

图 4-6　β-Si_3N_4晶体与非晶态熔融相交界处的 HRTEM 照片、EDS 及 SAED 结果

图 4-7 为 β-Si_3N_4晶体（100）晶面上的生长直台阶列，β-Si_3N_4晶体（100）晶面上存在不同组等间距的相互平行的直台阶列。多组的等距直台阶列形成新的结晶面，其新的结晶面与原（100）晶面的夹角 α 分别为 15.3°、38.8°和 23.5°。直台阶列每层台阶高度 d=0.658nm，为 β-Si_3N_4晶体［100］方向的晶面间距。

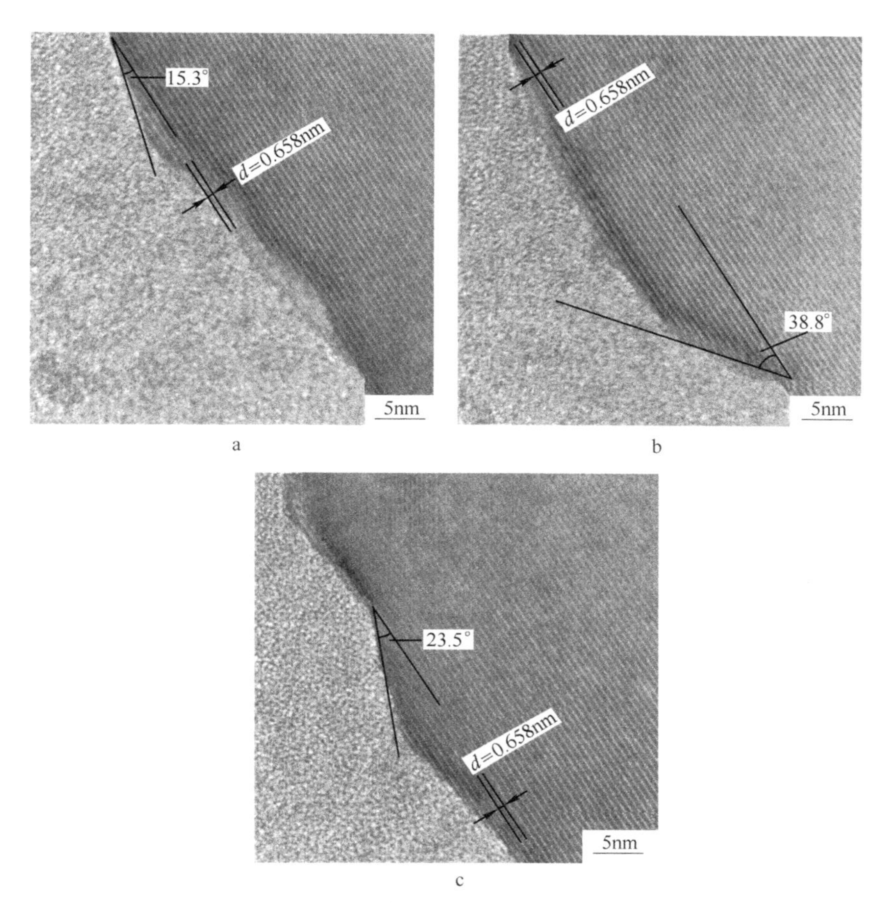

图 4-7　β-Si_3N_4晶体（100）晶面上的直台阶列

对非晶态熔融相区域进行 EDS 分析，其结果如图 4-8 所示。在距离 β-Si_3N_4晶体（100）结晶界面的不同距离，远距离区域 *A* 中 N 含量较高，为 10%（原子数分数）左右，O 含量较低，为 28%（原子数分数）左右，近距离区域 *B* 中 N 含量较低，为 1%（原子数分数）左右，O 含量较高，为 53%（原子数分数）左右，并且此结果具有多次重复性。即随着与 β-Si_3N_4晶体（100）结晶界面距离的增大，N 元素含量升高，O 元素含量降低。

（四）β-Si_3N_4柱状晶生长层杂质存在的 SEM 与 EDS 结果

在 β-Si_3N_4柱状晶体生长层之间的缝隙，对其进行 EDS 分析，如图 4-9 点 *A* 所示，除了 Si、N、O 元素以外，还发现了少量的 Ti 元素，其为 FeSi75 原料引入。工业 FeSi75 合金的主要元素除了 Fe、Si 之外，还含有微量的 Ti、Cr、Mn 等元素。而这些微量元素中，如 EDS 所示，有可能对 β-Si_3N_4柱状晶体的生长产生影响。

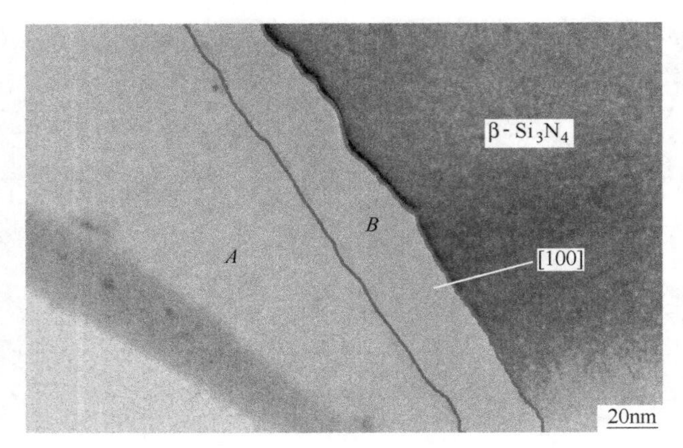

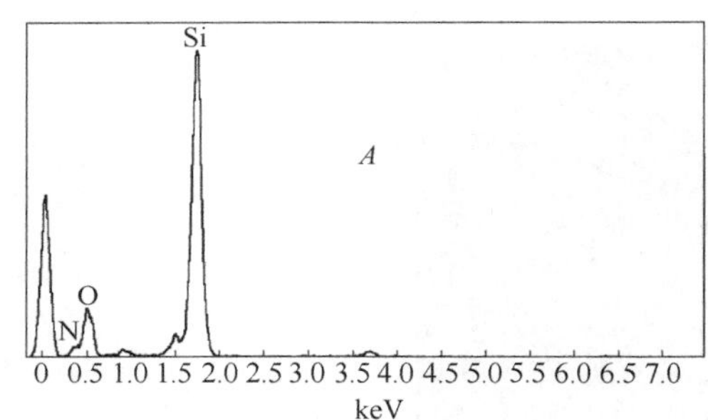

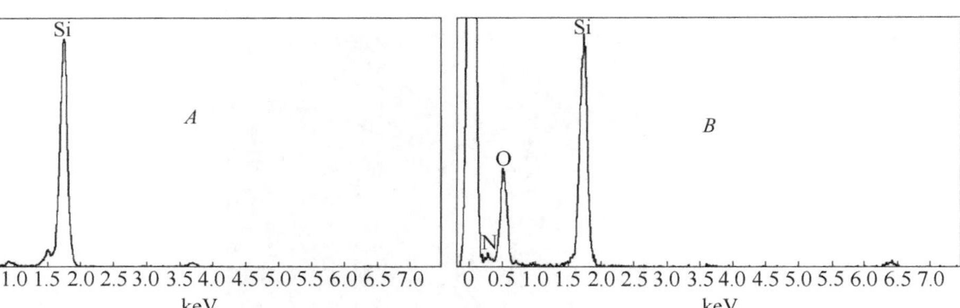

	元素	含量(原子数分数)/%
A	Si	61.29
	N	10.35
	O	28.37
	总计	100

	元素	含量(原子数分数)/%
B	Si	45.46
	N	1.39
	O	53.15
	总计	100

图 4-8　β-Si_3N_4晶体［100］方向 Si-N-O 熔融相中不同区域的 EDS 结果

二、氮化硅铁中柱状 β-Si_3N_4的生长机制

（一） Fe-Si_3N_4中柱状 β-Si_3N_4晶体的生长

因 α-Si_3N_4必须通过溶解-沉淀反应方能生成 β-Si_3N_4晶体，结合在 Fe-Si_3N_4致密区域捕捉到的关于 β-Si_3N_4晶体生长各个阶段以及 β-Si_3N_4从致密区向外生长的 SEM 照片，即可确定致密区域为 β-Si_3N_4晶体的发育区和生长区，其向外部生长的机理如图 4-10 所示。β-Si_3N_4晶体由致密区域向外部生长（如图 4-4b 所示），

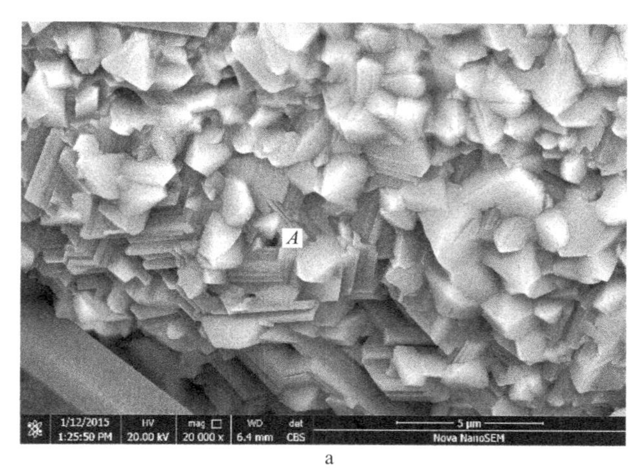

a

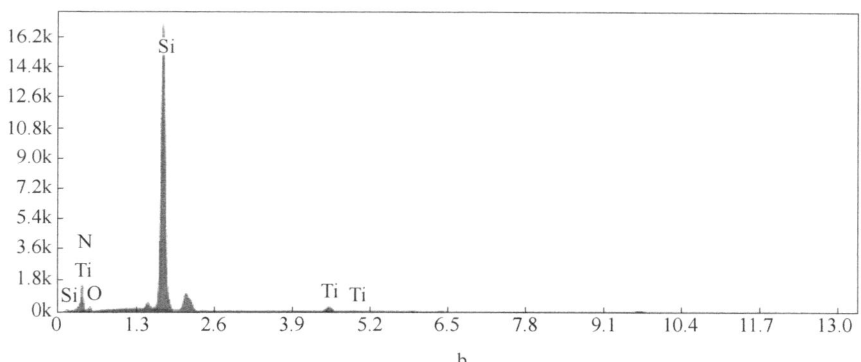

b

图 4-9　β-Si_3N_4柱状晶台阶面杂质存在的 SEM（a）与 EDS（b）

其内部的非晶态熔融相为其源源不断地提供结晶基元。非晶态熔融相中含有的主要元素为 Si、N 和 O 等，在高温下其为 Si-N-O 的熔体，而熔体中的 Si-N(O) 四面体或者 Si-N-O 原子团在高温熔体内迁移到 β-Si_3N_4晶体［001］方向成键，导致 β-Si_3N_4晶体的不断长大。

（二）Fe-Si_3N_4中柱状 β-Si_3N_4晶体的生长过程

FeSi75 颗粒（粒径≤74μm）由闪速炉炉顶加入到炉内高温的 N_2中，迅速发生氮化反应，生成稳定的 Fe_3Si 与 Si_3N_4，其反应类型兼有固-气、液-气和气-气。FeSi75 与氮气反应后的产物为 Fe_3Si、α-Si_3N_4和 β-Si_3N_4微粒的混合物，Fe_3Si、α-Si_3N_4和 β-Si_3N_4微粒的混合物在氮气中继续下落，在产物池中疏松堆积成型，形成高温的 Fe_3Si-Si_3N_4多孔坯体，其为氮化产物最初始的状态，如图 4-5a 所示。新生成的 α-Si_3N_4和 β-Si_3N_4微粒经过极短的时间下落到产物池，其温度较高，而热量在短时间内无法释放。因此，多孔坯体内的温度仍然较高，内部的 α-Si_3N_4

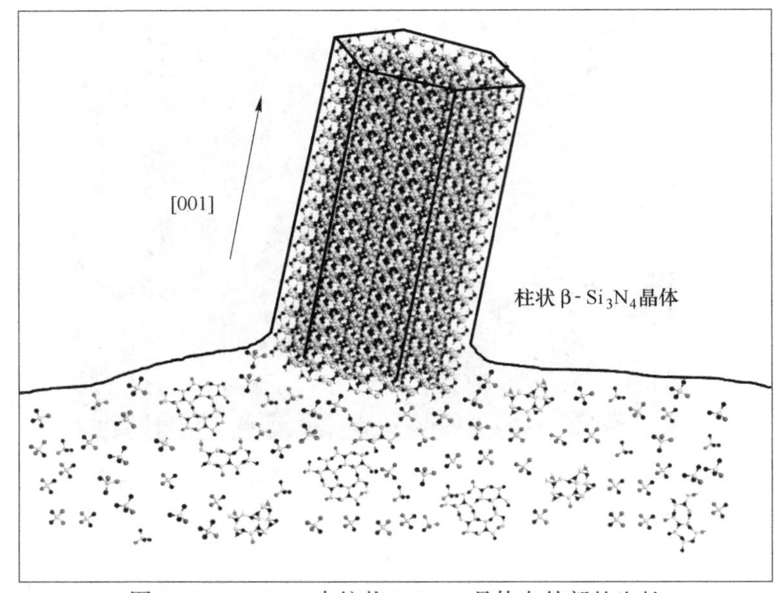

图 4-10 Fe-Si_3N_4中柱状 β-Si_3N_4晶体向外部的生长

在高温下发生溶解-沉淀反应生成 β-Si_3N_4，其以螺旋生长和层生长的生长方式结晶长大。由于 β-Si_3N_4晶胞中存在直台阶或者螺型位错，使得晶格生长面中出现凹角，从而结晶基元优先在凹角处着陆成键。在结晶基元不断堆积的过程中，随着晶体的长大，台阶和螺型位错线不断地上升，形成螺型和层状生长纹，如图 4-5b 所示。生成的 β-Si_3N_4晶体继续长大，逐渐发育成特征的六方棱柱状的结晶形貌。在 β-Si_3N_4晶体长大的过程中，层状和螺型生长纹逐渐消失，但是部分晶体依然能一直保留生长层的痕迹，如图 4-5c 所示。β-Si_3N_4晶体继续结晶长大，最终发育成六方长柱状的完整晶体，如图 4-5d 所示。随着温度的下降，还未来得及转变的 α-Si_3N_4、未结晶长大的 β-Si_3N_4以及孕育 β-Si_3N_4的非晶态熔融相冷却，与已长大的部分柱状 β-Si_3N_4晶体根部组成了致密区域。

发育完整的 β-Si_3N_4晶体表面依然可以清晰地看到生长层，在个别的氮化硅表面甚至能找到比较大的台阶面，如图 4-5e 和 f 所示。这些生长层和台阶面存在于六方棱柱状 β-Si_3N_4晶体的棱面上，其为对称等效面，然而生长层和台阶面的方向却并不完全一致，即 β-Si_3N_4晶体（100）晶面的生长有可能形成各个方向的生长台阶，如图 4-11 所示。

因此，Fe-Si_3N_4中 β-Si_3N_4晶体在致密区域以螺旋生长和层生长的方式发育结晶，致密区是柱状 β-Si_3N_4晶体发育的关键区域，对致密区域进行进一步的分析。

（三）柱状 β-Si_3N_4晶体（100）晶面的生长机理分析

β-Si_3N_4晶体（100）晶面左侧非晶态熔融相的 EDS 结果显示含有 Si、N 和 O

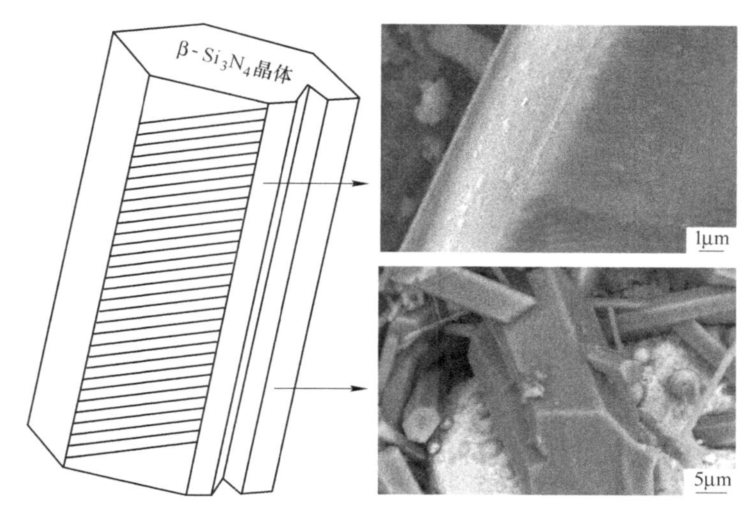

图 4-11　β-Si_3N_4晶体棱面上不同方向的生长纹和生长台阶

元素，其中 O 元素由 N_2引入，如图 4-8 所示。Fe-Si_3N_4制备过程使用高纯 N_2，其纯度为 99.999%，然而，其中依然还有 1×10^{-6}MPa 的 O_2。如此之高的氧分压足以将 FeSi75 或者生成的 Si_3N_4部分氧化，而导致氧进入体系。

图 4-7 中 β-Si_3N_4晶体［100］方向上的生长直台阶列，证明 β-Si_3N_4晶体的［100］方向从 Si-N-O 熔融相中结晶时，其生长机制主要为台阶生长机制，这一点与图 4-5b 中可以看到的 Si_3N_4晶体的层生长机制相同。β-Si_3N_4晶体的（100）晶面并非其密排面，其晶面间距较大，为 0.658nm，结晶基元不易在其结晶面上成键，因此，其进行连续生长的可能性较小。当结晶界面由密排面构成时，可获得较小的界面能，结晶较快，而当结晶界面与某密排面具有很小的夹角时，则可获得大量的生长台阶，具有这些特性的结晶界面称为邻位面。对于 β-Si_3N_4晶体的（100）晶面，其晶面间距非常大，对于和（100）晶面呈小角度的其他晶面，相比之下，其都为密排面。因此，（100）晶面可获得大量的不同角度的生长直台阶列，即在（100）晶面上有可能产生不同角度、不同方向的邻位面，其结晶面正是采用这种直台阶列的方式生长。正是存在了不同角度、不同方向的直台阶列，β-Si_3N_4晶体（100）晶面的生长有可能形成各个方向的生长台阶和生长纹，如图 4-11 所示。高温熔体中的 Si-N(O) 四面体或 Si-N-O 原子团等结晶基元易于在台阶处成键，促进了 β-Si_3N_4晶体的长大，其机理如图 4-12a 所示。利用直台阶列生长的动力学原理，其［100］方向的生长速率为

$$V = \frac{3D\Delta h_0}{ak_{\mathrm{B}}T^2}\Delta T \times \tan\alpha \tag{4-6}$$

式中，D 为体扩散系数；Δh_0为每个原子的熔化焓；a 为原子层间距；k_{B} 为 Boltzmann 常数；ΔT 为生长过冷度；T 为温度。

由图 4-8 的结果可知，在距离 β-Si_3N_4晶体［100］方向结晶界面的不同距离处，其 N 元素是梯度分布的。由此，可以推测 β-Si_3N_4晶体（100）晶面生长初期，高温 Si-N-O 熔体中的 Si-N(O) 四面体或者 Si-N-O 原子团等结晶基元由熔体内部向 β-Si_3N_4晶体（100）晶面处扩散，整个 Si-N-O 熔体的元素分布应该是均匀的，如图 4-12a 所示。在其生长后期，由于温度降低，结晶驱动力减小，Si-N-O 熔体中的扩散驱动力也减小，长程扩散阻力很大，长程扩散现象基本消失，此时短程扩散为主要的扩散方式。短程扩散的结晶基元在 β-Si_3N_4晶体（100）结晶界面处结晶，导致距离界面处 20~30nm 范围内 N 原子的浓度降低，因此形成了高温 Si-N-O 熔融相元素浓度在结晶界面处的梯度分布。其机理如图 4-12b 所示。

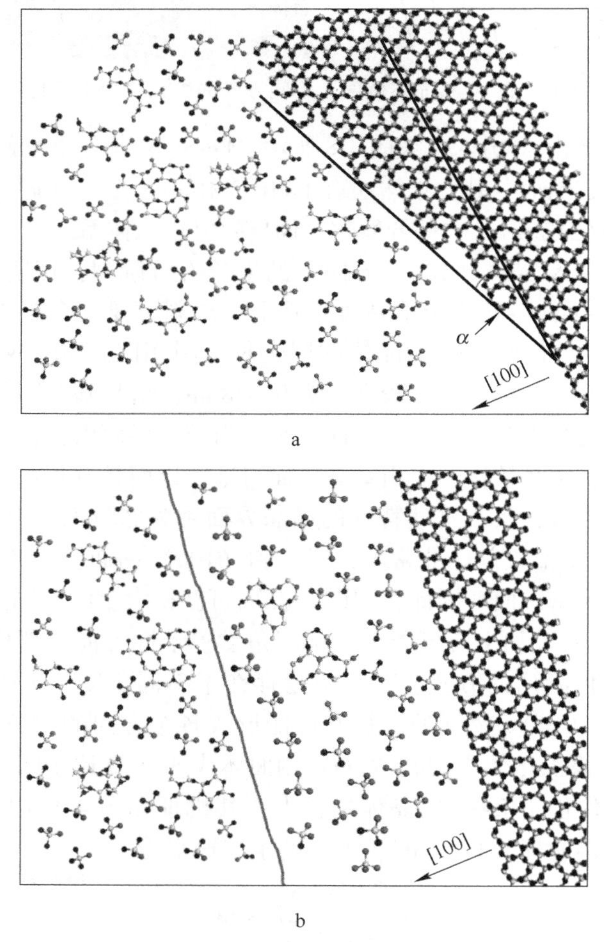

图 4-12　β-Si_3N_4晶体（100）晶面结晶机理示意图

（四）体系中的杂质对 β-Si_3N_4 结晶的影响

通过图 4-9 的 SEM 和 EDS 可以发现，β-Si_3N_4 柱状晶体的生长台阶处存在少量杂质原子，可能会对 β-Si_3N_4 晶体的生长产生影响。经过上一部分对 β-Si_3N_4 柱状晶体（100）晶面台阶的分析，β-Si_3N_4 柱状晶体在其［100］方向最容易产生生长台阶和邻位面，而在其［001］方向，由于其生长速度较快，以连续生长为主，其产生生长台阶的概率较小。因此，以 β-Si_3N_4 柱状晶体的（100）晶面为基准面，模拟计算工业 FeSi75 中的微量元素 Ti、Cr、Mn 在基准面的稳定性、结构变化和整个体系的能量变化，分析其对 β-Si_3N_4 柱状晶体［100］方向结晶生长的影响。

运用 MS6.0 建立 β-Si_3N_4 柱状晶（100）晶面的模型，为了使计算结果更加符合实际情况，在建立的（100）晶面的末端设置为一层 H 键，而在前端设置为真空状态，如图 4-13 所示。

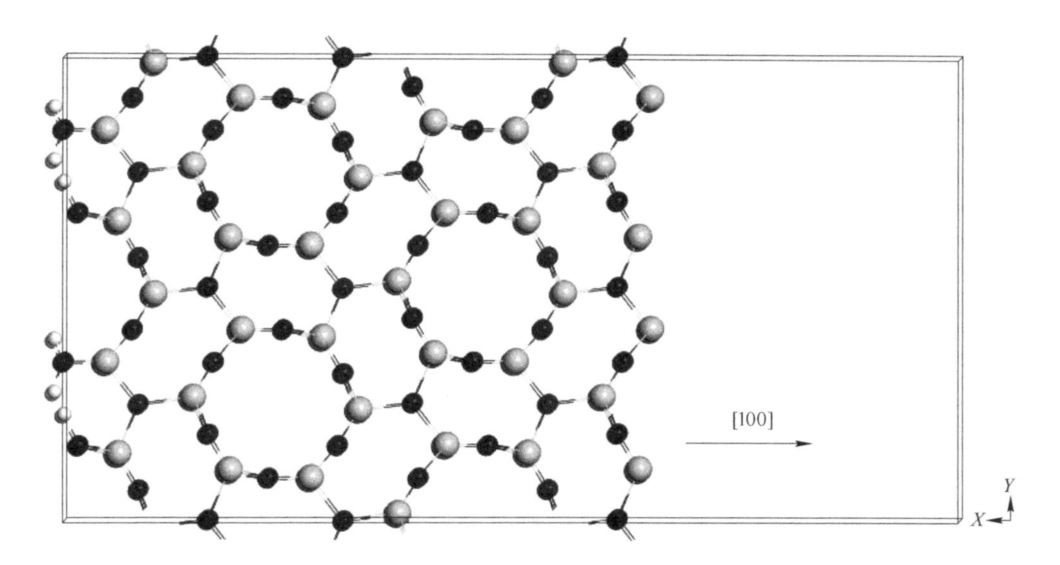

图 4-13　运用 MS6.0 建立的 β-Si_3N_4 柱状晶（100）晶面模型

建立不同的原子替换后，基于电子能量最小化和几何结构稳定化原理，利用 CASTEP 模块对 Ti、Cr、Mn 原子替代后的结构进行几何优化，然后基于体系能量最低和结构稳定化原理，利用 CASTEP 模块计算其体系能量的变化，具体的软件设置如图 4-14 所示。

掺杂原子后经过 CASTEP 模块几何优化后的 β-Si_3N_4 柱状晶（100）晶面的结构如图 4-15 所示，结构优化后经 CASTEP 模块计算的体系能量变化如表 4-1 所

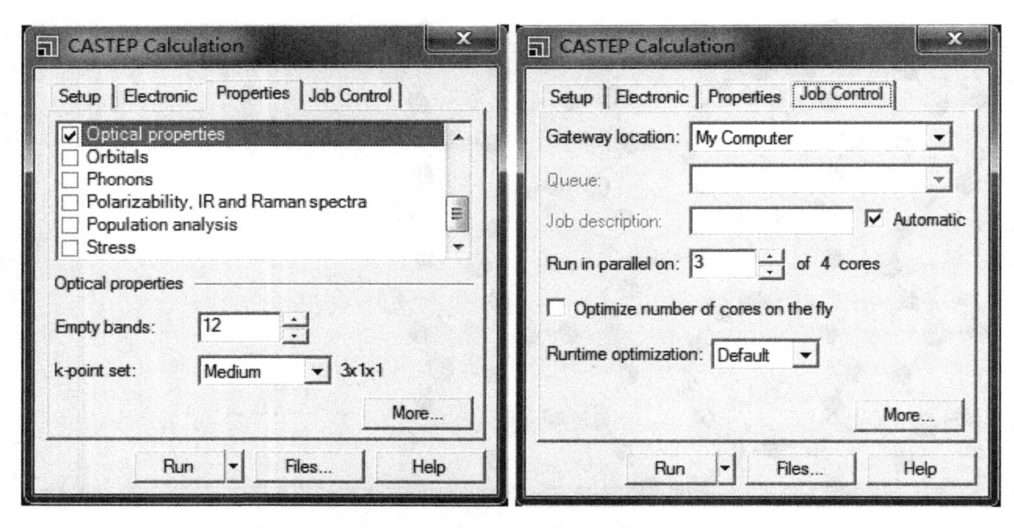

图 4-14　MS6.0 几何优化和能量计算的软件设置

示。从几何优化后稳定的结构来看，Ti 和 Cr 在 β-Si_3N_4柱状晶（100）晶面并没有产生较大的畸变，但其体系能量增大较多。尤其是 Cr 进入体系后，其体系能量增加最多。而 Mn 进入体系后，虽然在（100）晶面上发生了较大的几何变化，甚至在（100）晶面有形成生长台阶的趋势，但是相比于 Ti 和 Cr 而言，其体系能量变化最小，最稳定。结合图 4-9 中观察到的 Ti 存在于 β-Si_3N_4柱状晶（100）晶面台阶处的现象，可以推断 FeSi75 中的微量元素对 β-Si_3N_4柱状晶的结晶过程是有一定影响的。由 MS 的计算结果可知 Mn 元素影响的概率较大。

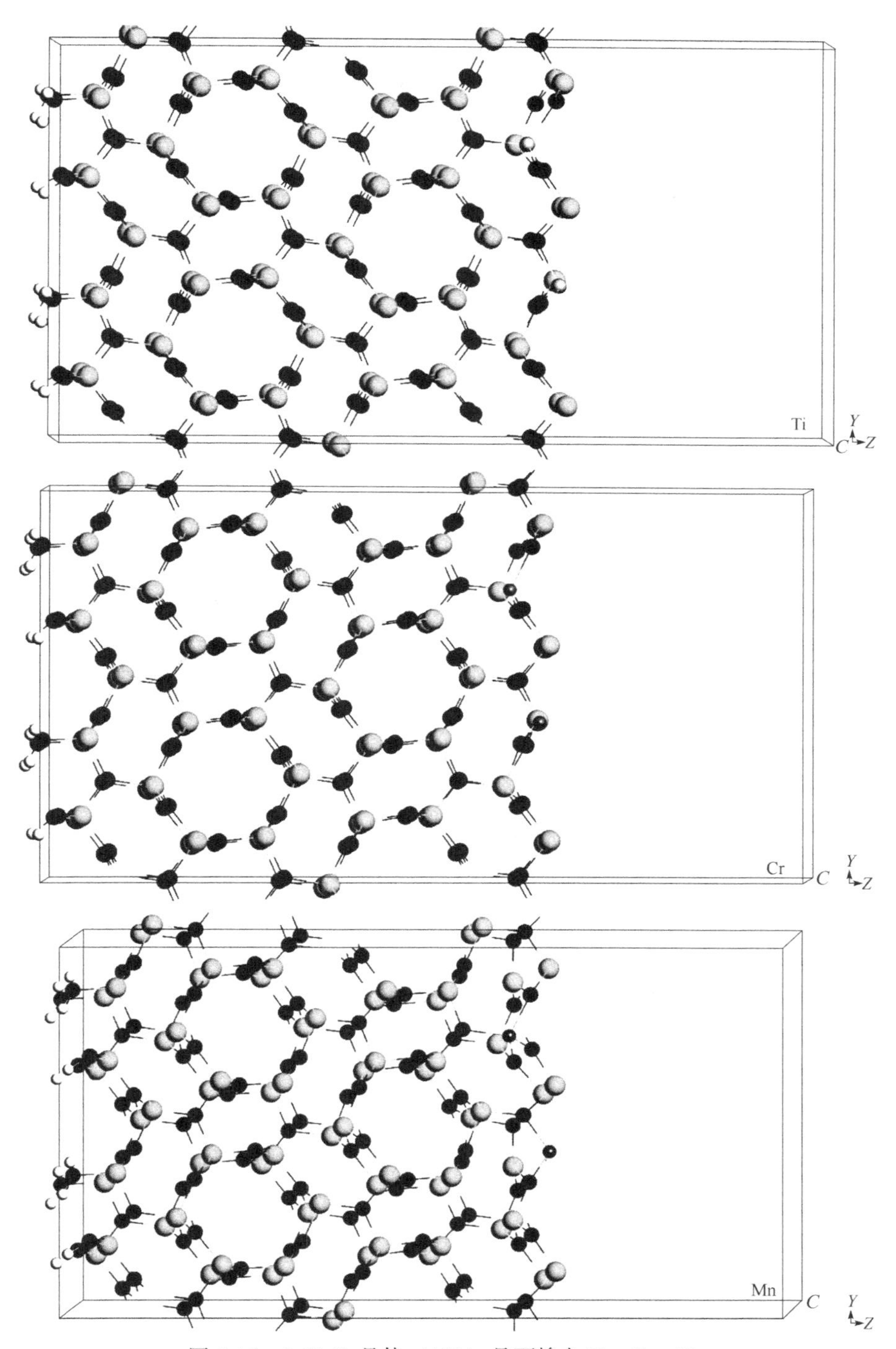

图 4-15　β-Si_3N_4晶体（100）晶面掺杂 Ti、Cr、Mn 原子后经过几何优化的原子排布

表 4-1 掺杂 Ti、Cr、Mn 原子后的体系能量变化

项 目	Ti	Cr	Mn
表面自由变化/kJ · m^{-2}	0.55	0.86	0.21

第三节 闪速燃烧合成氮化硅铁中 Fe_xSi 粒子的形成机理

由于 FeSi75 合金液是以 Si 为主的熔体，Si 含量较高，而且金属硅的熔点相对其他组分要高，迅速冷却过程中单质硅首先结晶，形成连续的网络结构；而熔点较低的 ξ 相便以亚稳状态被圈缩在这种网络结构的空隙中。由于实际生产中，总会有少量的 ξ 相分解为 $FeSi_2$ 而产生体积膨胀效应，同时由于金属硅及 ξ 相的热膨胀性能的差异，金属硅与 ξ 相之间的结合界面产生缝隙。这种微观结构促使了金属硅与 ξ 相在破碎过程中的彼此分离，至少说，其黏结部分较少。由此，FeSi75 铁合金的氮化也就是金属硅及 ξ 相的氮化，而不是 Si 含量 75%的均质合金的氮化。

闪速燃烧合成过程中，炉内温度为 1400~1600℃，硅可能进行如下反应：

$$3Si(s) + 2N_2(g) = Si_3N_4(s) \qquad \Delta_r G^{\ominus} = -723 + 0.315T(kJ/mol) \tag{4-7}$$

$$3Si(l) + 2N_2(g) = Si_3N_4(s) \qquad \Delta_r G^{\ominus} = -874 + 0.405T(kJ/mol) \tag{4-8}$$

$$3Si(g) + 2N_2(g) = Si_3N_4(s) \qquad \Delta_r G^{\ominus} = -2080 + 0.757T(kJ/mol) \tag{4-9}$$

鉴于闪速燃烧合成过程中，74μm 的 FeSi75 细粉是由炉顶喷入炉内的，金属硅的三种状态都可能存在。热力学计算表明，硅的三种存在状态都能与氮气反应生成氮化硅。

高温时，伴随着氮化硅的生成，反应释放出大量的热能，整个反应体系的温度升高。而 ξ 相在 1220℃时即已经为液相，在闪速燃烧合成温度下迅速融化，形成 Fe-Si 熔体。ξ 相中的 Si 原子除发生汽化蒸发，并同氮气发生如式（4-9）反应外，将主要进行如式（4-8）所示的气液反应。由于其中铁的存在，ξ 相熔体中 Si 的氮化将有别于纯金属硅的氮化。

图 4-16 为 1550℃时 Fe-Si 熔体中的 a_{Fe} 和 a_{Si} 随组成变化的曲线。由图 4-16 看出，高温下，ξ 相熔体中［Fe］的活度 a_{Fe} 很低，［Si］的活度 a_{Si} 较高，该熔体将主要体现为硅的性质，［Si］氮化生成氮化硅；随着氮化反应的进行，ξ 相熔体中［Si］的含量降低，a_{Si} 下降，a_{Fe} 升高。ξ 相熔体按照下式反应，直至反应到如下平衡：

$$Fe_xSi + N_2(g) \rightleftharpoons [Fe] + Si_3N_4(s) \tag{4-10}$$

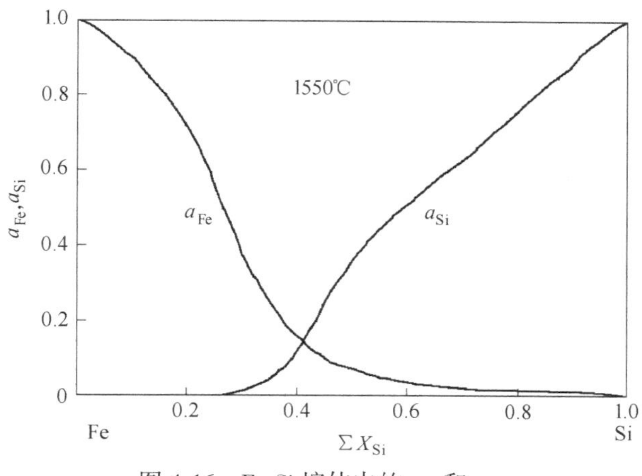

图 4-16　Fe-Si 熔体中的 a_{Fe} 和 a_{Si}

合成温度下，式（4-10）向右进行主要是气液反应，是以氮气的渗入及在熔体表面吸附氮原子的速度来决定反应的进行的；而向左进行反应则是液固反应，是受［Fe］和 Si_3N_4 的接触条件来限制的。随着氮化的进行，Fe_xSi 熔体中 Si 含量减少，熔体的体积相应缩小。同时，由于熔体表面张力的作用，将导致氮化过程中的 Fe_xSi 粒子与氮化硅之间的接触受到影响，从而影响到反应式（4-10）向左的进行。

因此，尽管随着氮化的进行，a_{Si} 降低，a_{Fe} 升高，反应可能向左进行，但是，由于受到接触条件的限制，反应可能还是无法充分进行的。相对于液固的接触反应，气液反应的进行要相对容易实现。这就为氮化进行中的 Fe-Si 熔体的进一步氮化提供了条件。当 Fe_xSi 熔体中的硅含量被氮化到约为 0.25mol（图 4-16）时，a_{Si} 趋于 0，氮化反应趋于平衡，而此时 Fe_xSi 熔体中的［Fe］和［Si］的原子比例大约为 3∶1。这与图 2-4 中的 EDS 分析也是相一致的。鉴于铁粒来源于 ξ 相的氮化，所以，合成后的氮化硅铁中的铁粒的大小是取决于 FeSi75 中的 ξ 相的大小。由前面的分析可知，74μm 的 FeSi75 中的 ξ 相大小不一，相差较大，所以，得到如图 2-4b 中的铁粒的粒径也相差非常悬殊，而且分布也不均匀。因此，要获得铁粒微细化、均匀分散的氮化硅铁，就必须以较细、均匀的 FeSi75 为原料。

第四节　FeSi75 闪速燃烧合成 $Fe-Si_3N_4$ 的机理

一、FeSi75 闪速燃烧合成 $Fe-Si_3N_4$ 的反应过程

$Fe-Si_3N_4$ 微观结构形成机理如图 4-17 所示，FeSi75 的燃烧氮化反应即为金属

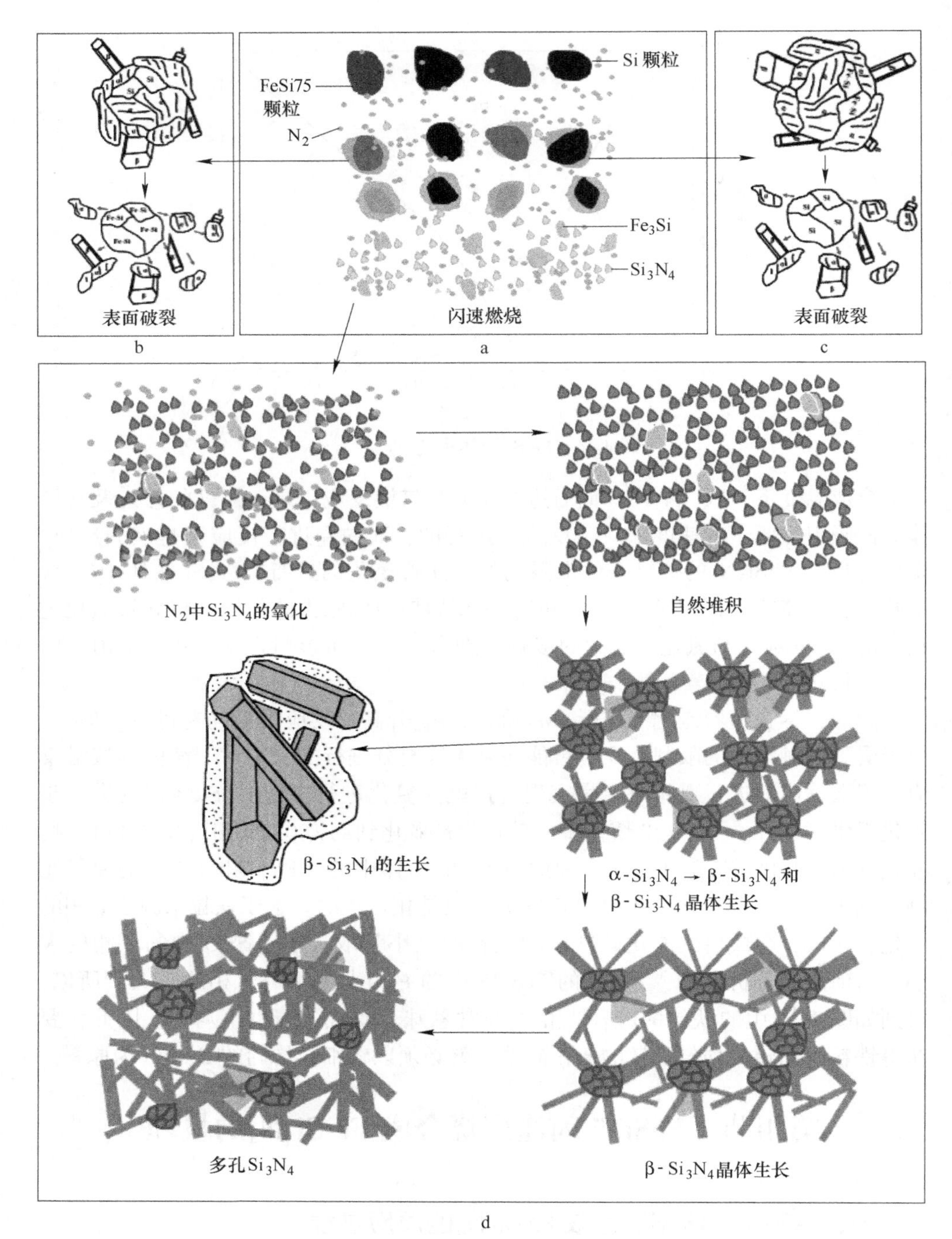

图 4-17　$Fe\text{-}Si_3N_4$微观结构形成机理图

Si 颗粒和 ξ 相的氮化。将粒径小于 74μm 的金属 Si 颗粒和 ξ 相颗粒从竖炉顶部加入，缓慢落入高温反应区，与高温高纯 N_2 相遇，发生氮化反应。金属 Si 颗粒和 ξ 相颗粒与 N_2 在高温反应区接触，首先金属 Si 颗粒和 ξ 相表面的 Si 原子与 N_2 发生反应，放出大量的热量，在 Si 颗粒和 ξ 相颗粒的表面形成一层氮化硅的外壳，其涉及的氮化反应如式（4-7）~式（4-9）所示。

由于 Si 颗粒和 ξ 相表面发生氮化反应放出大量的热量，而氮化的瞬间热量无法释放，除了将生成的氮化硅加热之外，还将 Si 颗粒和 ξ 相内部加热熔化。此时，Si 颗粒内部熔化为 Si 熔体，而 ξ 相内部熔化为 Fe-Si 熔体。随着 Si 颗粒和 ξ 相表面氮化层越来越厚，其由于应力作用发生破裂，露出了新的 Si 熔体和 Fe-Si 熔体表面，如图 4-17b 和图 4-17c 所示。同时表层的氮化硅破裂成氮化硅微粒，在上升的 N_2 流中继续下落。而新的 Si 熔体和 Fe-Si 熔体则继续发生氮化反应，表层氮化后继续破裂并继续发生氮化反应。Si 熔体逐渐完全氮化为氮化硅微粒，而 Fe-Si 熔体（原 ξ 相）继续发生氮化反应，其熔体内 Si 的活度 a_{Si} 不断降低，逐渐氮化为稳定的氮化硅微粒和稳定的、不可被再次氮化的 Fe_3Si，如图 4-17a 所示。

金属 Si 颗粒和 ξ 相经过完全氮化后，生成的氮化硅微粒及 Fe_3Si 熔体在上升的 N_2 流中继续下降。高纯 N_2 的纯度为 99.999%，其仍然含有微量的 O_2。高温的氮化硅微粒在继续下落的过程中，其表面被 N_2 中微量的 O_2 氧化，形成一层 SiO_2 的膜。包有 SiO_2 膜的高温氮化硅微粒与 Fe_3Si 熔体落入产物池，松散地堆积在产物池内，并凭借表面的 SiO_2 膜黏结在一起，形成高温的多孔坯体。生成的氮化硅微粒及 Fe_3Si 熔体经过极短的时间下落到产物池，其温度较高，热量在短时间内无法释放。高温的氮化硅铁多孔坯体内的氮化硅微粒在高温下进一步发生 $\alpha \rightarrow \beta$ 转变和 β-Si_3N_4 的结晶长大，形成了呈放射状的柱状晶体。而未结晶完全的部分形成了致密的颗粒晶体聚集区，同时，一些杂质元素 Al、Ca、O 等留在致密的颗粒晶体聚集区。发育完全的柱状晶之间相互搭接，形成了多孔的氮化硅铁材料（图 4-17d）。因其孔隙形成为柱状晶之间的相互搭接，所以其形成的气孔为通孔，非封闭或者半封闭气孔。

二、ξ 相高温氮化机理

金属 Si 颗粒在闪速燃烧过程中经过表面氮化—外壳破裂—表面氮化的重复过程，颗粒最终完全反应，全部生成氮化硅微粒。而 ξ 相的氮化机制相比金属 Si 颗粒，略有不同。图 4-18 为 ξ 相颗粒高温氮化机理过程图，ξ 相颗粒由闪速炉炉顶加入到炉内的反应区时，ξ 相来不及蒸发和熔化，表面立即反应生成一层氮化硅的外壳，释放出大量的热量，如图 4-18a 和 b 所示。由于大量的热量不能立即释放，ξ 相内部被加热，熔化为 Fe-Si 熔体。随着氮化硅外壳的逐渐加厚，其由于热应力作用而破裂，露出了新的 Fe-Si 熔体表面，此时的氮化过程主要是 Fe-Si

熔体表面的氮化反应。Fe-Si 熔体表面的氮化主要是基于 Fe-Si 熔体蒸发的 Si 蒸气和 N_2的反应，以及 Fe-Si 熔体表面的液相 Si 与 N_2的反应。Fe-Si 熔体表面的反应使表面的熔体中的 Si 的活度 a_{Si}降低，Fe 的活度 a_{Fe}升高，而与熔体内部相比，其 Si 的活度 a_{Si}相对较高，Fe 的活度 a_{Fe}相对较低。因此，在氮化初期 Fe-Si 熔体剧烈的、快速的表面氮化—氮化硅壳破裂—表面氮化反复进行的过程中，其 Fe-Si 熔体表面的 Fe 离子大量向内部迁移，而内部的 Si 离子大量向表面迁移，同时，Fe-Si 熔体也在不断地收缩，如图 4-18c 所示。经过反复的氮化，Fe-Si 熔体中 Si 的整体活度 a_{Si}不断降低，同时，Fe-Si 熔体表面 Si 的蒸气压不断降低，表面气-气反应和气-液反应的速率降低。此时 Fe-Si 熔体内部、表面的离子活度差降低，因此，Fe 离子和 Si 离子的迁移大大减少，如图 4-18d 所示。Fe-Si 熔体的表面继续发生着氮化反应，直至 Si 的摩尔分数约为 25%左右，此时 Fe-Si 熔体中 Si 的活度 a_{Si}趋于 0，其蒸气压趋于 0，表面气-气反应和气-液反应基本停止，Fe-Si 熔体中的 Fe、Si 原子比为 3∶1，如图 4-18e 所示。

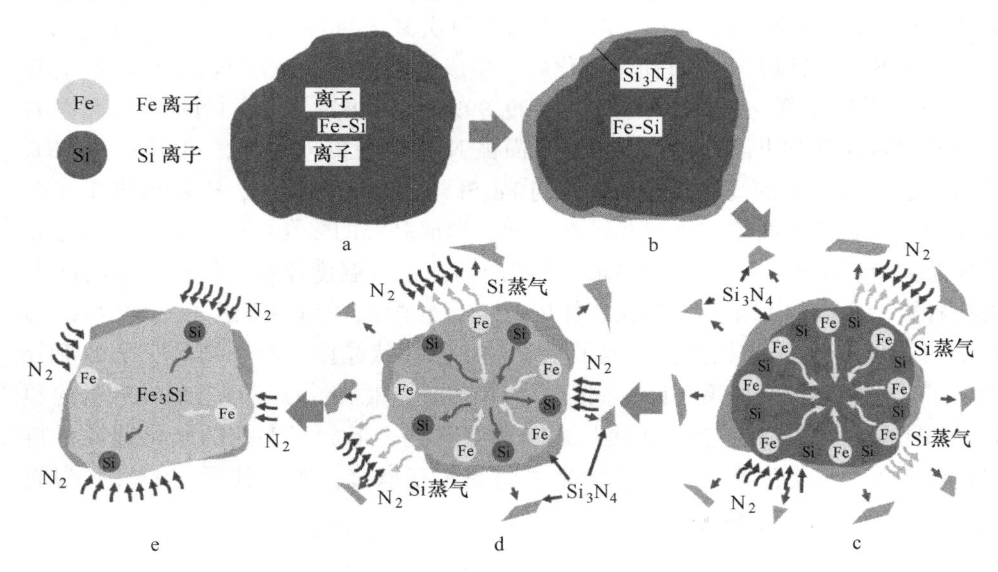

图 4-18　ξ 相颗粒高温氮化机理过程分析

由于 FeSi75 颗粒原料在破碎的过程中，ξ 相在粉料中的分布并不均匀，大小不一，如图 1-6 所示。因此，氮化后的产物 Fe_3Si 合金颗粒的分布也不均匀，大小不一。

第三篇

氮化硅铁在耐火材料中的应用

第五章　氮化硅铁在耐火材料中的应用性能

第一节　Fe_{pure}-Si_3N_4体系材料高温稳定性的研究

一、Fe_{pure}-Si_3N_4体系材料高温氧化性气氛下的稳定性

（一）热力学分析

氮化硅与纯铁体系材料在高温氧化条件下的稳定性实际上可以分为氮化硅及铁的氧化行为以及氮化硅与铁之间的反应。

1. 氮化硅的氧化

为探讨铁与氮化硅体系材料在空气条件下的氧化行为及可能发生的反应，首先对氮化硅稳定存在的氧分压随温度变化的关系进行分析，即绘制 $\lg(P_{O_2}/P^{\ominus})$ 对 $1/T$ 关系图。通过该图可直观地反映出纯铁-氮化硅体系在不同温度及氧分压条件下稳定存在的凝聚相以及它们的稳定范围。在 Si-N-O 系中有实际意义的凝聚相有 Si、Si_3N_4、Si_2N_2O 和 SiO_2，有关反应及热力学数据如下：

$$Si(s) + O_2(g) \xlongequal{\quad} SiO_2(s)$$

$$\Delta_r G^{\ominus} = -913.58138 + 0.18012T(kJ/mol) \tag{5-1}$$

$$Si_3N_4(s) + 3O_2(g) \xlongequal{\quad} 3SiO_2(s) + 2N_2(g)$$

$$\Delta_r G^{\ominus} = -1991.330 + 0.20794T(kJ/mol) \tag{5-2}$$

$$3Si(s) + 2N_2(g) \xlongequal{\quad} Si_3N_4(s)$$

$$\Delta_r G^{\ominus} = -743.710 + 0.33823T(kJ/mol) \tag{5-3}$$

$$2Si_2N_2O(s) \xlongequal{\quad} 4Si(s) + 2N_2(g) + O_2(g)$$

$$\Delta_r G^{\ominus} = 1834.100 - 0.4881T(kJ/mol) \tag{5-4}$$

$$Si_2N_2O(s) + 1/3N_2(g) \xlongequal{\quad} 2/3Si_3N_4(s) + 1/2O_2(g)$$

$$\Delta_r G^{\ominus} = 161.2461 + 0.08991T(kJ/mol) \tag{5-5}$$

$$2Si_2N_2O(s) + 3O_2(g) \xlongequal{} 4SiO_2(s) + 2N_2(g)$$

$$\Delta_r G^{\ominus} = -2263.524 + 0.4217T(\text{kJ/mol}) \tag{5-6}$$

空气中，可以近似认为 $\frac{P_{N_2}}{P^{\ominus}} = 0.79$，$\frac{P_{O_2}}{P^{\ominus}} = 0.21$。这里 $P^{\ominus}$ 是标准大气压。在高温条件下，该体系中将主要发生式（5-2）的反应，反应前后气体压力变化为

$$\begin{array}{ccc} Si_3N_4(s) + & 3O_2(g) \xlongequal{} 3SiO_2(s) + & 2N_2(g) \\ & 3 & 2 \\ & 0.21 & 0.14 \end{array}$$

如果将其视为孤立体系，则总压由 $\frac{P_{总}}{P^{\ominus}} = 1$ 减小为 $\frac{P_{总}}{P^{\ominus}} = 0.93$。考虑到其他反应中也有气体的释放或吸收，在这里设定 $\frac{P_{N_2}}{P_{总}} = 1$，固态物质活度为 1。

根据 $\lg K^{\ominus} = -\frac{\Delta_r G^{\ominus}}{19.1345T}$ 可求得上述反应的 $\lg(P_{O_2}/P^{\ominus})$ 与 $1/T$ 的关系：

$$\lg(P_{O_2}/P^{\ominus})_1 = -47744/T + 9.413$$

$$\lg(P_{O_2}/P^{\ominus})_2 = -34689/T + 3.622$$

$$T_3 = 2199\text{K}$$

$$\lg(P_{O_2}/P^{\ominus})_4 = -95845/T + 25.508$$

$$\lg(P_{O_2}/P^{\ominus})_5 = -16853/T - 9.3977$$

$$\lg(P_{O_2}/P^{\ominus})_6 = -39779/T + 7.347$$

按上述关系作成图 5-1。

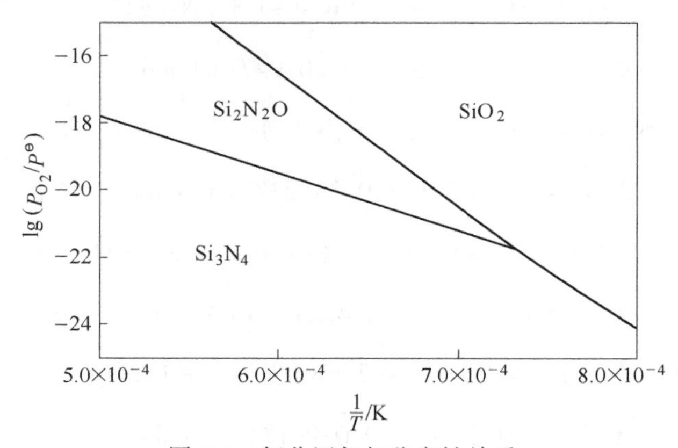

图 5-1　氧分压与相稳定性关系

从图 5-1 可以看出，Si_3N_4稳定存在的氧分压非常低。在不同氧分压及不同温度条件下，可以以不同的形式存在。

根据热力学计算，Si_3N_4在高温下的氧化反应主要有以下几种：

(1) $$Si_3N_4(s) + 3O_2(g) = 3SiO_2(s) + 2N_2(g)$$

$$\Delta_r G^{\ominus} = -1991330 + 207.94T(\text{J/mol})$$

(2) $$Si_3N_4(s) + 5O_2(g) = 3SiO_2(s) + 4NO(g)$$

$$\Delta_r G^{\ominus} = -1587450 + 158.16T(\text{J/mol})$$

(3) $$Si_3N_4(s) + 3/2O_2(g) = 3SiO(g) + 2N_2(g)$$

$$\Delta_r G^{\ominus} = 445090 - 767.60T(\text{J/mol})$$

(4) $$Si_3N_4(s) + 7/2O_2(g) = 3SiO(g) + 4NO(g)$$

$$\Delta_r G^{\ominus} = 848980 - 817.39T(\text{J/mol})$$

(5) $$Si_3N_4(s) + 3/4O_2(g) = 3/2Si_2N_2O(s) + 1/2N_2(g)$$

$$\Delta_r G^{\ominus} = -631910 + 28.66T(\text{J/mol})$$

(6) $$Si_3N_4(s) + 5/4O_2(g) = 3/2Si_2N_2O(s) + NO(g)$$

$$\Delta_r G^{\ominus} = -530950 + 16.19T(\text{J/mol})$$

(7) $$Si_2N_2O(s) + 3/2O_2(g) = 2SiO_2(s) + N_2(g)$$

$$\Delta_r G^{\ominus} = -903120 + 119.45T(\text{J/mol})$$

将上述各反应的 $\Delta_r G^{\ominus}$ 与温度的关系在 1000~1800K 范围内绘制成图 5-2。从图中可以看出，反应（4）当温度超过 1039K 可以发生，其他反应在该温度范围内 $\Delta_r G^{\ominus}$ 均为负值，因此可以发生。

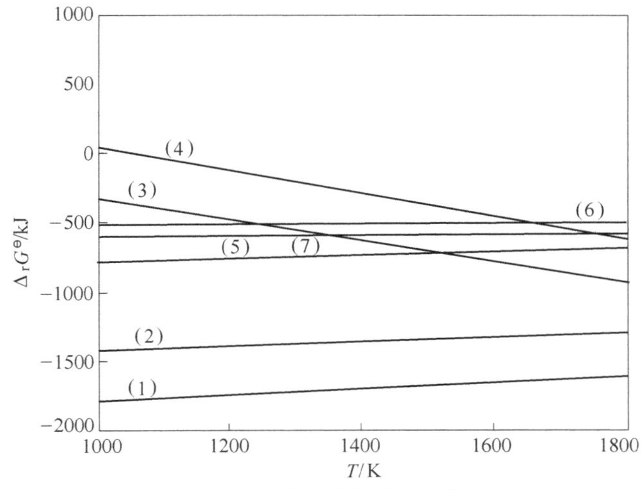

图 5-2　Si_3N_4在标准状态下的 $\Delta_r G^{\ominus} - T$ 关系

但反应（1）及反应（2）的 $\Delta_r G^{\ominus}$ 值最低，且反应（1）优先于反应（2）进行。因此，在标准状态下，Si_3N_4的氧化基本按上述两个反应进行，且产物主要为 SiO_2及 N_2气，同时存在少量 NO 气体。但是，随着氧分压的降低，氮化硅的氧化行为将发生变化，氧化所形成的物相将有所区别，但最终物相存在形式将如图 5-1 所示，随氧分压及温度不同而有所改变。

2. 金属铁的氧化

金属铁与 O_2可能发生的反应如下：

$$2Fe + O_2(g) = 2FeO \tag{5-7}$$

$$\Delta_r G^{\ominus} = -541038 + 126.96T(J/mol)$$

$$\lg P_{O_2}/P^{\ominus} = 0.4343\Delta_r G^{\ominus}/RT = -28262/T + 6.632$$

$$2FeO + 1/2O_2(g) = Fe_2O_3 \tag{5-8}$$

$$\Delta_r G^{\ominus} = -279393 + 129.26T(J/mol)$$

$$\lg P_{O_2}/P^{\ominus} = 0.8686\Delta_r G^{\ominus}/RT = -29196.6/T + 13.51$$

根据 $\lg(P_{O_2}/P^{\ominus})$ 与 $1/T$ 的关系绘制出铁的状态图，如图 5-3 所示。

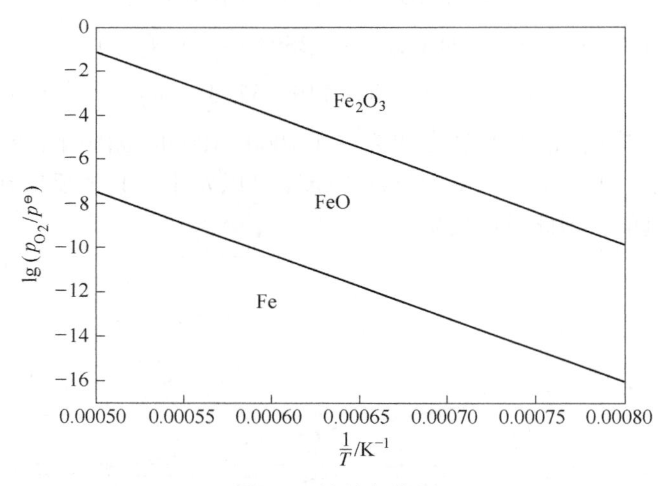

图 5-3　铁的氧势图

由图 5-3 看出，铁在各种温度下稳定存在的氧分压要比氮化硅大得多，也就是说，同样的条件下氮化硅要比铁更容易氧化。因此，在同样的氧分压条件下，就可能存在氮化硅氧化，而铁仍为单质的状况。由氮化硅与铁的稳定状态图可以得知不同氧分压条件下该体系中稳定存在的物相组成，由此也可构筑出不同组成的复合材料。

3. 氮化硅与铁之间的反应

尽管氮化硅与铁在高温氧化条件下都容易氧化，但是，在两者都稳定存在的氧分压下，则可发生如下反应：

$$9Fe + Si_3N_4 = 3Fe_3Si + 2N_2(g)$$

$$\Delta_r G^{\ominus} = 204208-657.396T \ (J/mol) \tag{5-9}$$

$$3Fe + Si_3N_4 = 3FeSi + 2N_2(g)$$

$$\Delta_r G^{\ominus} = 507628-377.967T (J/mol) \tag{5-10}$$

$$5Fe + Si_3N_4 = Fe_5Si_3 + 2N_2(g)$$

$$\Delta_r G^{\ominus} = 496704 - 340.961T (J/mol) \tag{5-11}$$

$$3Fe_3Si + 2Si_3N_4 = 9FeSi + 4N_2(g)$$

$$\Delta_r G^{\ominus} = 1318676 - 476.507T (J/mol) \tag{5-12}$$

以上数据取自 HSC 数据库。从上述反应的吉布斯自由能可知，反应式(5-9)～式（5-11）在实验温度下容易进行，而反应（5-12）却很难发生，仅有当氮气分压极低的情况下方能进行。因此，$Fe-Si_3N_4$体系材料经高温处理后铁可能的存在形式有 Fe_3Si、Fe_5Si_3、FeSi 及未反应完全的铁等；究竟以何种形式存在，还需借助于 XRD 及 EDS 分析。由第四章第四节可知，Fe_3Si 与 Si_3N_4的高温稳定性较高，所以，经高温处理后的 $Fe_{pure}-Si_3N_4$体系材料中的铁应是以 Fe_3Si 为主的。

相对于氮化硅而言，铁在低温状态下的氧化比较容易进行，所以，在纯铁-氮化硅体系材料加热过程中，铁首先被氧化成 FeO 或 Fe_2O_3，在持续的高温处理过程中，将发生 FeO 或 Fe_2O_3同氮化硅的反应，如下：

$$18Fe_2O_3 + 4Si_3N_4 = 12Fe_3Si + 8N_2(g) + 27O_2(g) \tag{5-13}$$

$$\Delta_r G^{\ominus} = 15584945 - 7239.27T (J/mol)$$

$$\Delta_r G = \Delta_r G^{\ominus} + RT\ln K_p$$

$$= 15584945 - 7239.27T + 27RT\ln(P_{O_2}/P^{\ominus}) + 8RT\ln(P_{N_2}/P^{\ominus})$$

$$= 15584945 - 7239.27T + 27RT\ln(P_{O_2}/P^{\ominus}) \text{（假定 } P_{N_2}/P^{\ominus} = 1\text{）}$$

$$9FeO + Si_3N_4 = 3Fe_3Si + 9/2O_2(g) + 2N_2(g) \tag{5-14}$$

$$\Delta_r G^{\ominus} = (2638968 - 1228.15T) \quad (J/mol)$$

$$\Delta_r G = \Delta_r G^{\ominus} + RT\ln K_p$$

$$= 2638968 - 1228.15T + 9/2RT\ln(P_{O_2}/P^{\ominus}) + 2RT\ln(P_{N_2}/P^{\ominus})$$

$$= 2638968 - 1228.15T + 9/2RT\ln(P_{O_2}/P^{\ominus}) \text{（假定 } P_{N_2}/P^{\ominus} = 1\text{）}$$

尽管从反应式（5-13）和式（5-14）的 $\Delta_r G^{\ominus}$ 看，这两个反应不能发生，但是，高温处理过程中，在氮气气氛或者在材料表面形成封闭层的情况下，材料内部的氧分压将降低，上述两个反应都会变得可以进行。

4. Fe_{pure}-Si_3N_4体系材料在不同氧分压下的物相组成

由氮化硅及铁的氧分压与温度的关系图 5-1 和图 5-3 可知，不同温度及氧分压条件下存在的稳定物相是不一样的。由上述方程式可计算出 Si_3N_4、Si_2N_2O 及 SiO_2共同稳定存在的温度及氧分压为：1370K，$P_{O_2}/P^{\ominus}=2.01\times10^{-22}$。1770K，$SiO_2$与 Si_2N_2O 共存的氧分压 $P_{O_2}/P^{\ominus}=1.25\times10^{-19}$，$SiO_2$与 Si_2N_2O 共存的氧分压 $P_{O_2}/P^{\ominus}=8.147\times10^{-16}$，如图 5-4a 所示。同样，可计算出：1370K，Fe 和 FeO 共存的氧分压 $P_{O_2}/P^{\ominus}=4.62\times10^{-12}$，FeO 和 Fe_2O_3共存的氧分压 $P_{O_2}/P^{\ominus}=8.89\times10^{-6}$；1770K，Fe 和 FeO 共存的氧分压 $P_{O_2}/P^{\ominus}=4.92\times10^{-10}$，FeO 和 Fe_2O_3共存的氧分压 $P_{O_2}/P^{\ominus}=1.10\times10^{-3}$，如图 5-4b 所示。该体系材料在 1370K 及 1770K 时，不同氧分压条件下的物相分配为：

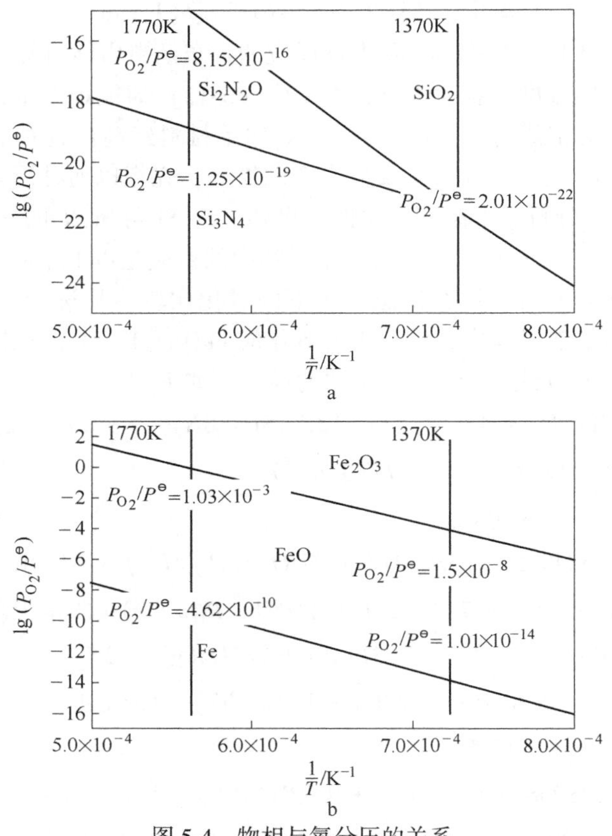

图 5-4　物相与氧分压的关系

在 1370K 时，

$P_{O_2}/P^{\ominus}\leqslant2.01\times10^{-22}$，氮化硅及铁都不会被氧化，只会发生氮化硅同铁之间的反应，则体系成分为 Si_3N_4及 Fe 或者 $FeSi_x$。如果在高纯氮气中，应为 Fe_3Si。

$2.01\times10^{-22}\leqslant P_{O_2}/P^{\ominus}\leqslant1.01\times10^{-14}$，体系成分为 SiO_2 及 Fe。

$1.01\times10^{-14}\leqslant P_{O_2}/P^{\ominus}\leqslant1.5\times10^{-8}$，体系被氧化为 SiO_2 及 FeO，继而形成低熔点物相，体系性能较低，不适合用于高温领域。

$P_{O_2}/P^{\ominus}\geqslant1.5\times10^{-8}$，体系被氧化为 SiO_2 及 Fe_2O_3，形成低熔点相，体系性能较低。

在 1770K 时，

$P_{O_2}/P^{\ominus}\leqslant1.25\times10^{-19}$，氮化硅不会被氧化，而是同铁反应生成 $FeSi_x$，该体系最终物相应为 Si_3N_4 及 $FeSi_x$。

$1.25\times10^{-19}P_{O_2}/P^{\ominus}\leqslant8.15\times10^{-16}$，则氮化硅被氧化为 Si_2N_2O，如果氮化硅有剩余，则铁同未氧化的氮化硅反应生成 $FeSi_x$，体系最终为 Si_2N_2O、Si_3N_4 及 $FeSi_x$ 的复合体系。这时可将该体系做成 $FeSi_x$ 弥散增强的 Si_2N_2O 结合 Si_3N_4 复合材料，由于 Si_2N_2O 的稳定性好，同时结合强度较高，再加之 $FeSi_x$ 的高导热性及韧性，则该复合材料的综合性能将是非常出色的。

$8.15\times10^{-16}\leqslant P_{O_2}/P^{\ominus}\leqslant4.62\times10^{-10}$，氮化硅发生氧化，生成 SiO_2；铁仍为单质或同剩余的氮化硅反应生成 $FeSi_x$，体系材料性能下降。

$4.62\times10^{-10}\leqslant P_{O_2}/P^{\ominus}\leqslant1.03\times10^{-3}$，氮化硅及铁被氧化为 SiO_2 及 FeO，形成低熔点相，体系性能较低。

$P_{O_2}/P^{\ominus}\geqslant1.03\times10^{-3}$，氮化硅及铁被氧化为 SiO_2 及 Fe_2O_3，形成低熔点相，体系性能较低。

由以上热力学讨论可知，用氮化硅与铁进行复合时，应该尽可能控制为以氮化硅或氧氮化硅为主要物相，而以 Fe 或 $FeSi_x$ 为增韧相的微观结构，如此，既能保证氮化硅材料的性能，又由于铁相的存在，增加了材料的韧性和导热率，强化了材料的抗热冲击性，由此制备的材料将是非常有前景的。

（二）Fe_{pure}-Si_3N_4 体系在高温氧化性气氛下的稳定性分析

原料为氮化硅、铁粉。铁粉为分析纯，粒度小于 0.074mm。氮化硅为闪速燃烧合成，β-Si_3N_4 大于 95%，粒度小于 0.074mm。由于闪速燃烧合成的氮化硅铁中含铁 14.15%，为便于同 Fe-Si_3N_4 比较，将纯铁-氮化硅体系材料中的铁含量也同样定位为 14.15%。将铁粉与氮化硅按照 14.15：85.85 的质量比例混合，加入适量临时结合剂，再次混合均匀后以 10MPa 的压力压成 ϕ25mm×20mm 的试样。

将试样放置于高温炉内，空气气氛下升温至 800℃、1100℃、1300℃、1500℃并保温 300min。水冷后观察材料的微观结构，并做 XRD 分析。取纯 Si_3N_4 粉进行 TG-DTA 分析，开始温度为 35℃，以 10℃/min 速度升温到 1500℃；空气气氛。取 Fe 粉和 Si_3N_4（质量比例为 14.15：85.85）混合粉做 TG-DTA 分析，开始温度为 35℃，以 10℃/min 速度升温到 1500℃；空气气氛。

1. 热重-差热分析

纯氮化硅空气条件下的增重曲线如图 5-5 所示。在空气条件下，纯氮化硅大约从 870℃开始氧化增重，增重趋势平稳，DTA 曲线上也没有明显的吸热、放热峰。相比之下，Fe_{pure}-Si_3N_4体系的 TG-DTA 曲线峰值很多，变化也很明显，大约从 300℃即开始增重，而且平稳增长，未出现大的峰值，如图 5-6 所示。在 864℃之前的放热峰比较多，而且峰值不尖锐、较平滑，说明反应缓慢、放热量不大，没有造成 DTA 曲线较大的波动。根据上述的热力学分析，结合纯氮化硅的差热曲线，说明在 870℃之前进行的反应应为铁的氧化。

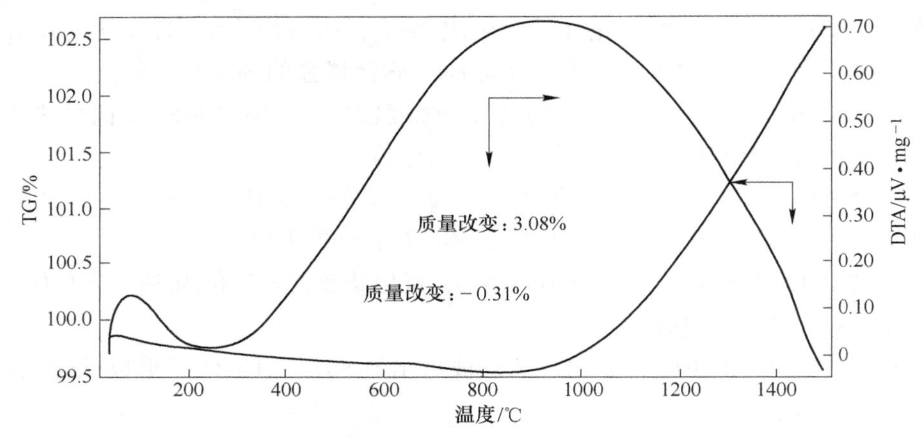

图 5-5　纯氮化硅空气条件下的 TG-DTA 曲线

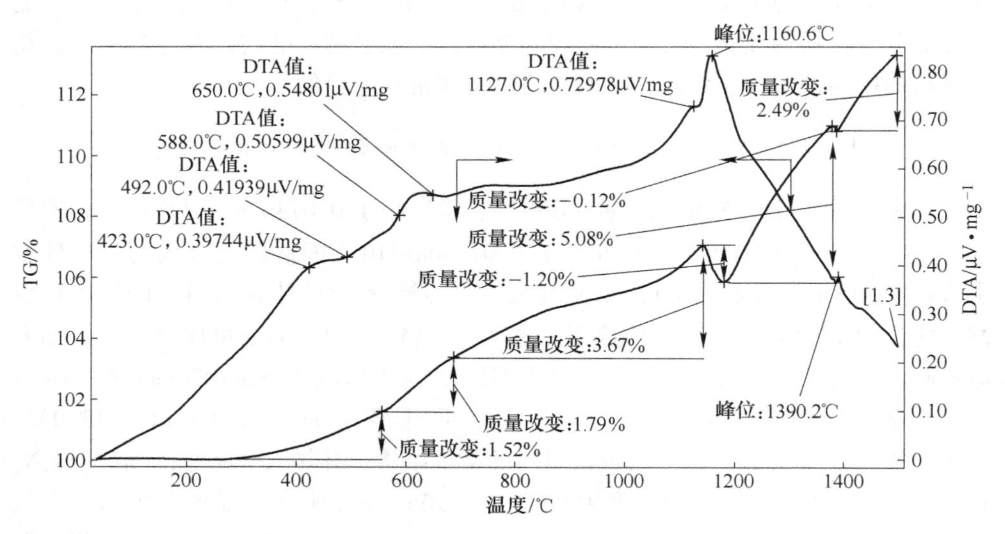

图 5-6　Fe_{pure}-Si_3N_4体系的 TG-DTA

另外，图5-6显示，该体系材料在1127℃出现失重。结合上述热力学分析，高温反应失重的情况应为铁或铁的氧化物同氮化硅的反应，但是，由热力学计算可知，氧化铁同氮化硅的反应在1130℃之内是不能发生的，发生的仅有氮化硅同铁之间的反应。

随着温度的升高，曲线在1390.2℃出现一个小放热峰，同时表现为失重。从前面的热力学分析可知，反应（5-12）、反应（5-13）在该温度的标准状态下都不能发生；但是，前面分析也表明，氮化硅在该温度下已经大量氧化，并且已经能够形成封闭层，封闭层的形成将导致内部氧分压降低，氧分压的降低将促使反应（5-12）、反应（5-13）发生，使反应在该温度下可以进行，所以，TG-DTA曲线在1390.2℃的放热峰应是该两反应所致。相对于铁同氮化硅的反应，氧化铁同氮化硅之间的反应相对要困难些，这与文献的论述也是一致的。

2. 物相分析

纯铁与氮化硅体系材料经高温处理并急速水冷后的XRD分析如图5-7所示。

从图5-7看出，纯铁与氮化硅体系材料在1100℃之前除形成微量的SiO_2外，最主要的变化只在于铁相消失而形成了较大量的Fe_2O_3，说明了铁已经被氧化。因此，在该温度之前的增重，以及DTA曲线上主要的放热峰应该是由铁的氧化引起的。这与TG-DTA分析是相吻合的。而从1300℃开始，氧化铁消失而产生Fe_3Si，说明在此温度下反应（5-12）、反应（5-13）是可以进行的，这与理论分析也是相一致的。

从图5-7还看出，氮化硅与纯铁体系在1300℃形成较大量的SiO_2，说明1100~1300℃对于氮化硅来讲是比较容易氧化的温度，同时，氮化硅和铁已经进行了反应，这与TG-DTA曲线上出现氮化硅同铁的反应在1127℃的放热峰也是相吻合的。因此，从XRD分析的角度也证实了前述热力学及TG-DTA分析的正确性。此外，试样经1500℃热处理后出现了Si_2N_2O。

Fe_3Si的D值为1.998，Fe_5Si_3的D值为2.000，而FeSi的D值为2.001，非常相近，而且在该体系中的含量都相对较少，所以，次强峰都不明显。但是，根据前面的热力学分析，高温空气条件下该体系材料中还是可能含有Fe_5Si_3及FeSi的。

3. 显微结构分析

由XRD及TG-DTA分析可知，铁与氮化硅体系材料在1100℃之前，仅仅是铁被氧化为氧化铁及少量氮化硅被氧化，微观结构变化不大，这里未予列出。1300℃铁已经同周围的氮化硅开始反应，并形成以硅铁为中心、周围为氮化硅疏松组织的结构，其形貌如图5-8所示。此温度下体系被氧化生成的SiO_2与FeO或Fe_2O_3并未形成有效的低熔物覆盖在试样的表面，也没有阻挡住氧气进入材料内部，所以，试样内部的氮化硅在1300℃时氧化量较大，EDS显示，试样内部有

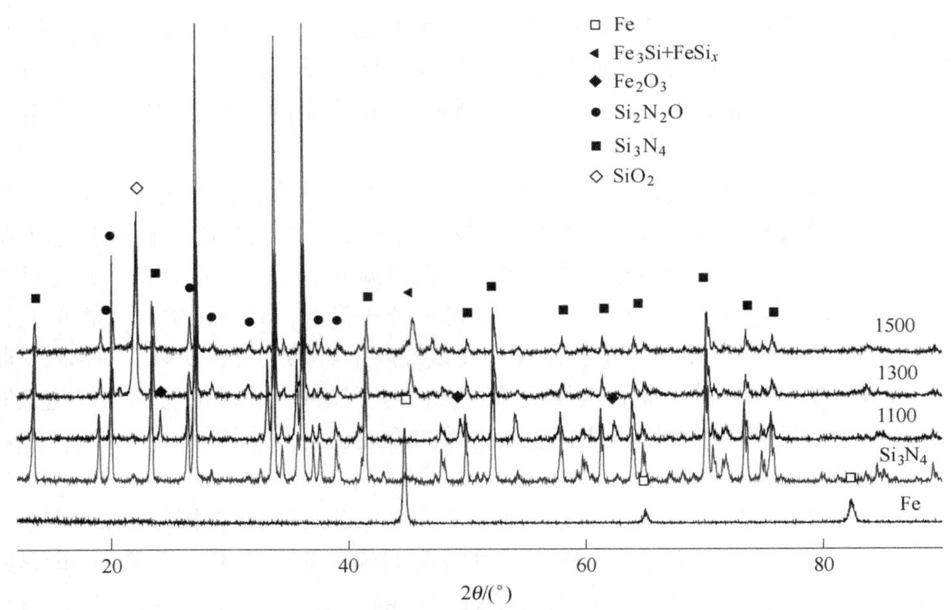

图 5-7　Fe_{pure}-Si_3N_4体系材料高温空气条件下处理后的 XRD

较多的 O 存在，如图 5-9 所示。结合前面的 XRD 分析可知，其为 SiO_2与 Si_2N_2O，Si_2N_2O 量相对较少。

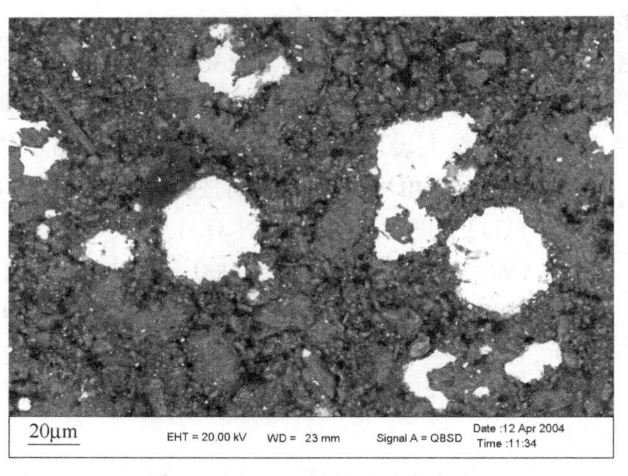

图 5-8　经 1300℃处理后的 SEM

图 5-10 为试样经 1500℃处理后的微观结构。从该图看出，该温度下材料已经看不出氮化硅颗粒的存在，整个材料成为一体；其中较为致密部分的能谱分析显示为 Si、N、O，结合 XRD 分析，该部位材料除含有 SiO_2 外，还可能含有 Si_2N_2O及 Si_3N_4。体系中的铁主要有两种存在形态，其一如图 5-11 中与周围的材

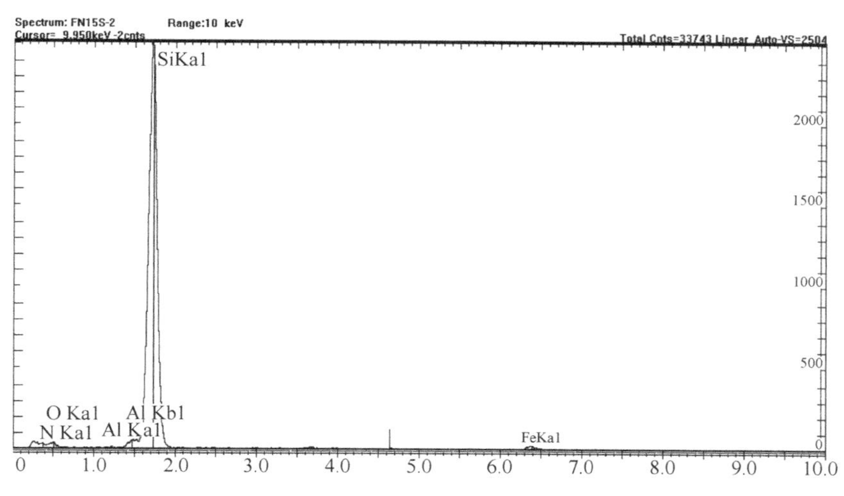

图 5-9　试样内部的 EDS 分析

料紧密接触，形成铁为弥散镶嵌的结构；其二为图 5-12 中的巢穴结构，铁位于巢穴中。小颗粒铁大都位于紧密的镶嵌之中，而颗粒较大的铁粒反应后，在周围存在一定的空隙，说明参与和氮化硅反应的量相对较多而留下较多空隙。位于紧密镶嵌中的铁的 EDS 分析显示如图 5-13 所示，从元素比例看，应是 Fe_3Si 及 Fe_5Si_3、FeSi 等的混合体。而较大颗粒的 EDS 分析如图 5-14 所示，显示含有较高的铁元素，说明铁并未完全同氮化硅反应，导致形成一些固溶体。

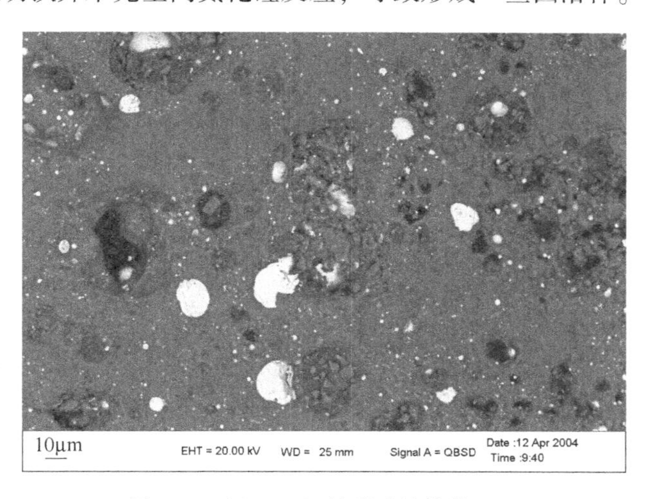

图 5-10　经 1500℃处理后整体的 SEM

经 EDS 分析，图 5-12 中的瓦砾状颗粒为 SiO_2，其能谱分析如图 5-15 所示。由于在 1127℃铁同氮化硅反应导致铁粒周围的氮化硅数量减少，形成所谓的巢穴结构；而疏松的巢穴结构为氧气的进入提供了条件，从而使铁粒周围疏松的氮化

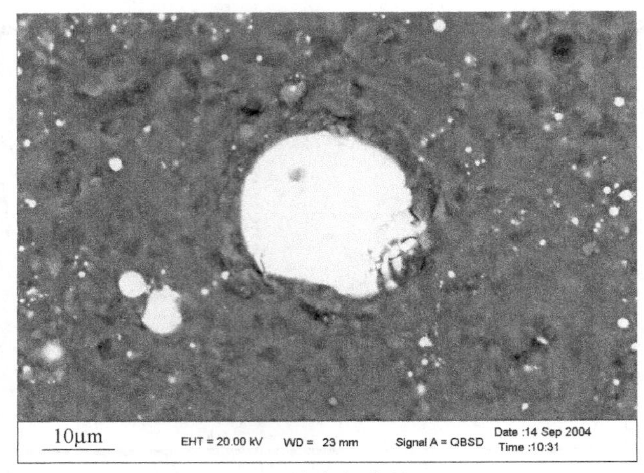

图 5-11　致密部分的 SEM

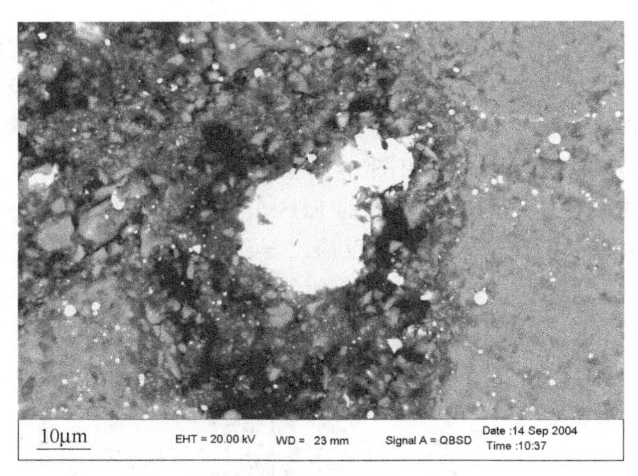

图 5-12　疏松部位的 SEM

硅组织发生氧化生成 SiO_2。随着温度的升高，氧化铁继续同氮化硅反应而形成 SiO_2，也就形成图中的瓦砾状 SiO_2 颗粒分散于铁粒周围。小颗粒反应前后的体积效应较小，而氮化硅氧化形成 SiO_2 导致体积膨胀，两者的体积变化相抵消，所以，铁同氮化硅或周围的氧化硅形成了紧密接触。在 1500℃时，试样表面很容易由于氮化硅的氧化而形成封闭层，所以，铁粒周围仍然存在较大量未反应的氮化硅。

试样的微观结构是不均匀的。由图 5-7 的 XRD 分析可知，经 1500℃处理后试样的物相还是以 Si_3N_4 为主。根据本节第（一）部分的热力学分析，由于氮化硅少量氧化为 SiO_2 及 Si_2N_2O 而形成致密区，导致材料由外至内的氧分压将是不同的，因此，在不同位置的物相比例也将有所变化。由图 5-7 的 XRD 分析可知，该体系材料在1100~1400℃之间氧化速度较快，生成的SiO_2较多，所以，要制备以Si_2N_2O作为结合相或者以$FeSi_x$弥散增韧的氮化硅材料，则需要降低铁粉粒度的同时，在1000~1400℃之间应快速升温，使材料外表形成致密封闭层而阻止外部氧向内部的扩散，再借助铁同氮化硅反应释放出氮气的过程，降低内部氧分压，使其内部氧分压位于Si_3N_4、Si_2N_2O及硅铁稳定存在的区间，在低氧分压下达到烧结。

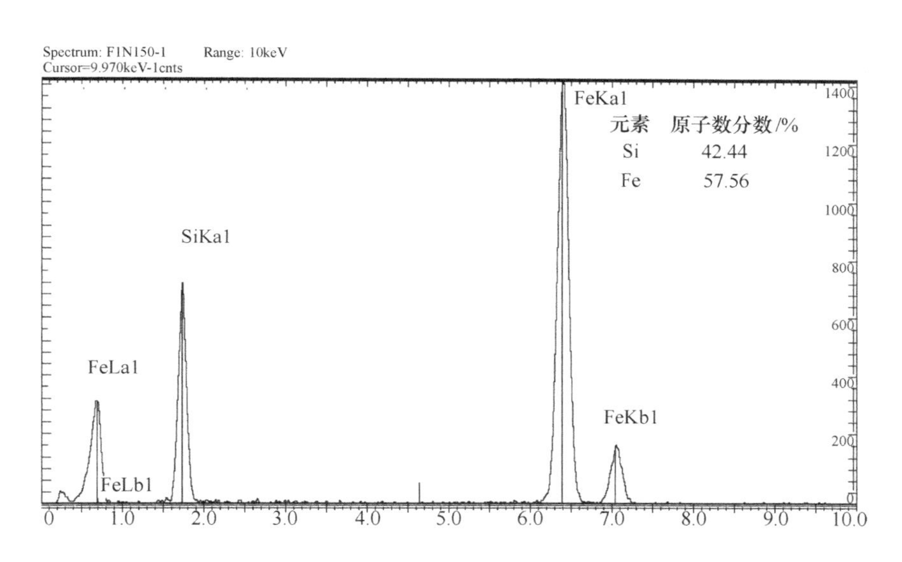

图 5-13 位于镶嵌之中的铁的 EDS

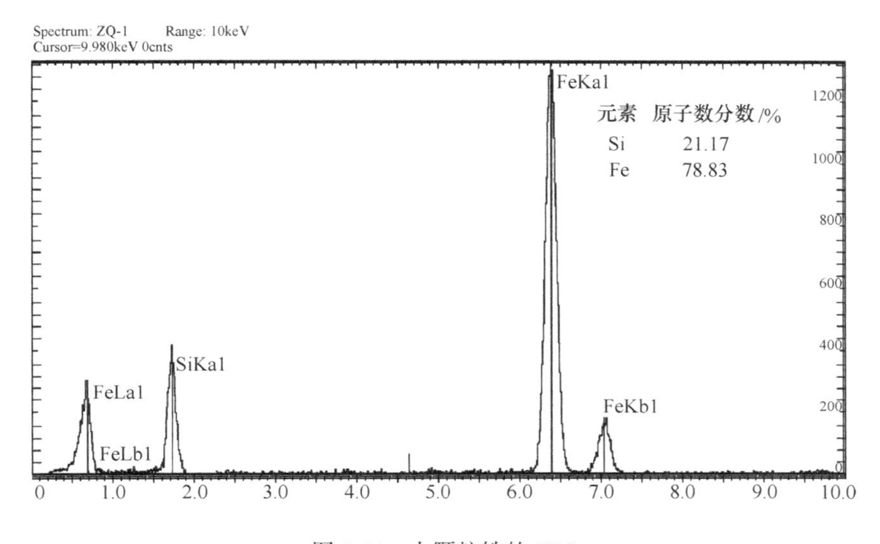

图 5-14 大颗粒铁的 EDS

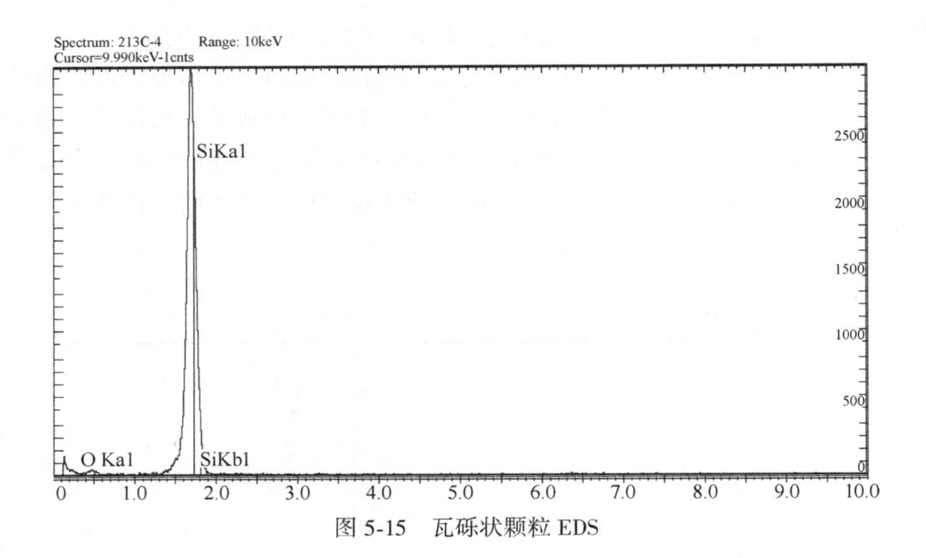

图 5-15　瓦砾状颗粒 EDS

二、Fe_{pure}-Si_3N_4体系材料高温还原气氛下的稳定性

（一）热力学分析

碳和氧之间的主要反应如下：

$$C + O_2 = CO_2 \tag{5-15}$$

$$\Delta_r G^{\ominus} = -395395.93 - 0.08T(J/mol)$$

$$\Delta_r G = \Delta_r G^{\ominus} + RT\ln[(P_{CO_2}/P^{\ominus})/(P_{O_2}/P^{\ominus})]$$

$$2C + O_2 = 2CO \tag{5-16}$$

$$\Delta_r G^{\ominus} = -225600.29 - 173.13T(J/mol)$$

$$\Delta_r G = \Delta_r G^{\ominus} + RT\ln[(P_{CO}/P^{\ominus})^2/(P_{O_2}/P^{\ominus})]$$

由式（3-15）和式（3-16）可得到碳存在条件下的 CO_2（g）与 CO（g）的关系式：

$$C + CO_2 = 2CO \tag{5-17}$$

$$\Delta_r G^{\ominus} = 169795.64 - 173.05T(J/mol)$$

$$\Delta_r G = \Delta_r G^{\ominus} + RT\ln[(P_{CO}/P^{\ominus})^2/(P_{CO_2}/P^{\ominus})]$$

当反应达到平衡时，由以上反应可以得到在埋碳条件下，不同温度下的各气体组分的平衡分压（表 5-1）。取高温下的大气压为 0.1MPa。

表 5-1 实验烧结过程中各组分的平衡分压 (MPa)

温度/℃	P_{O_2}	P_{CO}	P_{CO_2}	P_{N_2}
1100	2.42×10^{-20}	0.032	2.69×10^{-5}	0.068
1300	2.988×10^{-19}	0.032	4.06×10^{-6}	0.068
1500	2.091×10^{-18}	0.032	9.397×10^{-7}	0.068

由表5-1可知，在高温埋碳条件下，主要气相为CO(g)、N_2(g)、CO_2(g)、O_2 (g) 等。而由氮化硅的相稳定状态图可知，在表5-1条件下氮化硅不会被氧气氧化为SiO_2，而只能是形成Si_2N_2O或SiO(g)，该体系可能发生的主要反应有：

$$Si_3N_4 + 3/4O_2(g) = 3/2Si_2N_2O + 1/2N_2(g) \tag{5-18}$$

$$\Delta_r G^{\ominus} = -631910 + 28.66T(J/mol)$$

$$Si_3N_4 + 3/2O_2(g) = 3SiO(g) + 2N_2(g) \tag{5-19}$$

$$\Delta_r G^{\ominus} = 445090 - 767.60T(J/mol)$$

$$Si_3N_4 + 3CO(g) = 3SiO(g) + 3C + 2N_2(g) \tag{5-20}$$

$$\Delta_r G^{\ominus} = 1124713 - 244.506T(J/mol)$$

$$Si_3N_4 + 3/2CO_2(g) = 3SiO(g) + 3/2C + 2N_2(g) \tag{5-21}$$

$$\Delta_r G^{\ominus} = 1642766 - 774.651T(J/mol)$$

$$3Fe + Si_3N_4 = 3FeSi + 2N_2(g) \tag{5-22}$$

$$\Delta_r G^{\ominus} = 217.514 - 107.52T(J/mol)$$

$$9Fe + Si_3N_4 = 3Fe_3Si + 2N_2(g) \tag{5-23}$$

$$\Delta_r G^{\ominus} = 204296.8 - 656.83T(J/mol)$$

$$Fe_3Si + CO_2(g) = 3Fe + SiO_2 + C \tag{5-24}$$

$$\Delta_r G^{\ominus} = -332661 + 285.835T(J/mol)$$

$$Fe_3Si + 2CO(g) = 3Fe + SiO_2 + 2C \tag{5-25}$$

$$\Delta_r G^{\ominus} = -505346 + 462.551T(J/mol)$$

$$SiO_2 + Si_3N_4 = 2Si_2N_2O \tag{5-26}$$

$$\Delta_r G^{\ominus} = -178770 - 31.1T(J/mol)$$

$$SiO_2 + CO(g) \xlongequal{} SiO(g) + CO_2(g) \qquad (5\text{-}27)$$

$$\Delta_r G^{\ominus} = 530253 - 239.49T(\text{J/mol})$$

上述几个有代表性的反应在各温度下的自由能如表 5-2 所示。

表 5-2 上述几个有代表性的反应的自由能

化学反应方程式	ΔG_{1373K}/kJ	ΔG_{1573K}/kJ	ΔG_{1773K}/kJ
$Fe_3Si+2CO(g) = 3Fe+SiO_2+2C$	155.75	252.05	281.16
$Si_3N_4+9Fe = 3Fe_3Si+2N_2(g)$	−706.34	−838.98	−971.64
$Si_3N_4+6CO(g) = 3SiO(g)+6C+2N_2(g)$	−1051.33	−964.08	−876.89
$Si_3N_4+3CO_2(g) = 3SiO_2+3C+2N_2(g)$	−166.26	−0.679	164.86

从上面的计算结果看出，Fe_3Si 是不能被 CO/CO_2 氧化的，也就是说，Fe_3Si 在埋碳条件下是比较稳定的。因此，最后的稳定凝聚相应为 Fe_3Si 及 Si_2N_2O。

由于该气氛下的氧分压较低，材料表面不能形成致密 SiO_2 膜，因而材料内外保持相同的气氛，有利于形成较多的 Si_2N_2O，使其变成 Si_2N_2O 结合氮化硅材料。

（二）Fe_{pure}-Si_3N_4 体系材料高温下的稳定性分析

原料为氮化硅、铁粉。铁粉为分析纯级，粒度小于 0.074mm。氮化硅为闪速燃烧合成，β-Si_3N_4 大于 95%，粒度小于 0.074mm。将铁粉与氮化硅按照 14.15 : 85.85 的质量比例混合，加入适量临时结合剂，混合均匀后以 10MPa 的压力机压成 ϕ25mm×20mm 的试样。将试样放置于高温炉内，空气气氛下埋碳（但不直接接触碳）升温至 800℃、1100℃、1300℃、1500℃并保温 300min。水冷后观察材料的微观结构，并做 XRD 分析。该体系材料在 800℃、1100℃保温情况下材料变化不大，所以，仅将 1300℃、1500℃处理后的试样及 Fe、Si_3N_4 的 XRD 列于图 5-16。图 5-16 为纯铁-氮化硅体系材料经高温还原条件处理后的 XRD 分析图谱。

从 XRD 分析可知，氮化硅与铁的混合体系材料在经 1300℃处理后的试样中发现 Fe_3Si，同时，体系材料中形成部分 Si_2N_2O。该温度下气氛中的氧分压为 10^{-21}MPa，结合图 5-1 中氮化硅的物相状态图可知，Si_2N_2O 是稳定的。由上述热力学分析可知，Si_2N_2O 主要来自于氮化硅被氧气以及 CO_2/CO 所氧化形成。经 1500℃处理后的试样同经 1300℃处理后的试样相比基本上一致。也就是说，该体系材料在 1300～1500℃之间变化不大。

三、Fe_{pure}-Si_3N_4 体系材料高温氮气气氛下的稳定性

在高温氮气条件下，氮化硅和铁都不会被氧化。在这种条件下，体系将出现铁与氮化硅之间的反应，生成 Fe_3Si、FeSi 及 Fe_5Si_3 等硅铁合金，但是，能稳定

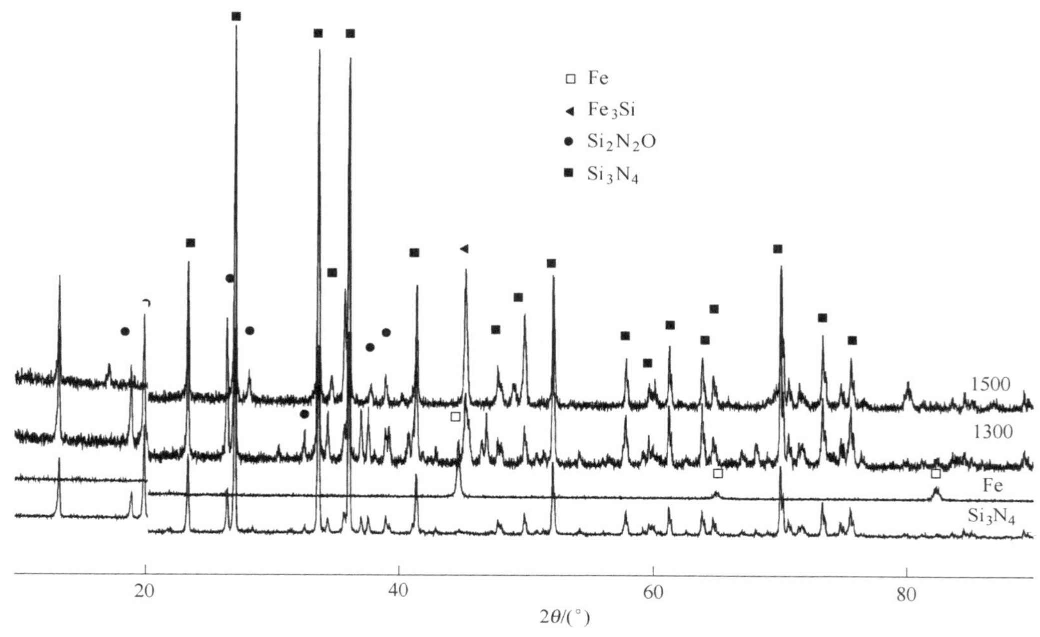

图 5-16 Fe_{pure}-Si_3N_4体系材料经高温处理后的 XRD

存在的只有 Fe_3Si，其他形式的铁合金都将转化 Fe_3Si。

原料为氮化硅、铁粉。铁粉为分析纯级，粒度小于 0.074mm。氮化硅为闪速燃烧合成，β-Si_3N_4大于 95%，粒度小于 0.074mm。将铁粉与氮化硅按照 14.15∶85.85 的质量比例混合，加入适量临时结合剂，混合均匀后以 10MPa 的压力机压成 ϕ25mm×20mm 的试样。将试样放置于高温炉内，氮气气氛下升温至 800℃、1100℃、1300℃、1500℃ 并保温 300min。水冷后观察材料的微观结构，并做 XRD 分析。

（一）物相分析

由于铁与氮化硅的反应温度为 1127℃，而且在高温氮气条件下铁或氮化硅都是稳定存在的，所以仅将 1300℃ 处理后的 XRD 图谱列于图 5-17 中。从图中看出，氮化硅与铁高温处理后的物相只有氮化硅与 Fe_3Si，别无其他物相。说明在高温氮气条件下，此体系材料生成的 Fe_3Si 物相一直稳定存在，直到温度 1500℃。Fe_5Si_3、FeSi 等含硅量较高的硅化物在高温氮气条件下是不能存在的。

（二）显微结构分析

由于在高纯氮气气氛下，氮化硅与铁都是比较稳定的，不存在氧化问题，所以，在该体系材料中只能发生铁同氮化硅之间的反应，生成 Fe_3Si。由于铁同氮

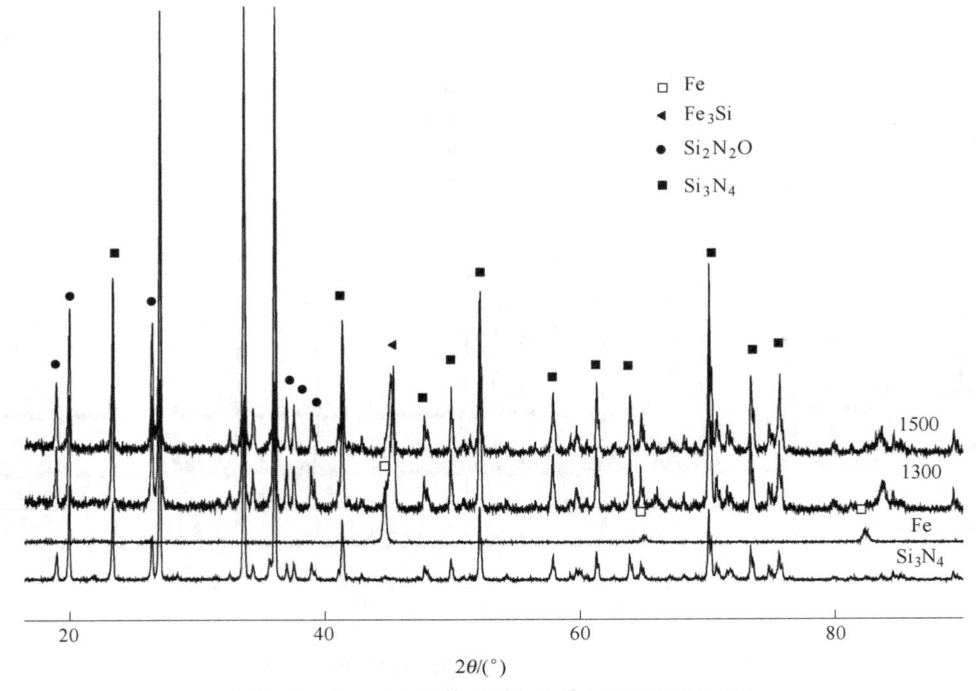

图 5-17　Fe_{pure}-Si_3N_4体系材料经高温处理后的 XRD

化硅反应并释放出氮气，质量减小，所以，与铁接触的氮化硅变得疏松、多孔，形成以 Fe_3Si 铁合金为中心，被氮化硅包围的疏松组织。其微观结构如图 5-18 所示。其中铁区的 EDS 分析如图 5-19 所示。从图 5-19 中看出，铁与硅的元素比例近似为 3∶1，所以，应是 Fe_3Si，与理论分析是一致的。

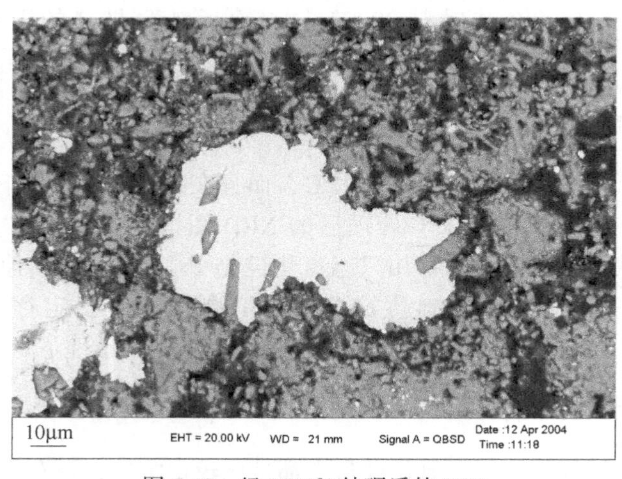

图 5-18　经 1500℃处理后的 SEM

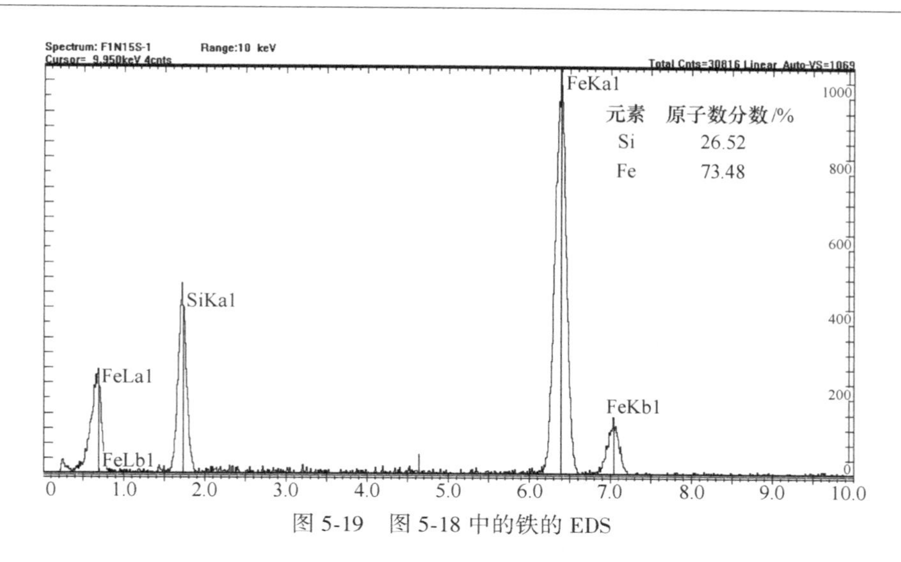

图 5-19　图 5-18 中的铁的 EDS

第二节　Fe-Si_3N_4体系材料高温稳定性的研究

一、Fe-Si_3N_4体系材料高温氧化气氛下的稳定性

原料为粒度小于 0.074mm 的氮化硅铁。在氮化硅铁粉中加入适量临时性结合剂，混合均匀后以 10MPa 的压力压成 ϕ25mm×20mm 的试样。将试样放置于高温炉内，空气气氛下升温至 800℃、1100℃、1300℃、1500℃并保温 300min。保温结束后快速水冷，观察材料的微观结构并进行 XRD 分析。

（一）物相分析

图 5-20 为氮化硅铁材料经高温处理后的 XRD 图谱。由图中看出，经 800℃、1100℃处理 300min 后的氮化硅铁的 XRD 图谱与原料的 XRD 图谱的峰行完全一致，说明 Fe-Si_3N_4在从常温到 800℃和 1100℃高温处理过程中未发生反应。同 Fe_{pure}-Si_3N_4相比最大的区别就在于其中的铁没有被氧化，这说明以 Fe_3Si 及铁固溶体形式存在的铁比纯铁的抗氧化性好。

由 1300℃处理后的 XRD 分析可知，材料中的物相发生较大的变化，Fe_3Si+$FeSi_x$（可能包括 Fe_5Si_3及 FeSi）峰值增高，说明铁同氮化硅发生了反应。同时，SiO_2含量大幅度增加，说明此温度下，Si_3N_4氧化较多。

1500℃与 1300℃处理后的 Fe-Si_3N_4的峰形基本上一致，也就是说，Fe-Si_3N_4材料在空气中加热到 1300～1500℃时，物相种类没有变化，两者区别仅在于 1300℃时形成的 SiO_2较 1500℃时多。同时，从图 5-20 看出，经 1500℃处理后试样的 α-Si_3N_4含量减少，说明其向 β-Si_3N_4进行了转化，这与理论是一致。

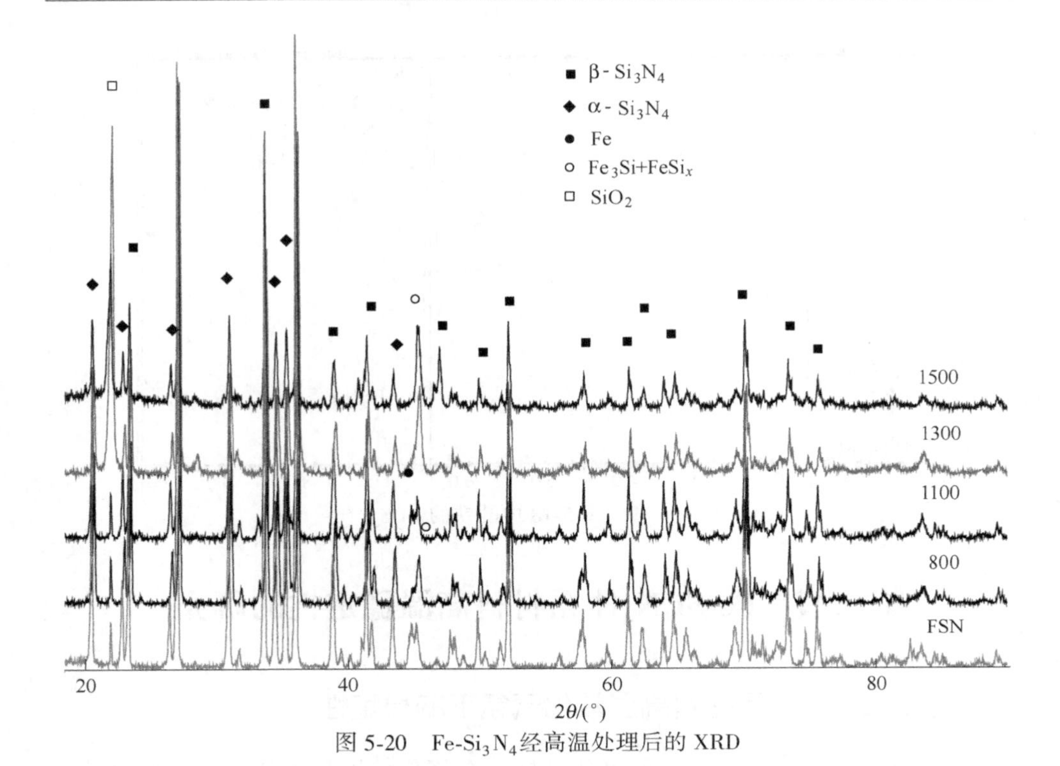

图 5-20　Fe-Si_3N_4经高温处理后的 XRD

（二）显微结构分析

氮化硅铁（FSN）材料在 800℃、1100℃的 XRD 没有变化，结构上的变化也不会太明显，所以，仅将 800℃、1300℃、1500℃处理后的显微形貌列出如图 5-21～图 5-26 所示。

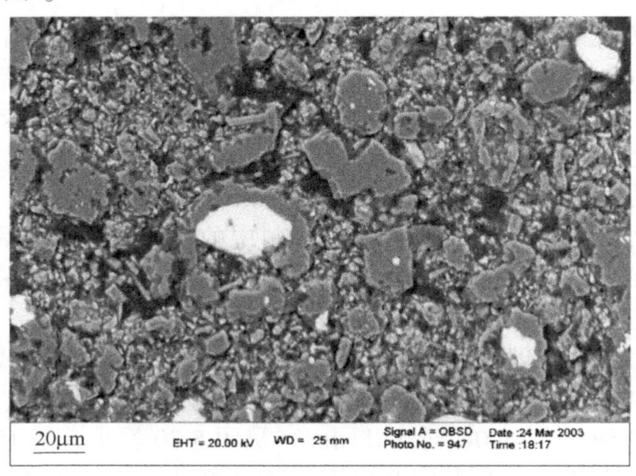

图 5-21　FSN 剖面的 SEM

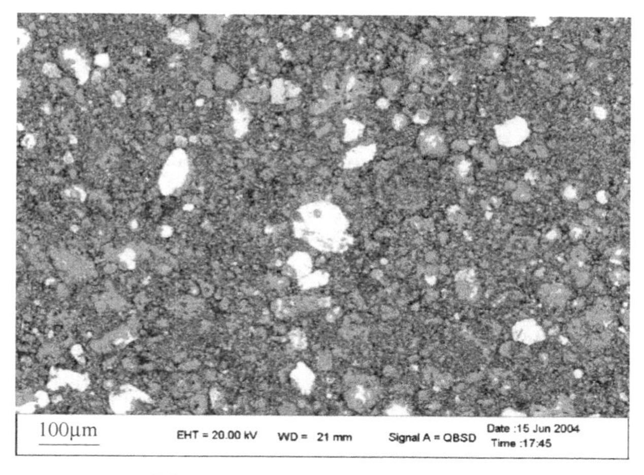

图 5-22 经 800℃处理后的 SEM

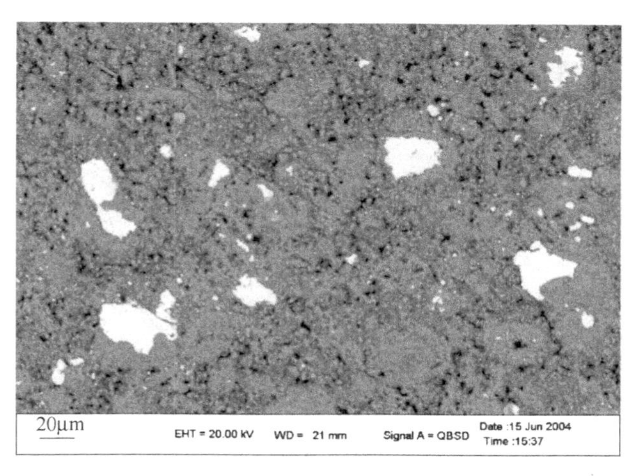

图 5-23 经 1300℃处理的 SEM

从图 5-21、图 5-22 中看出，氮化硅铁材料在 800℃下颗粒之间没有形成结合相，与未经高温处理的试样的 SEM 无区别。但是 1300℃时颗粒间已经彼此结合成片，颗粒间形成结合相，如图 5-23、图 5-24 所示。EDS 显示，结合相为 SiO_2。图 5-25~图 5-28 显示，1500℃处理后样品有明显的分层结构，而 1300℃时还没有分层的现象，表层形成的 SiO_2并不厚，没有形成封堵层，材料内部及外部的结构相近，气体还可以直接进入到内部，保持相近的特性气氛。因此，氮化硅氧化的量较大。这从微观机理上进一步阐明了 XRD 分析中 SiO_2含量较高的原因。其亮点部分的能谱分析显示其中的 Fe：Si 近似为 3：1，与未经处理的试样相比，最明显的区别是，铁相中的 Al 成分已消失，如图 5-29 所示。

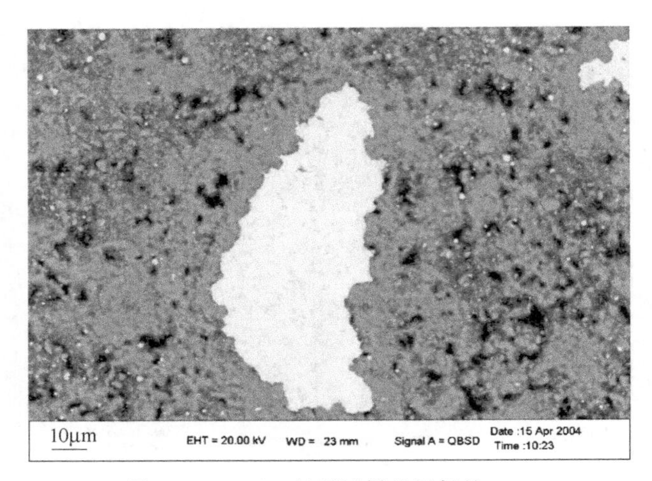

图 5-24　1300℃处理试样的局部的 SEM

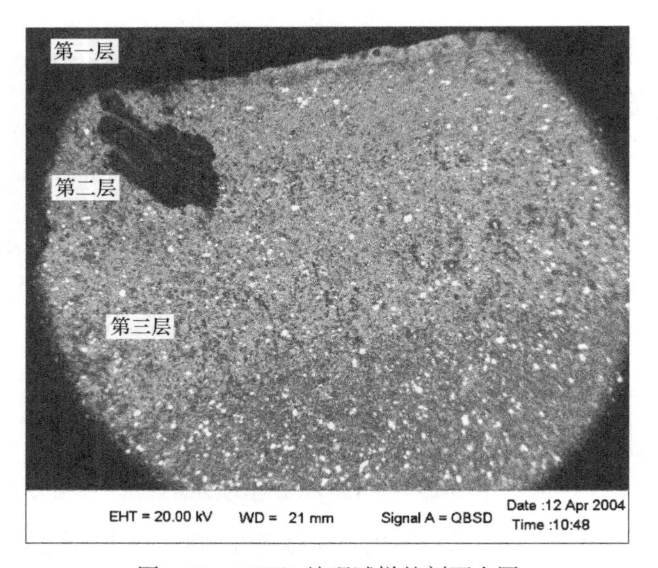

图 5-25　1500℃处理试样的剖面全图

由关于氮化硅铁合成过程的分析可知，ζ 相颗粒在高温氮气中氮化停留时间很短，缩聚在氮化硅内部的硅铁中的金属 Al、Mn、Ca 等元素未来得及扩散达到平衡，即已冷却下来，Al、Mn、Ca 便与 Fe 形成固溶体。固溶体中的 Al 原子可首先与 Si_3N_4反应生成 AlN，如式（5-28）所示。失去 Al 的铁固溶体，晶格产生畸变，铁的活性增加，导致铁固溶体活化，由此，与氮化硅发生反应而生成氮气，如式（5-29）所示，这就是 Al 元素在铁固溶体活化方面的贡献。

$$Al_{Fe} + Si_3N_4 = AlN + Si_{Fe} \qquad (5\text{-}28)$$

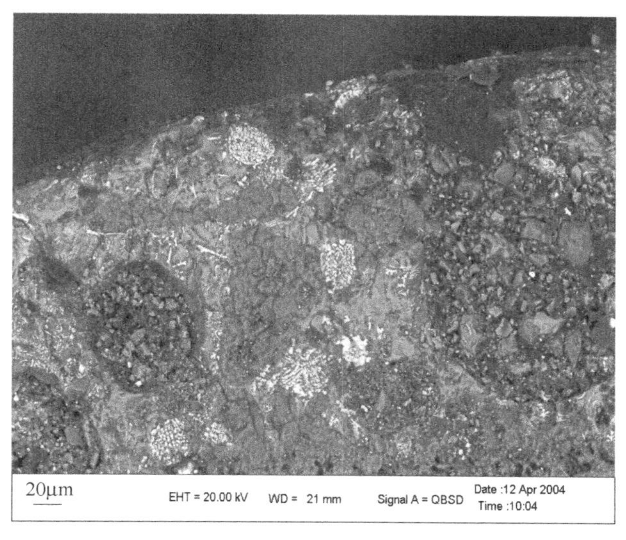

图 5-26 1500℃处理试样的第一层

$$Fe_{ss} + Si_3N_4 \longrightarrow N_2(g) + Fe_3Si \tag{5-29}$$

从图 5-23、图 5-24 中亮点区域的边界情况看，反应应该是完全的，亮点周围结合或脱落，或残缺，出现凹陷带，如图 5-24 所示。

与 1300℃试样的微观结构不同，1500℃处理后氮化硅铁出现三层结构，如图 5-25 所示。其最外层结构如图 5-26 所示，其中深色基质的 EDS 显示为元素 Fe、Ca、Si、Al、O 等，应该为以 SiO_2 为主的熔体材料。弥散亮点的 EDS 分析，显示是 Fe、Si、O，主要应是铁的氧化物，可能是 α-氧化铁析出。巢穴中的瓦砾状块体为 SiO_2。整层的 EDS 分析，未见 N 元素，说明此层已经完全氧化。

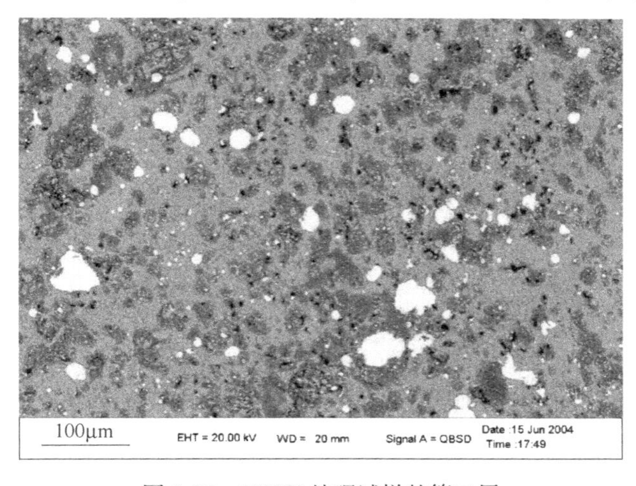

图 5-27 1500℃处理试样的第二层

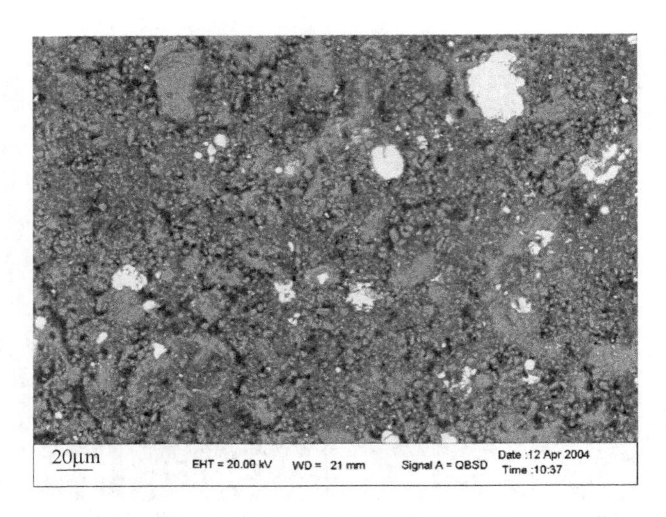

图 5-28　1500℃处理试样的第三层

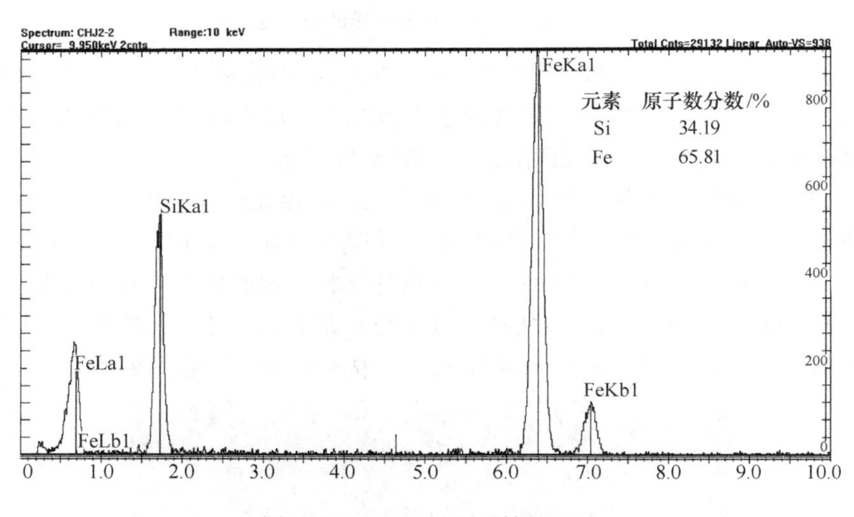

图 5-29　1300℃处理后铁的 EDS

第二层中铁粒没有像第一层那样形成分散的微粒铁相，而仍然是以颗粒形式集中存在，如图 5-27 所示。黑色的小点几乎全与铁的存在相关。黑点处即为巢穴状结构，EDS 分析显示为 Si、O、N。致密层为 SiO_2、Si_3N_4、Si_2N_2O 混合区。铁区高对比度的 SEM 如图 5-30 所示，从图 5-30 可以看出，该铁区分为两个区域，经 EDS 分析显示（图 5-31 和图 5-32），亮区的元素比例近似为 Fe：Si = 73：27；而灰色区的元素比例近似为 Fe：Si = 62：37。同原氮化硅铁中铁区的 EDS 相比，其中的 Al 消失。

第三层没有完全形成致密结构，基本上保持着原试样的微观结构，只不过其

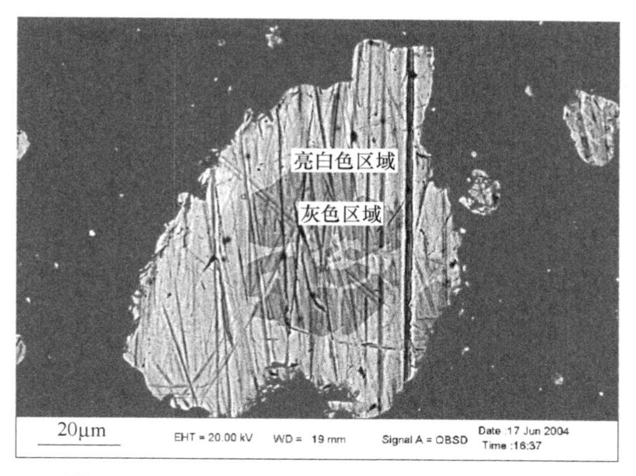

图 5-30　1500℃处理后试样第二层中硅铁的 SEM

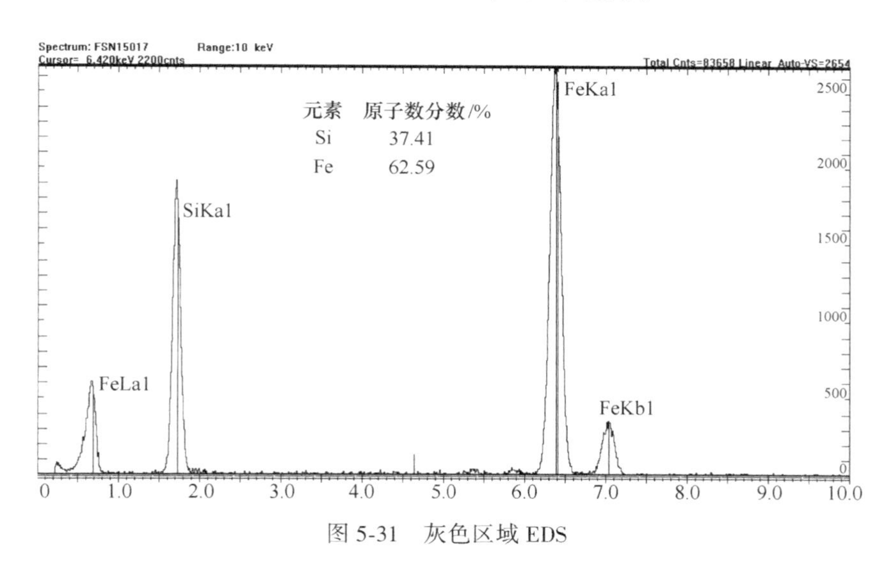

图 5-31　灰色区域 EDS

中的铁已经跑到氮化硅颗粒外，或者是同氮化硅之间的接触面产生反应沟痕。经能谱分析显示，颗粒内部为氮化硅，没有氧元素的出现，即内部没有被氧化，这说明氧化封闭层对材料内部的封闭作用是明显的。

高温加热过程中，在 Fe 与 Si_3N_4之间的反应出现之前，氧便进入到内部较深区域，同氮化硅发生了反应，生成 SiO_2，使颗粒之间彼此粘连到一起。表层中的硅铁颗粒也发生氧化，生成 Fe 的氧化物，与 SiO_2一起构成材料的氧化物封闭层；封堵试样的表面，在一定程度上减少了氧气向内部的渗入，所以，第二层中渗入的氧相对较少，氮化硅与铁相材料反应充分，导致留下较多的气孔结构，使其在背散射图像中颜色显深。

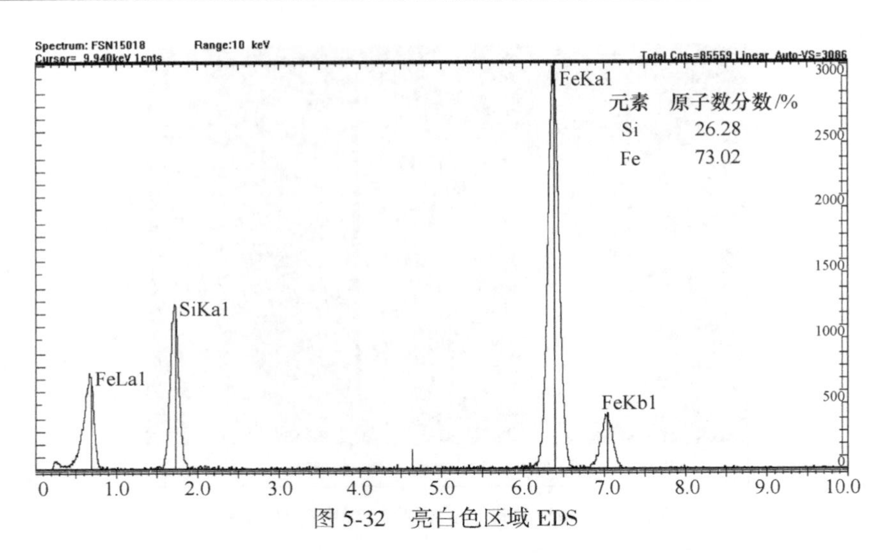

图 5-32　亮白色区域 EDS

各层中的硅铁颗粒的微观结构也不尽相同。位于完全氧化层的铁已经变为氧化铁，而从第二层开始向内，硅铁颗粒表现为有明有暗的状况，如图 5-30 所示。深色部分的 Fe : Si 比例约为 6 : 4，而亮色部分的 Fe : Si 比例约为 7 : 3，说明高温状态下的硅铁是不均匀的。出现这种结构的原因还有待于进一步研究。

二、$Fe-Si_3N_4$体系材料高温还原气氛下的稳定性

（一）热力学分析

碳在空气中加热，失重从 600~700℃开始，所以，只对此温度以上进行埋碳条件下的热力学分析，在此温度以上，气相主要是 CO_2、CO 等的混合气体。

根据反应 $C+CO_2 = 2CO$，高于 1000℃时主要为 CO，而低于 1000℃时 CO_2 占主要比例。因此，氮化硅在还原气氛下发生的反应主要是被 CO、CO_2 氧化的反应。不同温度下的各组分的平衡分压如表 5-1 所示。由第五章第一节的讨论可知，氮化硅材料可能发生的氧化反应为氮化硅被氧化为 SiO_2 及 Si_2N_2O。而 Fe_3Si 能否同 CO(g)、CO_2(g) 反应而产生可以同氮化硅反应的活性铁呢？假设可以进行，则将按如下式进行：

$$Fe_3Si + CO_2(g) = 3Fe + SiO_2 + C \tag{5-30}$$

$$\Delta_r G^{\ominus} = -332661 + 285.835T(\text{J/mol})$$

令 $\Delta_r G^{\ominus} = 0$，则 $T = 1163.82\text{K}$

$$Fe_3Si + 2CO(g) = 3Fe + SiO_2 + 2C \tag{5-31}$$

$$\Delta_r G^{\ominus} = -505346 + 462.551T(\text{J/mol})$$

令 $\Delta_r G^{\ominus} = 0$，则 $T = 1092.52\text{K}$

由 HSC 数据库得到上述反应的吉布斯自由能与温度的关系，可以看出，Fe_3Si 在低温状态下可以同 CO(g) 或 CO_2(g) 反应；如果考虑到低温条件、$P_{CO_2}/P^{\ominus}$ 和 $P_{CO}/P^{\ominus}$，则反应量是很小的，至少说，在短时间内是看不到效果的。随着温度的升高，先期形成的 SiO_2 在 CO 气氛下的稳定性降低，会发生如下反应：

$$SiO_2 + CO(g) \longrightarrow SiO(g) + CO_2(g) \qquad (5\text{-}32)$$

$$\Delta_r G^{\ominus} = 530253 - 239.49T(\text{J/mol})$$

尽管该反应在标准状况下不能进行，但是在高温埋碳条件下，系统中 SiO (g) 的分压非常低，则该反应还是可以进行的。

（二）Fe-Si_3N_4 体系材料在高温还原气氛下的稳定性分析

原料为粒度小于 0.074mm 的氮化硅铁。将氮化硅铁粉加入适量临时性结合剂，混合均匀后以 10MPa 的压力机压成 ϕ25mm×20mm 的试样。将试样放置于高温炉内，空气气氛下埋碳烧成（不直接接触碳）升温至 800℃、1100℃、1300℃、1500℃、1600℃并保温 300min。保温结束后快速水冷，观察材料的微观结构并进行 XRD 分析。

1. 物相分析

该体系材料经埋碳处理前后的 XRD 如图 5-33 及图 5-34 所示。

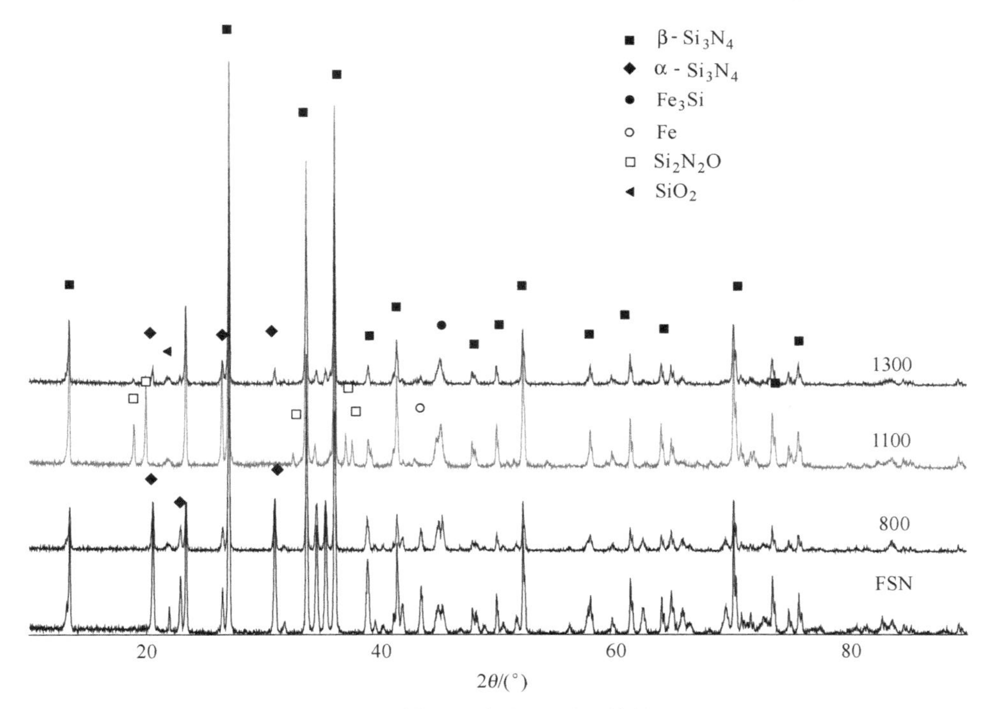

图 5-33　经低温埋碳处理后的试样的 XRD

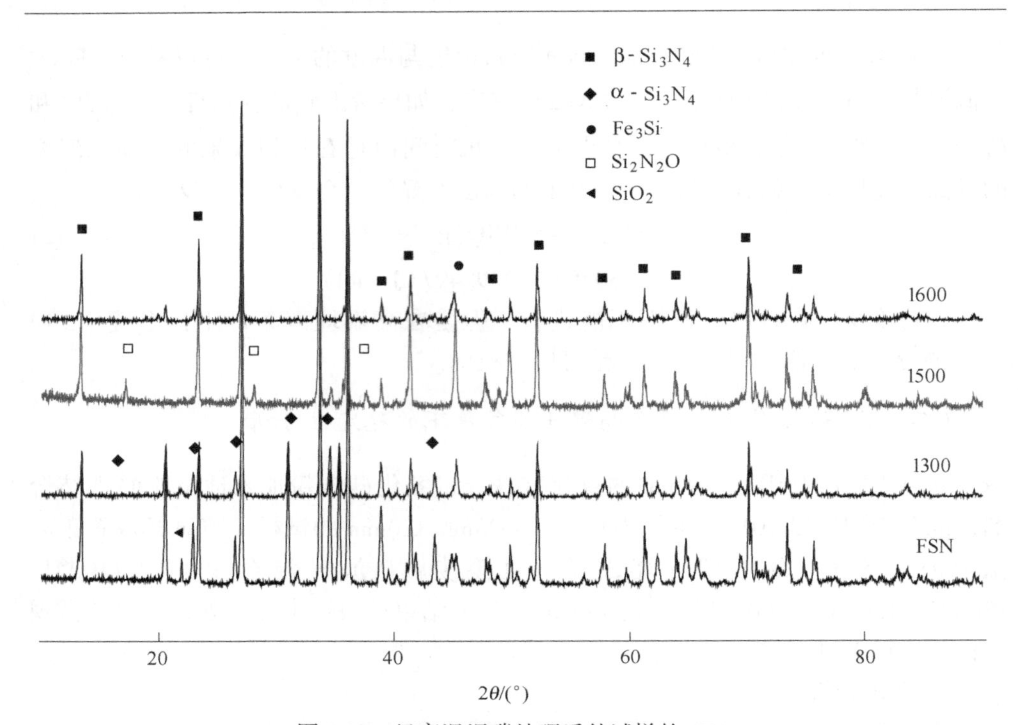

图 5-34　经高温埋碳处理后的试样的 XRD

图 5-35　经 1300℃处理后的 SEM

由图 5-33 和图 5-34 可以看出，氮化硅铁材料经高温埋碳处理后，在 1100℃时生成 Si_2N_2O，而且形成量较大，此时的铁相材料没有变化。经 1300℃处理后，铁固溶体同氮化硅反应生成 Fe_3Si，说明铁固溶体同氮化硅在 1300℃已经反应。

值得注意的是经 1500℃处理的试样，其中 α-Si_3N_4 及 SiO_2 消失。1600℃时 Si_2N_2O 消失，此时的物相仅有 β-Si_3N_4 及 Fe_3Si。

2. 显微结构分析

从 XRD 图谱分析可知，1300℃处理后的试样中除发生铁相材料的变化外，其余物相基本上没有变化。但是，从微观结构上却发现分解为许多的小微粒，如图 5-35 所示。图 5-35 为经 1300℃处理后试样局部的 SEM 图。未经高温处理的氮化硅铁颗粒比较大，或者以团聚体形式存在。但是经 1300℃×5h 埋碳处理后，变成较多小颗粒。这可能是由于以硅铁为原料的闪速燃烧合成过程中，氮气中的微量氧气使新生成的氮化硅颗粒表面形成 SiO_2 薄膜，而形成 SiO_2 薄膜的氮化硅铁颗粒在产物池中相互黏结到一起。经 1300℃×5h 埋碳处理后，这层氧化硅薄膜发生分解，导致致密氮化硅颗粒解体而形成许许多多的小微粒。由此也说明了氮化硅铁中 SiO_2 的存在状态。较小颗粒的铁区的 EDS 如图 5-36 所示，Fe：Si 近似为 3：1，没有 Al，说明 Al 已经完全扩散出来，并反应完毕。同时也说明颗粒内形成的主要为 Fe_3Si。在较大颗粒的铁区，与氮化硅紧密接触的部位的 Al 元素已经没有，而与氮化硅不直接接触的铁区中还含有 Al 元素。说明硅铁中的 Al 主要是通过同氮化硅接触而反应掉，反应式如下：

$$Al_{Fe} + Si_3N_4 \longrightarrow AlN + Si_{Fe} \tag{5-33}$$

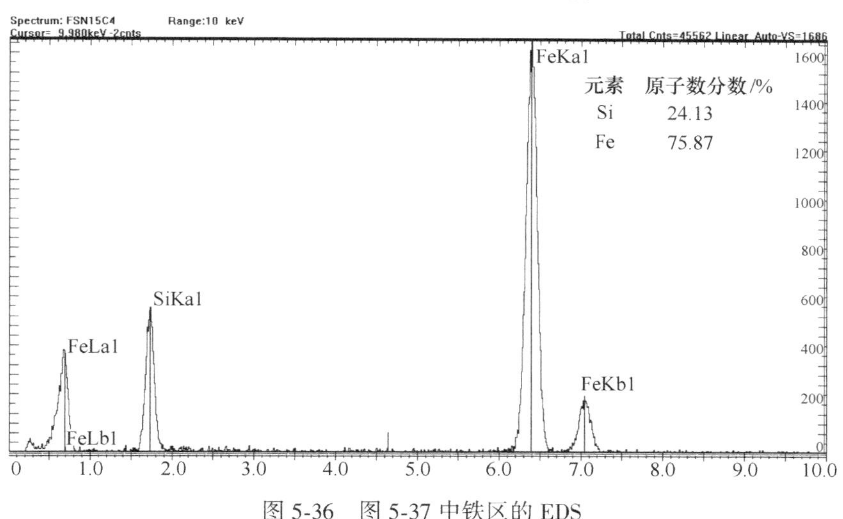

图 5-36　图 5-37 中铁区的 EDS

图 5-37 为经 1500℃处理后的试样的显微形貌。从图 5-37 看出，1500℃处理后出现较多的孔洞，材料变得疏松，这是由于在埋碳 1500℃高温下，致密氮化硅中的 SiO_2 结合相消失，导致液态铁渗出，伴随着铁液的渗浸、填充，反应的面积增加，氮化硅反应量增加，周围的氮化硅便出现疏松、多孔的结构。

三、$Fe\text{-}Si_3N_4$ 体系材料高温氮气气氛下的稳定性

原料为粒度小于 0.074mm 的氮化硅铁。将氮化硅铁粉加入适量临时结合剂，

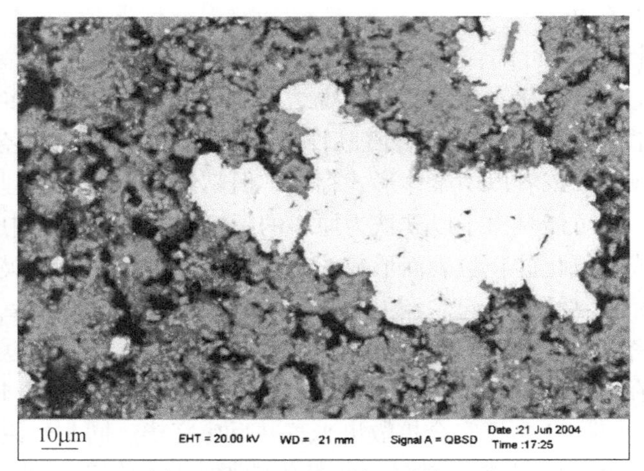

图 5-37 经 1500℃处理后的 SEM

混合后以 10MPa 的压力压成 ϕ25mm×20mm 的试样。将试样放置于高温炉内，氮气气氛下升温至 800℃、1100℃、1300℃、1500℃并保温 300min。保温结束后快速水冷，观察材料的微观结构并进行 XRD 分析。

（一）物相分析

由图 5-1 中氮化硅存在的条件可知，氮化硅在高纯氮气条件下，即氮化硅能够稳定存在的条件下，铁相材料也能稳定存在。也就是说，在两种材料彼此都不变性的条件下，可能存在的反应如下：

$$4Al + Si_3N_4 = 4AlN + 3Si \tag{5-34}$$

$$2Al + N_2(g) = 2AlN \tag{5-35}$$

$$Si_3N_4 + 9Fe = 3Fe_3Si + 2N_2(g) \tag{5-36}$$

高温状态下，铁固溶体中的 Al 原子能量增加，可摆脱铁晶格的束缚，或者同直接接触的氮化硅反应，或者同扩散进来的 N_2进行反应，从而降低了固溶体中的 Al 的含量，导致铁固溶体原有晶格产生缺陷，铁活性增强，继而发生氮化硅与铁相材料之间的反应。式（5-34）所产生的 Si 则回到铁的晶格中形成稳定存在的 Fe_3Si，所以，氮化硅铁经高温处理后的稳定物相为 Si_3N_4及 Fe_3Si。

图 5-38 为氮化硅铁经高温处理后的 XRD。从图中看出，1300℃图谱中氮化硅与铁发生了反应。1300℃以后物系成分不变，并维持到 1500℃。

（二）显微结构分析

图 5-39、图 5-40 为氮化硅铁试样经 1300℃、1500℃处理后的 SEM 照片。由图中看出，经 1300℃、1500℃处理后的试样的微观结构没有大的变化，说明最高

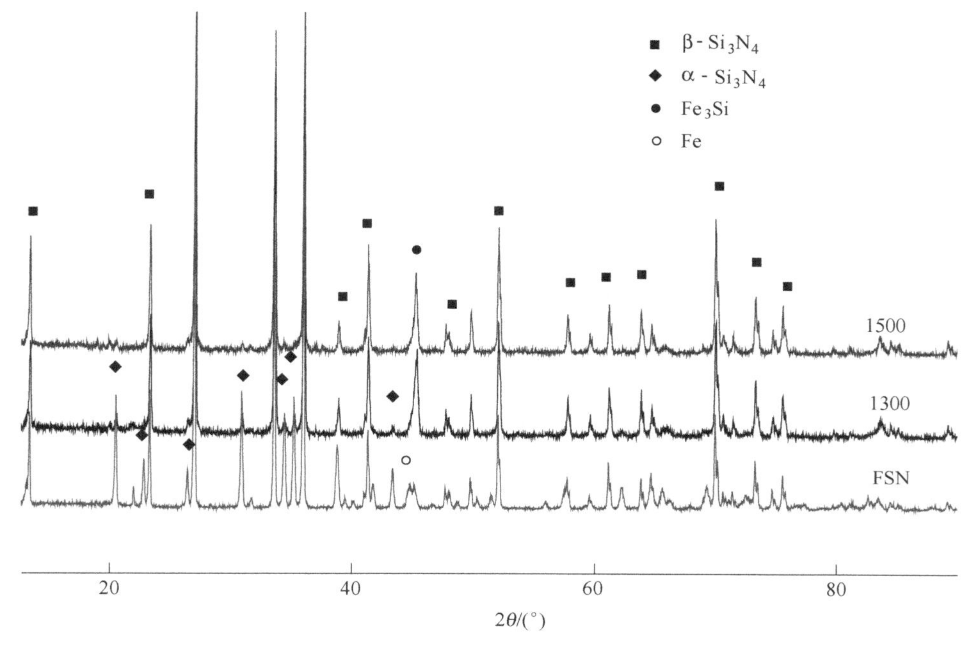

图 5-38　氮化硅铁经高温氮气处理后的 XRD

纯氮气条件下，氮化硅铁是稳定的。图 5-41、图 5-42 分别为经 1300℃、1500℃处理后的试样中铁固溶体的 EDS 分析。从图中看出，经 1300℃处理后的试样中的铁还保持着少量的 Al 元素。而经 1500℃处理后试样中铁固溶区已经没有 Al。说明在 1500℃时，铁区中的 Al 原子活性较强，扩散速率较快，致使铁中 Al 的氮化量加大。在纯氮气条件下，铁区未见成分不均匀现象。

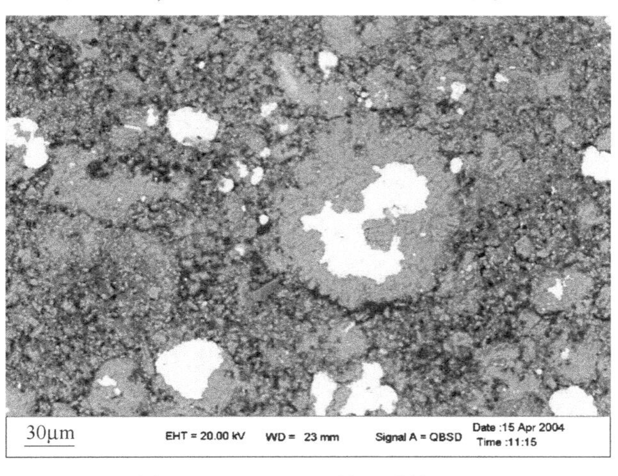

图 5-39　经 1300℃处理后的 SEM

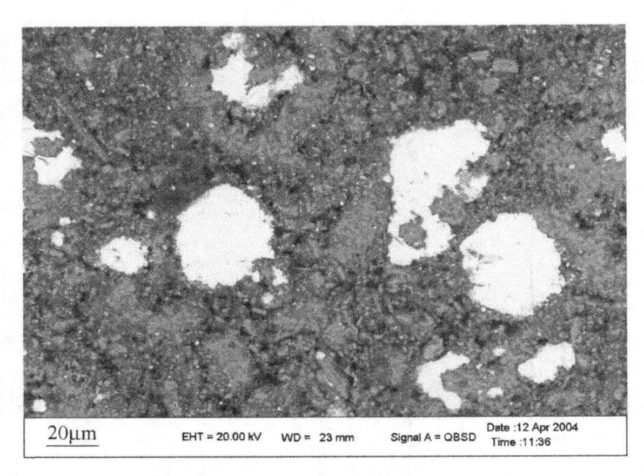

图 5-40　经 1500℃处理后的 SEM

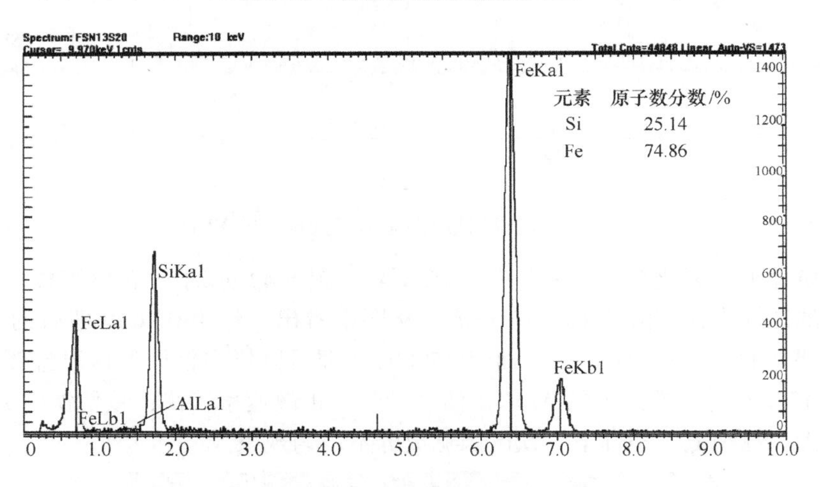

图 5-41　图 5-39 中的铁区的 EDS

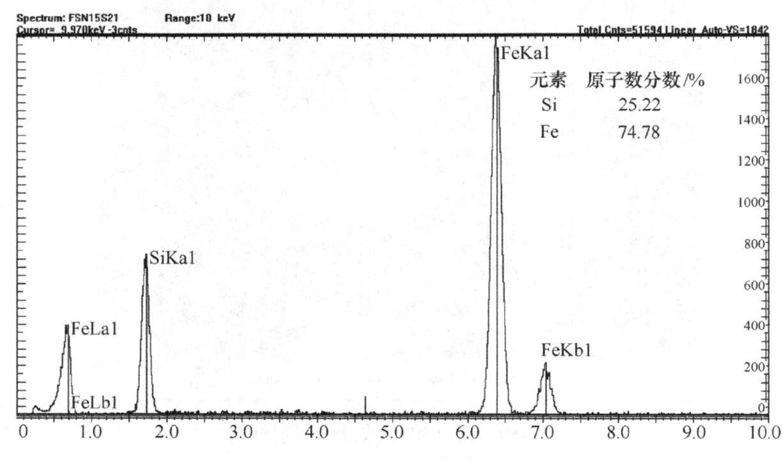

图 5-42　图 5-40 中的铁区的 EDS

第三节　氮化硅铁在高温真空环境中的行为

一、氮化硅铁经高温真空处理的实验过程

将闪速燃烧制备的 Fe-Si_3N_4材料块体（10mm×10mm×10mm），置于真空烧结炉（石墨发热体和碳炉衬）中，抽真空至真空度为 10Pa 左右。通入纯度为 99.999%的高纯氩气至正压，再次抽真空至 10Pa，重复此过程洗炉三次，最后将真空度抽至 80Pa。缓慢升温至 1450℃并且保温 2h，冷却后将样品取出进行 SEM、EDS 分析。

二、氮化硅铁经高温真空处理后的微观形貌

图 5-43 是经过高温真空处理后 Fe-Si_3N_4材料的 SEM 照片与 EDS 分析结果。与处理前 Fe-Si_3N_4的微观结构相比，亮白色含铁相的分布发生了极大的变化。处理前 Fe-Si_3N_4材料中含铁相（Fe_3Si）裸露在外或者被包裹在棱柱状氮化硅中心，而经过高温真空处理后的含铁相呈小颗粒状，粒径大多为 1μm 左右，广泛分散于 Fe-Si_3N_4的整个微观结构之中，并且大多附着在氮化硅晶体上（图 5-43a）。

棱柱状氮化硅晶体表面与处理前相比，也发生了很大的变化。氮化硅原本光滑的、清晰的六棱柱的表面变得粗糙不平，并且在铁粒附着处出现了一些颗粒状或长条状的蚀坑，其直径与含铁相颗粒的直径相仿，推测应当为高温下颗粒状含铁相与棱柱状氮化硅表面发生反应所致（图 5-43b）。同时氮化硅的棱角分明的晶体形貌变得圆滑，六方棱柱状晶体的各个棱和角出现了模糊和消失的现象，其棱边和角的部位向趋于平面的方向发展。

颗粒状含铁相和氮化硅表面有一定的结合，而且含铁相颗粒内含有亮色部分和灰色部分，其应为含铁相中 Si 含量的不同导致（图 5-43c）。对图 5-43d 中 *A* 点进行 EDS 分析，结果表明，颗粒状含铁相材料的主要成分以 Fe、Si 为主，其应为 Fe-Si 合金，N 元素可能为周围氮化硅的影响，同时含有少量的 Al、Ca 等杂质元素，其为 FeSi75 原料中所含，如图 5-43e 中所示。

三、氮化硅铁在高温真空环境中的反应行为

（一）Fe_3Si 的挥发及与氮化硅之间的反应

对于含铁相颗粒的分散，其应为高温真空下 Fe_3Si 熔体的一些组分的挥发所致。高温 1450℃下，Fe-Si_3N_4材料中的 Fe_3Si 合金处于高温熔体的状态，而这种

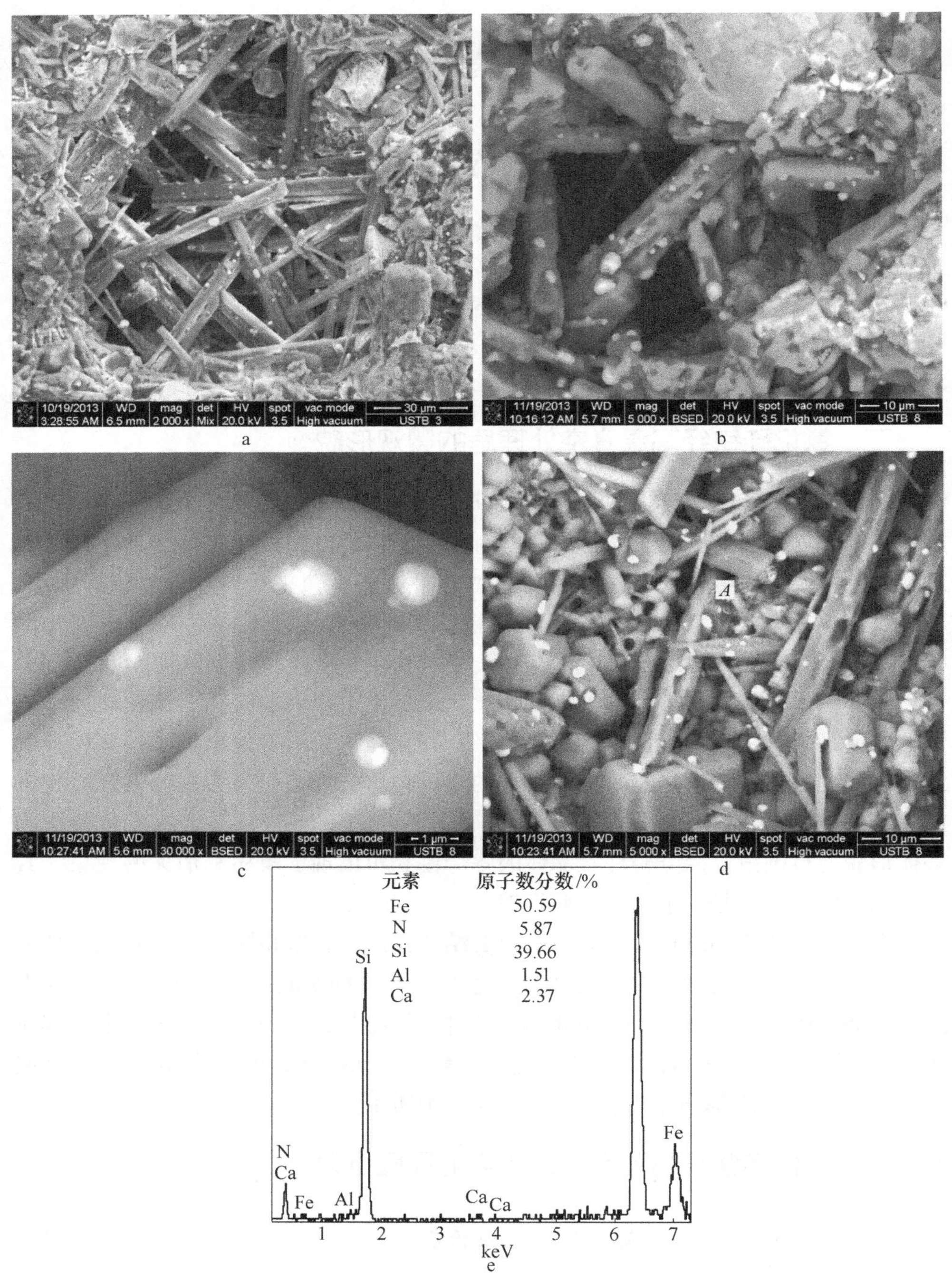

图 5-43 真空处理后 Fe-Si_3N_4材料 SEM 照片与 EDS 结果

a—处理后 Fe-Si_3N_4材料微观结构的 SEM 照片；b—处理后棱柱状 Si_3N_4晶体表面的 SEM 照片；
c—处理后 Si_3N_4晶体表面的含铁相的 SEM 照片；
d—处理后含铁相分布的 SEM 照片；e—含铁相的 EDS 分析结果

Fe-Si 熔体不断地挥发释放出 Fe 蒸气和 Si 蒸气。查询数据手册得到 1450℃下，Fe 和 Si 的饱和蒸气压为：

$$P_{Fe}^{\ominus} = 9.12 \times 10^{-7}\text{MPa} \qquad P_{Si}^{\ominus} = 9.77 \times 10^{-8}\text{MPa} \tag{5-37}$$

查数据手册并绘制 1450℃下，Fe-Si 熔体的活度系数 γ_{Fe}和 γ_{Si}与 Fe 的摩尔分数 x_{Fe}的变化趋势（图 5-44a），依据式（5-38）计算并绘制出 Fe-Si 熔体的活度 a_{Fe}和 a_{Si}与 Fe 的摩尔分数 x_{Fe}的变化趋势（图 5-44b）。

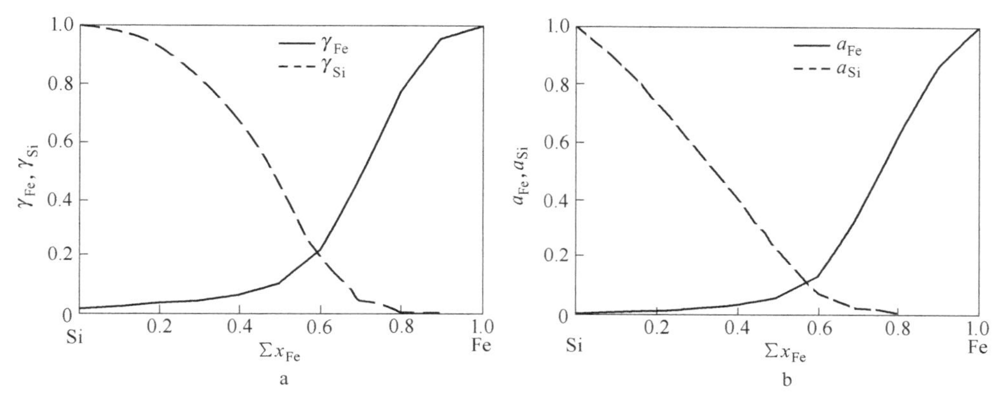

图 5-44　Fe-Si 熔体各相的活度系数、活度与 x_{Fe}的变化趋势图

a—Fe-Si 熔体的活度系数 γ_{Fe}、γ_{Si}与 x_{Fe}的变化趋势图；

b—Fe-Si 熔体的活度 a_{Fe}、a_{Si}与 x_{Fe}的变化趋势图

未处理 Fe-Si_3N_4材料中含铁相主要成分为 Fe_3Si，其高温下 Fe_3Si 熔体中 Fe 的摩尔分数 x_{Fe}约为 0.75，Si 的摩尔分数 x_{Si}约为 0.25，则有

$$a_{Fe} = x_{Fe}\gamma_{Fe} \qquad a_{Si} = x_{Si}\gamma_{Si} \tag{5-38}$$

$$P_{Fe} = a_{Fe}P_{Fe}^{\ominus} \quad P_{Si} = a_{Si}P_{Si}^{\ominus} \tag{5-39}$$

根据图 5-44 及式（5-38），相应的 Fe 的活度系数 γ_{Fe}为 0.63，相应的 Si 的活度系数 γ_{Si}为 0.025，同时相应的 Fe 的活度 a_{Fe}为 0.47，相应的 Si 的活度 a_{Si}为 0.0063。依据式（5-39）可以求得 1450℃下，Fe_3Si 熔体周围 Fe 的蒸气压 P_{Fe} = 4.29×10^{-7}MPa，而 Si 的蒸气压为 $P_{Si}=6.16\times10^{-10}$MPa。

上述计算结果表明，Fe_3Si 熔体中 Fe、Si 组分的蒸气压是不同的，Fe 的蒸气压是比较大的；也就是说，高温真空条件下，Fe_3Si 熔体中挥发出来的主要是 Fe 蒸气，而挥发出来的 Si 蒸气是其中很小的一部分，只有 Fe 蒸气的千分之一。

在高温熔体中，Fe 属于难挥发的元素，其挥发过程由界面挥发反应阶段控制，因此，铁元素的挥发速率可由公式（5-40）估算：

$$w_{Fe} = P_{Fe}\sqrt{\frac{M_{Fe}}{2\pi RT}} = a_{Fe}P_{Fe}^{\ominus}\sqrt{\frac{M_{Fe}}{2\pi RT}} = \gamma_{Fe}x_{Fe}P_{Fe}^{\ominus}\sqrt{\frac{M_{Fe}}{2\pi RT}} \tag{5-40}$$

式中，M_{Fe}为 Fe 元素的分子质量；R 为气体常数；T 为绝对温度。Fe 的分子质量为 55.85g，可以算出 Fe 在 1450℃下的挥发速率（g/(cm² · s)）为

$$w_{Fe} = P_{Fe}\sqrt{\frac{M_{Fe}}{2\pi RT}} = 1.07 \times 10^{-1} \tag{5-41}$$

由于整个体系温度处于 Fe 的熔点以下，挥发出的 Fe 蒸气，在氮化硅表面上迅速冷凝成固态 Fe，并且与棱柱状氮化硅晶体表面发生反应，如式（5-42）~式（5-44）所示：

$$5Fe + Si_3N_4 = Fe_5Si_3(l) + 2N_2(g) \tag{5-42}$$

$$\Delta_r G^{\ominus} = 496704 - 340.961T(J/mol)$$

$$\Delta_r G = \Delta_r G^{\ominus} + RT\ln(P_{N_2}/P^{\ominus})^2 < 0$$

$$3Fe + Si_3N_4 = 3FeSi(l) + 2N_2(g) \tag{5-43}$$

$$\Delta_r G^{\ominus} = 507628 - 377.967T(J/mol)$$

$$\Delta_r G = \Delta_r G^{\ominus} + RT\ln(P_{N_2}/P^{\ominus})^2 < 0$$

$$9Fe + Si_3N_4 = 3Fe_3Si(l) + 2N_2(g) \tag{5-44}$$

$$\Delta_r G^{\ominus} = 204296.8 - 656.83T(J/mol)$$

$$\Delta_r G = \Delta_r G^{\ominus} + RT\ln(P_{N_2}/P^{\ominus})^2 < 0$$

挥发出的 Fe 蒸气在氮化硅晶体表面发生了如式（5-42）~式（5-44）的反应，形成 Fe_xSi 熔体，使得氮化硅晶体表面出现了颗粒状或者长条状的坑蚀。而后续挥发出的 Fe 蒸气则更易在氮化硅表面的蚀坑中冷凝和发生反应，导致了蚀坑的进一步发展和扩大。随着温度的降低，反应形成的液态 Fe_xSi 熔体冷却后，形成 Fe_xSi 合金颗粒留在氮化硅晶体的表面。其主要的成分为 Fe 和 Si，与 EDS 分析结果相符。而高温下生成的 Fe_xSi 熔体在体系中还会源源不断地挥发 Fe 蒸气和 Si 蒸气。

对于 Fe_5Si_3熔体，Fe 的摩尔分数约为 0.625，Si 的摩尔分数约为 0.375，根据式（5-37）~式（5-39）的计算，由其产生的铁的蒸气压为 $P_{Fe}=1.64\times10^{-7}$ MPa，而 Si 的蒸气压为 $P_{Si}=5.18\times10^{-9}$MPa。而对于 FeSi 熔体，Fe 的摩尔分数约为 0.5，Si 的摩尔分数约为 0.5，其产生的铁的蒸气压为 $P_{Fe}=4.65\times10^{-8}$MPa，而 Si 的蒸气压为 $P_{Si}=2.15\times10^{-8}$MPa。对于挥发出的 Fe 蒸气，会在新的氮化硅晶体表面冷凝并发生反应。对于挥发出的 Si 蒸气，以及 Fe_5Si_3及 FeSi 熔体，其可能与体系中的 N_2发生如式（5-45）~式（5-47）的反应：

$$3Si(g) + 2N_2(g) = Si_3N_4 \tag{5-45}$$

$$\Delta_r G^{\ominus} = -2080 + 0.757T(\text{J/mol})$$

$$\Delta_r G = \Delta_r G^{\ominus} + RT\ln \frac{1}{(P_{Si}/P^{\ominus})^3 (P_{N_2}/P^{\ominus})} > 0$$

式（5-45）的吉布斯自由能大于零，所以，新生成的 Fe-Si 熔体挥发出的 Si 蒸气并不与气氛中的氮气发生反应。而 Fe_5Si_3 和 FeSi 熔体在体系中，会发生如下反应：

$$9Fe_5Si_3(l) + 8N_2(g) = 4Si_3N_4 + 15Fe_3Si \quad (5\text{-}46)$$

$$\Delta_r G^{\ominus} = -3449298 - 218.333T(\text{J/mol})$$

$$\Delta_r G = \Delta_r G^{\ominus} + RT\ln[1/(P_{N_2}/P^{\ominus})^8] < 0$$

$$9FeSi(l) + 4N_2(g) = 2Si_3N_4 + 3Fe_3Si \quad (5\text{-}47)$$

$$\Delta_r G^{\ominus} = -1318676 + 476.507T(\text{J/mol})$$

$$\Delta_r G = \Delta_r G^{\ominus} + RT\ln[1/(P_{N_2}/P^{\ominus})^4] < 0$$

也就是说，Fe_5Si_3、FeSi 熔体可以继续与气氛中的 N_2 发生反应，生成新的氮化硅的新相，而熔体也最终将变为 Fe_3Si 熔体。而由于 Fe_5Si_3、FeSi 转变为 Fe_3Si 后，其 Fe 在熔体中的活度逐渐增加，从而增加了 Fe 的蒸发速率，导致 Fe 加速挥发到新的氮化硅颗粒表面发生反应。而由于 Fe 的挥发，Fe_3Si 颗粒逐渐转变为 Fe_5Si_3、FeSi，从而又可以发生新的氮化反应，生成氮化硅和 Fe_3Si 相，从而继续循环地反应下去。因此，在氮化硅的表面，不断地发生着铁和氮化硅的反应，而生成的 Fe-Si 熔体则不断地被重复氮化，在氮化硅表面上形成了二次再结晶。

Fe 蒸气从 Fe-Si 熔体中挥发出来时，最容易在氮化硅晶体紧密的部位，尤其是晶体和晶体之间的缝隙或者一些小角度的柱状晶交叉处冷凝。从而在这些区域和氮化硅发生反应，进行氮化硅的二次再结晶，把部分接触的或者近距离的氮化硅晶体结合在一起，在一定程度上提高了材料的强度。而 Fe-Si 合金的分散，尤其是在接触部位的分散可以提高材料的韧性，在这一点上，铁的蒸发对材料的性能是有好处的。

Fe-Si_3N_4 材料经过高温真空处理后，因为 Fe 蒸气的挥发及与氮化硅的反应，含铁相的分布范围得到了很大的扩展，形成了 Fe_xSi 合金颗粒分散在 Fe-Si_3N_4 中的微观形貌，其颗粒分散更均匀，尺寸也更小。

（二）硅化物和氮化硅在真空环境下与 O_2 的稳定性分析

实验所用的氩气纯度为 99.999%，真空度为 80Pa。所以反应体系中，高温 1450℃ 下原始的氧分压应为 8×10^{-10}MPa。所用的真空炉为石墨发热体和碳内衬，因此，整个反应过程处于碳过量的高温真空气氛。在这个气氛下，碳和氧气主要的反应如下所示：

$$C + O_2(g) \xlongequal{\quad} CO_2(g) \tag{5-48}$$

$$\Delta_r G^{\ominus} = -395350 - 0.54T(\mathrm{J/mol})$$

$$\Delta_r G = \Delta_r G^{\ominus} + RT\ln(P_{CO_2}/P^{\ominus})/(P_{O_2}/P^{\ominus})$$

$$2C + O_2(g) \xlongequal{\quad} 2CO(g) \tag{5-49}$$

$$\Delta_r G^{\ominus} = -228800 - 171.54T(\mathrm{J/mol})$$

$$\Delta_r G = \Delta_r G^{\ominus} + RT\ln(P_{CO}/P^{\ominus})^2/(P_{O_2}/P^{\ominus})$$

$$C + CO_2(g) \xlongequal{\quad} 2CO(g) \tag{5-50}$$

$$\Delta_r G^{\ominus} = 166550 - 171.00T(\mathrm{J/mol})$$

$$\Delta_r G = \Delta_r G^{\ominus} + RT\ln(P_{CO}/P^{\ominus})^2/(P_{CO_2}/P^{\ominus})$$

结合反应式（5-48）~式（5-50），计算得出1450℃高温反应时的氧分压，如式（5-51）所示：

$$P_{O_2} = 3.3 \times 10^{-36}\mathrm{MPa} \tag{5-51}$$

在这个氧分压下，根据Si-N-O系统凝聚相稳定存在的区域图（图5-45），Si_3N_4是不能被气氛中的O_2氧化的。

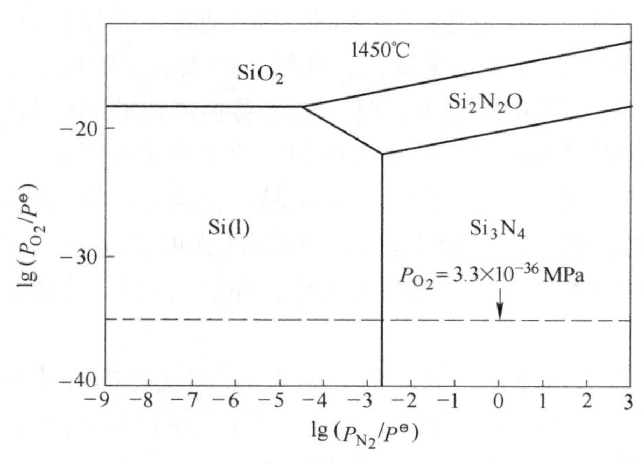

图5-45 Si-N-O系统凝聚相稳定存在的区域图

在1450℃下，Fe-Si_3N_4中的FeSi、Fe_5Si_3和Fe_3Si相均处于Fe-Si熔体状态，而Fe-Si熔体中Fe、Si的活度均小于纯的Fe、Si熔体中的活度，如图5-44所示。对于纯的Fe和Si，在1450℃高温真空气氛下，与气氛中O_2可能的反应如式（5-

52)、式 (5-53) 所示:

$$Si(l) + O_2(g) \xlongequal{\quad} SiO_2(s) \tag{5-52}$$

$$\Delta_r G^{\ominus} = -946350 + 197.64T(J/mol)$$

$$\Delta_r G = \Delta_r G^{\ominus} + RT\ln[1/(P_{O_2}/P^{\ominus})] > 0$$

$$2Fe(s) + O_2(g) \xlongequal{\quad} 2FeO(l) \tag{5-53}$$

$$\Delta_r G^{\ominus} = -441410 + 77.82T(J/mol)$$

$$\Delta_r G = \Delta_r G^{\ominus} + RT\ln[1/(P_{O_2}/P^{\ominus})] > 0$$

纯的 Fe 和 Si 在 1450℃高温真空条件下并不与 O_2发生反应（式（5-52）~式（5-53）），而 Fe-Si 熔体中 Fe 的活度和 Si 的活度均小于纯的 Fe、Si 单质。因此，Fe-Si_3N_4中的 FeSi、Fe_5Si_3和 Fe_3Si 等都不与 O_2发生反应。

综上所述，Si_3N_4、FeSi、Fe_5Si_3和 Fe_3Si 在高温真空气氛下都不与 O_2发生反应。

（三）棱柱状氮化硅晶体棱边的分解

在真空 1450℃下，氮化硅棱角分明的晶体形貌变得圆滑，其各棱边消失，六方棱柱状晶体的棱和角向趋于球面化的方向发展（图 5-46a 和 b），这是由于在实验条件下，氮化硅晶体棱角部位发生了分解，其机理如图 5-46 所示。氮化硅是共价键化合物，其每个 Si 原子与四个 N 原子相连，每个 N 原子与三个 Si 原子相连（图 5-46c）。在柱状氮化硅的各个棱边，其最外层原子与内部原子不同，临近原子少，而且成键少，其很容易首先挣脱共价键的束缚而分解。尤其是柱状氮化硅顶部六边形的顶角与棱边相交的部位，其更容易发生分解反应（图 5-46d）。因此，氮化硅棱角分明的晶体，其棱角不复存在。而对氮化硅晶体表面来说，球面或平面是表面较稳定的状态，其原子不易挣脱共价键，因此，其各个棱边向趋于球面化的方向发展。

从热力学上分析，对于有多个晶面的微小晶体的表面分解，可以用加权平均曲率和表面自由能的概念来解释。作为一个有多个晶面的晶体，β-Si_3N_4晶体的棱边和棱角处相对于其平面处呈现较大的加权平均曲率，具有较高的自由能。如图 5-47 所示，对于柱状 β-Si_3N_4晶体，其六方棱边附近的曲率半径，随着与棱边 *B* 的距离变化而变化。距离 *B* 点越近，其曲率半径越小，曲率越大，其表面自由能也越大。因此，棱边 *A*、*B* 和 *C* 点处的表面自由能高于棱柱面上的表面自由能。而对于一个多面体的曲面 *S*，为了避免其加权平均曲率的特殊变化，其单独的棱边和棱角处的表面自由能需要降到最低。β-Si_3N_4晶体的棱边和棱角处表面的移动带动着晶体形状的改变和晶体体积的缺失，导致加权平均曲率和表面自由能的降低。因此，β-Si_3N_4晶体的棱边和棱角处发生了分解，其棱边和棱角逐渐消失。

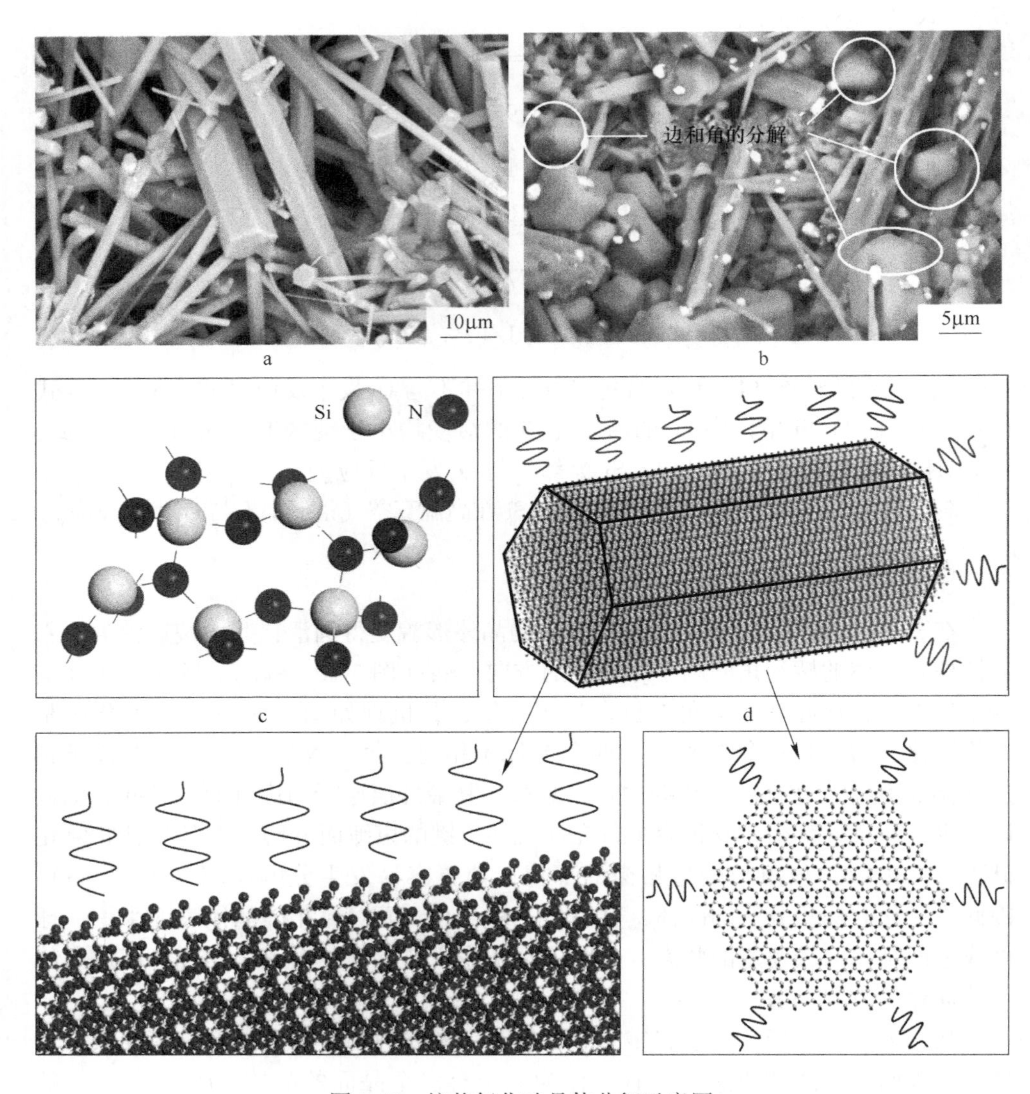

图 5-46　柱状氮化硅晶体分解示意图

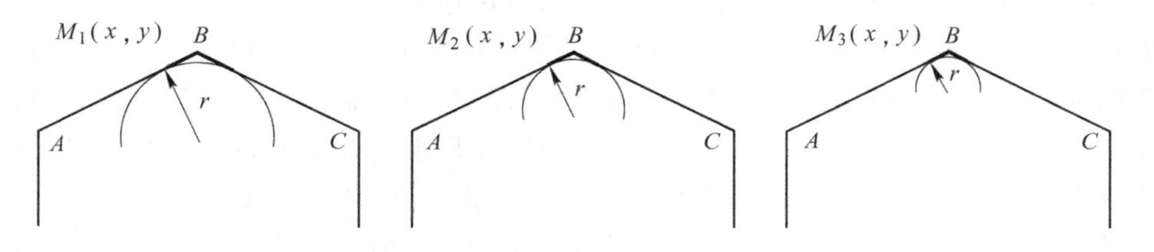

图 5-47　β-Si_3N_4晶体棱角处的曲率半径

正是由于氮化硅棱边和棱角处晶体的优先分解，六方棱柱状的氮化硅的微观形貌发生了变化，如图 5-46b 所示。氮化硅晶体的整个六方棱柱状的晶体形貌趋于球面化，顶部六边形的每个边和六方棱柱的每个棱都渐渐消失，转变为圆柱状的，顶部趋于半球状的氮化硅晶体。

第四节　Fe-Si_3N_4体系材料高温下分解释放氮气的研究

一、Fe-Si_3N_4体系材料释放氮气量的估算

对于纯铁-氮化硅体系材料，产生的氮气量比较容易计算；而对于 Fe-Si_3N_4体系材料，由于参与反应的铁量未知，该材料释放出多少氮气就需要通过 TG-DTA 实验来确定；而铁在氮化硅铁中的分布不很均匀，况且 TG-DTA 实验样品很少，所以，精确确定能释放出的氮气量不太容易，而只能是近似地估计。尽管是近似的估算，但这个数据对于指导材料的应用却是非常有意义的。另外，由于氮化硅高温稳定存在的氧分压很低，实验室条件很难保证氮化硅完全不氧化，而铁大都位于氮化硅包裹层内部，与氧气反应比较困难，为简化实验条件，本实验采用空气气氛，通过对实验曲线的拟合处理来实现释放氮气的近似估算。

取 0. 074mm 的氮化硅铁细粉进行 DTA-TG 分析，实验仪器为 NETZSCHThermalanalyzerSTA449C。升温范围为 35 ~ 1500℃，升温速率为 10℃/min，空气气氛。

为确定氮化硅铁在进行 DTA-TG 分析中所发生的化学变化，模拟 DTA-TG 分析中的升温速率及气氛条件，将 0. 074mm 的氮化硅铁原料经液压制成 ϕ20mm×20mm 试样（FSN120）。将试样从常温加热到 1200℃，并恒温 30min。恒温结束后将试样放入水中急冷，干燥后做整体材料的 XRD 分析，并与氮化硅铁原料（FSN）的 XRD 分析进行对比。同时进行 SEM 及 EDS 分析。

二、Fe-Si_3N_4体系材料高温下分解释放氮气的实验研究

（一）热重-差热分析

氮化硅铁原料的 DTA-TG 曲线如图 5-48a 所示。从图 5-48a 可以看出，氮化硅铁材料在 1127. 2℃有一放热峰并发生体系质量减小。这与第五章第一节中的 Fe_{pure}-Si_3N_4体系材料的放热峰出现在 1127℃非常吻合，由此也说明 Fe-Si_3N_4中铁的存在。图 5-48b 是 TG 曲线上的失重部分的放大图。

从图 5-48 还看出，氮化硅铁材料失重前后的温差仅为 4. 1℃，按照升温速度为 10℃/min 计算，则仅有 24. 6s。也就是说，氮化硅铁材料仅在 24. 6s 之内就完

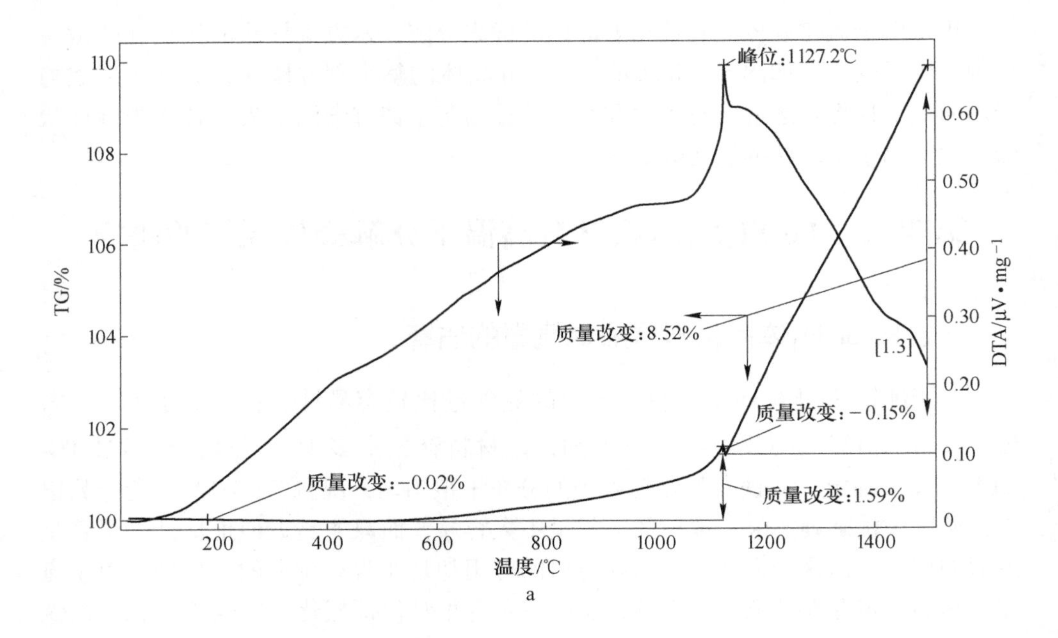

a

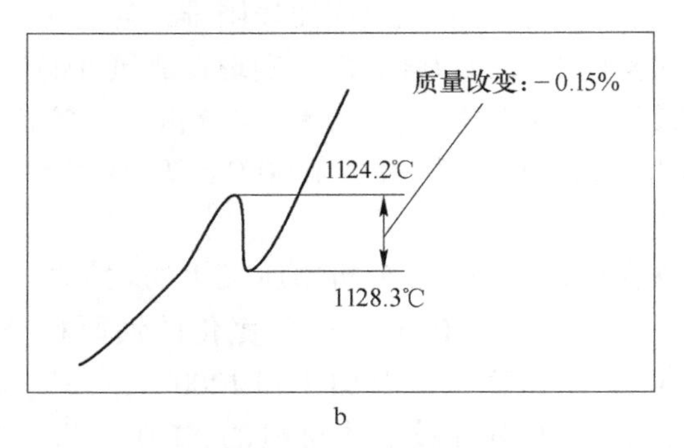

b

图 5-48　Fe-Si_3N_4的 DTA-TG 曲线

成了铁与氮化硅的反应，气体释放非常集中。

（二）物相分析

氮化硅铁原料（FSN）及经高温处理后的氮化硅铁试样（FSN120）的 XRD 分析如图 5-49 所示。从图 5-49 中看出，试样 FSN120 经高温处理后，除 SiO_2 含量相对增加外，Fe 的衍射峰消失，Fe_3Si 衍射峰显著增强，说明在高温处理过程中铁已经同氮化硅反应生成了 Fe_3Si，而 Fe_3Si 与 Si_3N_4是互为稳定的。

（三）Fe-Si_3N_4体系材料释放氮气的机制

在 DTA-TG 过程中，氮化硅铁可能发生三类反应，即氮化硅的氧化、铁相材

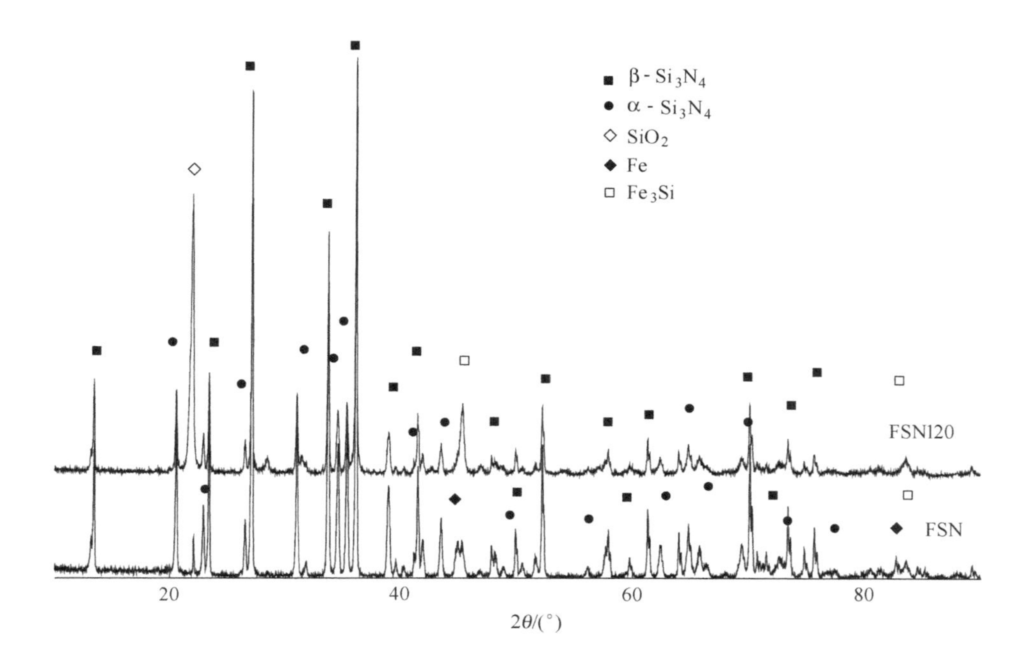

图 5-49　FSN120 及 FSN 的 XRD 图谱

料的氧化以及铁相材料和氮化硅之间的反应。可能的反应主要有：

$$Si_3N_4(s) + 3O_2(g) \xlongequal{\quad} 3SiO_2(s) + 2N_2(g) \tag{5-54}$$

$$\Delta_r G^{\ominus} = -1991330 + 207.94T(\mathrm{J/mol})$$

$$Si_3N_4(s) + 5O_2(g) \xlongequal{\quad} 3SiO_2(s) + 4NO(g) \tag{5-55}$$

$$\Delta_r G^{\ominus} = -1587450 + 158.06T(\mathrm{J/mol})$$

$$Si_3N_4(s) + 3/4O_2(g) \xlongequal{\quad} 3/2Si_2N_2O(s) + 1/2N_2(g) \tag{5-56}$$

$$\Delta_r G^{\ominus} = -631910 + 28.66T(\mathrm{J/mol})$$

$$Si_3N_4(s) + 5/4O_2(g) \xlongequal{\quad} 3/2Si_2N_2O(s) + NO(g) \tag{5-57}$$

$$\Delta_r G^{\ominus} = -530950 + 16.19T(\mathrm{J/mol})$$

$$Si_2N_2O(s) + 3/2O_2(g) \xlongequal{\quad} 2SiO_2(s) + N_2(g) \tag{5-58}$$

$$\Delta_r G^{\ominus} = -903120 + 119.45T(\mathrm{J/mol})$$

$$4Fe_{ss} + 3O_2(g) \xlongequal{} 2Fe_2O_3 \quad (5\text{-}59)$$

$$\Delta_r G^{\ominus} = -1644547.8 + 738.80T(\text{J/mol})$$

$$\Delta_r G = -1644547.8 + 738.80T - 3RT\ln(P_{O_2}/P^{\ominus})$$

$$9Fe_{ss} + Si_3N_4 \xlongequal{} 3Fe_3Si + 2N_2(g) \quad (5\text{-}60)$$

$$\Delta_r G^{\ominus} = 204746.4 - 657.34T(\text{J/mol})$$

$$\Delta_r G = \Delta_r G^{\ominus} + 2RT\ln(P_{N_2}/P^{\ominus})$$

$$= 204746.4 - 657.34T + 2RT\ln(P_{N_2}/P^{\ominus})$$

$$18Fe_2O_3 + 4Si_3N_4 \xlongequal{} 12Fe_3Si + 8N_2(g) + 27O_2(g) \quad (5\text{-}61)$$

$$\Delta_r G^{\ominus} = 15619915.8 - 9278.588T(\text{J/mol})$$

$$4Fe_3Si + 13O_2(g) \xlongequal{} 4SiO_2 + 6Fe_2O_3 \quad (5\text{-}62)$$

$$\Delta_r G^{\ominus} = -7838788 + 2694.492T(\text{J/mol})$$

$$\Delta_r G = \Delta_r G^{\ominus} - 13RT\ln(P_{O_2}/P^{\ominus})$$

$$= -7838788 + 2694.492T - 13RT\ln(P_{O_2}/P^{\ominus})$$

尽管在标准状况下，反应式（5-59）、式（5-62）都能进行，但是，从 XRD 分析中却没有显示 Fe_xO_y 物相存在，可能是由于 Fe 固溶体及 Fe_3Si 处于材料内部，氧分压较低而不能反应；或者由于分析过程升温速度较快，氮化硅铁中的铁相材料来不及进行氧化，所以仍主要以 Fe_3Si 和铁的固溶体形式存在，变化甚微；为便于计算，这里就认为氮化硅铁中的铁相材料没有变化。

上述几个反应在 1127.2℃下，标准吉布斯自由能变化都小于 0，因此从热力学角度都有可能自发地发生。实验中，试样在 1127.2℃下发生的反应为失重反应，而反应（5-54）~反应（5-58）都是增重反应，只有反应（5-60）、反应（5-61）为失重反应，加之式（5-61）在 1200℃之前是不能发生的，所以，TG-DTA 曲线上在此温度下能够发生失重反应的仅有反应（5-60）。

图 5-48 中氮化硅铁的 DTA-TG 曲线上的失重部分实际上是增重和失重两类反应的结合效果。由图 5-50 可知，纯氮化硅的增重趋势在 1100℃以上基本上是线性关系，而 Fe-Si_3N_4 高温下所表现出的失重趋势也同样是线性关系，因此 Fe-Si_3N_4 中铁同氮化硅反应释放出氮气的过程也可近似当作是遵循线性趋势；由此，可以根据纯氮化硅的氧化趋势及 Fe-Si_3N_4 的综合趋势拟合出铁同氮化硅反应

释放出氮气的失重关系。

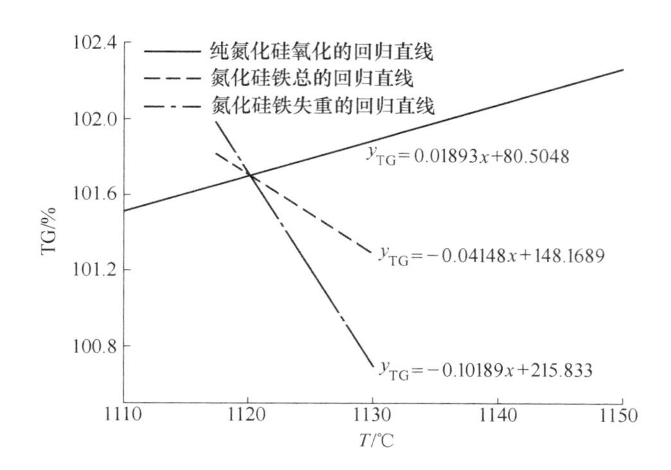

图 5-50　增重和失重的模拟合成图

由氮化硅氧化增重直线的回归方程为

$$y_{TG} = 0.01893X_T + 80.5048 \tag{5-63}$$

氮化硅铁高温下热重的总的回归方程为

$$y_{TG} = -0.04148X_T + 148.1689 \tag{5-64}$$

则氮化硅铁高温失重的回归方程为

$$y_{TG} = -0.10189X_T + 215.833 \tag{5-65}$$

氮化硅的氧化增重直线及氮化硅铁失重直线的模拟合成结果见图 5-50。若增重反应一直以直线的趋势延续下去，由式（5-63）可知增重反应在 1128.3℃时样品增重至 101.86%，而实测热重曲线在 1128.3℃时增重至 101.37%。根据直线叠加，反应（5-60）在 1128.3℃的热重值应该为 100.88%。在 1124.2℃时的热重值为 101.54%，失重反应结束时的热重值为 100.88%，所以反应（5-60）引起的失重为 0.66%。

对于反应（5-60），尽管 TG-DTA 曲线上显示反应失重温度为 1124.2℃，但是，由于此反应初期的反应量较少，氮化硅的氧化增重仍是主要的，所以，反应释放氮气的初始温度应该较 1124.2℃提前。由式（5.63）和式（5-64）得到反应（5-60）进行的初始温度为 1120.08℃。为简化估算条件，假定 1128.3℃为反应（5-60）的终点温度，则由式（5-65）得到氮化硅铁在高温下由于释放氮气所引起的失重为 0.84%（质量分数）。

氮化硅铁加热过程中的失重为 0.84%，即每 100g 氮化硅铁材料的失重为

0. 84g。失重反应前后的温差仅为 8. 22℃，按照升温速度为 10℃/min 计算，则为 49. 32s，时间非常短暂。实际上集中释放的时间间隔要比理论上计算的还要短。而在短时间内释放出这些氮气对块体材料是否存在较大的压力呢？下面就释放出的氮气的体积（或压力）进行分析。

β-Si_3N_4的计算密度为 3. 187g/cm^3，考虑到 Fe-Si_3N_4中铁相的存在，所以，假定 Fe-Si_3N_4的真密度为 3. 2g/cm^3，则 3200g 氮化硅铁材料理论上的体积为 1000cm^3，其高温状态下的失重为

$$3200\times0.84\%=26.88\text{g}$$

氮气的摩尔质量为 28g/mol，则 26. 88g 氮气的物质的量为

$$26.88\div28=0.96\text{mol}$$

假定氮化硅铁块体材料中的气孔都为贯穿性气孔，也就是说，假定铁同氮化硅反应所产生的氮气都能释放到外面，并且假设产生的氮气为理想气体，则由理想气体的状态方程 $PV=nRT$ 得到 1127. 2℃时产生的氮气体积为：

$$\begin{aligned} V &= nRT/P \\ &= 0.96\times8.314\times(1127.2+273.15)/0.001176 \\ &= 9.4\text{MPa}\approx94\text{atm} \end{aligned}$$

假定该反应能够完全进行，则材料内部将承受非常大的压力。而气体压力在一定程度上会影响化学反应的进行，那么，1127. 2℃时反应的平衡氮气分压该多大呢？

令式（5-60）的 $\Delta_r G=0$，则有

$$\begin{aligned} 0 &= 204746.4 - 657.34T + 2RT\ln(P_{N_2}/P^{\ominus}) \\ &= -715759.669+23285.0198\ln(P_{N_2}/P^{\ominus}) \end{aligned}$$

$$P_{N_2} = 2.238\times10^{12}\text{MPa}$$

由此可见，该反应的平衡氮气分压较大，也就是说，该反应能够进行完全，释放出的氮气压力不能抑制反应的进行，所以，高温状态下氮化硅铁材料内部将要承受较大的压力。由于材料内部的气孔并非均匀分布，大小也不尽相同，再加之铁相材料很可能集中存在，则个别气孔中的气体压力可能比平均计算的数值要大得多，所以，对材料高温强度的要求应该较高。可见，对于氮化硅铁的使用条件应该加以详细分析。高温下释放出的大量气体对于同高温熔体接触的工作面将是非常有利的，因为高压气体的产生增强了材料抗熔渣及钢液的渗入能力，对提高材料使用寿命是非常有益的，尤其是对用于钢铁冶炼方面的耐火材料，如高炉出铁口炮泥等；而对于成型比较致密的类似于陶瓷的块体材料，则应趋向于减少加入量或缓慢加热，从而避免材料内部高压带来的破坏。

第五节　铁在 $Fe\text{-}Si_3N_4\text{-}C$ 系列材料中的作用机制

一、$Fe\text{-}Si_3N_4\text{-}C$ 体系材料的应用性质

(一) 热力学分析

高温下，有 CO、CO_2、和 O_2 之间的平衡如下：

$$C + CO_2(g) = 2CO(g) \tag{5-66}$$

$$\Delta_r G^{\ominus} = 169795.64 - 173.05T(J \cdot mol^{-1})$$

$$\Delta_r G = \Delta G^{\ominus} + RT\ln[(P_{CO}/P^{\ominus})^2/(P_{CO_2}/P^{\ominus})]$$

当反应达到平衡时，可以得到在埋碳条件下，CO、CO_2、和 O_2 的平衡分压。取大气压为 0.1MPa，在空气埋碳条件下，$P_{N_2}/P^{\ominus}=0.65$，$P_{CO}/P^{\ominus}=0.35$。由于有固体碳存在，所以，气氛中的 P_{O_2} 及 P_{CO_2} 的分压可根据上式进行计算，在不同温度下烧结过程中各组分的平衡分压列于表 5-3。

表 5-3　实验烧结过程中各组分的平衡分压

温度/℃	P_{O_2}/MPa	P_{CO}/MPa	P_{CO_2}/MPa	P_{N_2}/MPa
1100	2.42×10^{-20}	0.032	2.69×10^{-5}	0.068
1300	2.99×10^{-19}	0.032	4.06×10^{-6}	0.068
1500	2.09×10^{-18}	0.032	9.40×10^{-7}	0.068
1600	4.73×10^{-17}	0.032	5.08×10^{-7}	0.068

从表 5-3 中看出，在埋碳条件下，气氛中的氧分压很低；而这样低的氧分压是不能将 Fe 或 Fe_3Si 氧化的，所以，就不再对 Fe 或 Fe_3Si 的高温氧化进行讨论了。

而在此氧分压条件下，可能被氧气（O_2）所氧化的应是 Si_3N_4。此外，还可能发生的反应有 CO 及 CO_2 气体对 Si_3N_4 以及铁与氮化硅之间的反应。

由氮化硅体系的氧分压与相稳定关系图可知，氮化硅在该条件下不会被氧化成 $SiO_2(s)$，可能的氧化产物为 $SiO(g)$ 及 $Si_2N_2O(s)$。因此，氮化硅被其中的氧气所氧化的氧化反应可能有

$$2Si_3N_4 + 3/2O_2(g) = 3Si_2N_2O + N_2(g) \tag{5-67}$$

$$\Delta_r G^{\ominus} = -1263819.9 + 57.32T(\text{J/mol})$$

$$Si_3N_4 + 3/2O_2(g) = 3SiO(g) + 2N_2(g) \quad (5\text{-}68)$$

$$\Delta_r G^{\ominus} = 445090 - 767.60T(\text{J/mol})$$

除氧气外，埋碳条件下的气体还有 $CO_2(g)$ 和 $CO(g)$，所以，可能的反应的方程式有：

$$2Si_3N_4 + 3CO_2(g) = 6SiO(g) + 4N_2(g) + 3C \quad (5\text{-}69)$$

$$\Delta_r G^{\ominus} = 1706090.9 - 1155.212T(\text{J/mol})$$

$$2Si_3N_4 + 3/2CO_2(g) = 3Si_2N_2O + N_2(g) + 3C \quad (5\text{-}70)$$

$$\Delta_r G^{\ominus} = -670726.1 + 57.44T(\text{J/mol})$$

$$Si_3N_4 + 3CO(g) = 3SiO(g) + 2N_2(g) + 3C \quad (5\text{-}71)$$

$$\Delta_r G^{\ominus} = 598352 - 318.031T(\text{J/mol})$$

$$2Si_3N_4 + 3CO(g) = 3Si_2N_2O + N_2(g) + 3C \quad (5\text{-}72)$$

$$\Delta_r G^{\ominus} = -925400 + 675.5T(\text{J/mol})$$

随着体系的温度升高，铁固溶体中的 Al 等可能由于活性增强而发生原子迁移，或者碳原子进入铁的晶格并同其中的 Si 反应等，继而发生如下的一系列反应：

$$4Al + Si_3N_4 = 4AlN + 3Si \quad (5\text{-}73)$$

$$\Delta_r G^{\ominus} = -583072 + 350.6T(\text{J/mol})$$

$$Si(ss) + C = SiC \quad (5\text{-}74)$$

$$\Delta_r G^{\ominus} = -114400 + 37.2T(\text{J/mol})$$

$$9Fe + Si_3N_4 = 3Fe_3Si + 2N_2(g) \quad (5\text{-}75)$$

$$\Delta_r G^{\ominus} = 204296.8 - 656.83T(\text{J/mol})$$

$$Si_3N_4(s) + 3C(s) = 3SiC(s) + 2N_2(g) \quad (5\text{-}76)$$

$$\Delta_r G^{\ominus} = 125500 - 72.34T(\text{J/mol})$$

$$SiO_2 + 3C = SiC + 2CO(g) \quad (5\text{-}77)$$

$$\Delta_r G^{\ominus} = 607920 - 340.7T(\text{J/mol})$$

$$SiO + 2C = SiC + CO(g) \quad (5\text{-}78)$$

$$\Delta_r G^{\ominus} = -192380 - 85.95T(\text{J/mol})$$

材料中的硅铁在 CO 或 CO_2 气体作用下发生反应的可能性在低温时是很小的，

随着温度的升高，此反应不可能进行，所以，可能的反应只是伴随着 Si 原子的迁移而活化的铁同氮化硅的反应，如此将使铁熔体中的 Si 原子含量升高，从而为 SiC 的形成提供条件。这种条件下，碳化硅的形成是基于液-固反应机制进行的，所以，相对于氮化硅与碳的固固反应而言，形成速率更高且反应温度将提前，这也将是含铁的氮化硅碳体系材料中形成的 SiC 的比例相对较高的原因。

（二）Fe-Si_3N_4-C 体系材料的实验研究

按照比例将试样混合好，混合比例如表 5-4 所示。在刚玉球磨罐中共磨 6h 后干燥制得混合粉，然后加入适量有机结合剂，混合后以 10MPa 的压力压成 ϕ25mm×20mm 的试样。

将试样按试验要求装入高温炉，用碳粉掩埋试样，在空气中，以 5℃/min 的升温速率将炉温升至 800℃、1000℃、1300℃、1500℃并保温 300min。然后将试样急冷，对试样做电镜及 XRD 分析。

表 5-4　试样的混合比例

试样编号	FSNC	SNC
混合比例	氮化硅铁：碳=5：1	氮化硅：碳=5：1

1. 物相分析

试样 SNC 经高温埋碳处理后的 XRD 分析如图 5-51 所示。从以上的热力学分

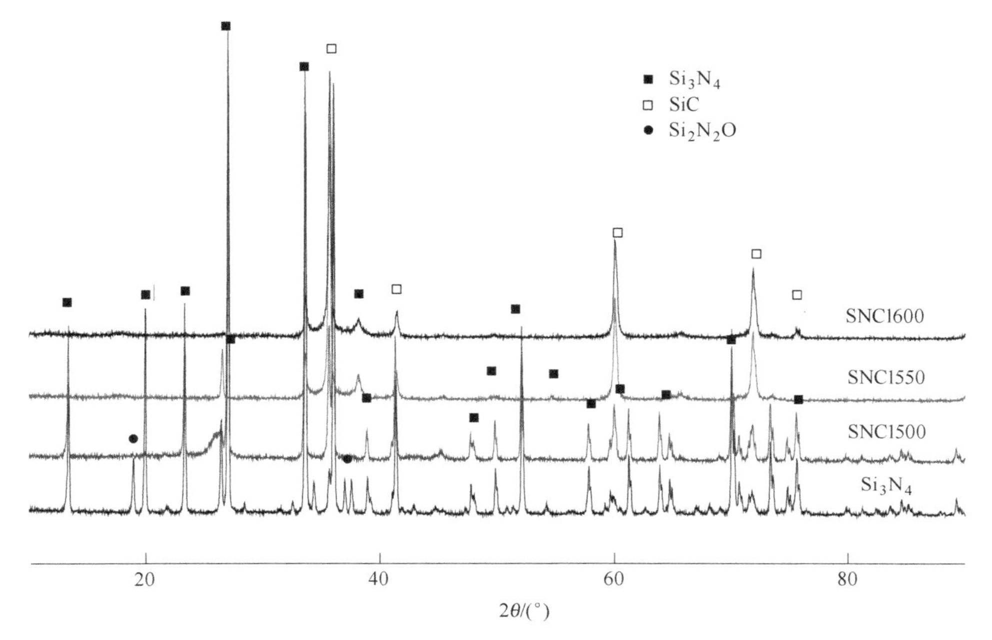

图 5-51　SNC 试样经高温处理后的 XRD

析可知，标准状态下反应式（5-78）从 1461. 71℃开始反应，但是经 1500℃处理后试样的 XRD 分析中却仅仅有微量的碳化硅出现。氮化硅明显转变为碳化硅的温度为 1500℃以上。

图 5-52 为经高温处理后的 FSNC 体系材料中的物相变化。由图 5-52 看出，FSNC 经 1450℃处理后的试样在 35. 920。附近显示有微量的 SiC 形成；这说明在 1450℃已经开始生成碳化硅了，这与 SNC 体系相比，生成碳化硅的温度提前了。1500℃处理后已经出现了非常明显的碳化硅峰值，碳化硅形成量较大。1600℃处理后，碳化硅量已经很高，但是仍然存在大量的氮化硅未能转化。在 1480～1600℃的范围内，Si_3N_4和 SiC 是同时存在的。

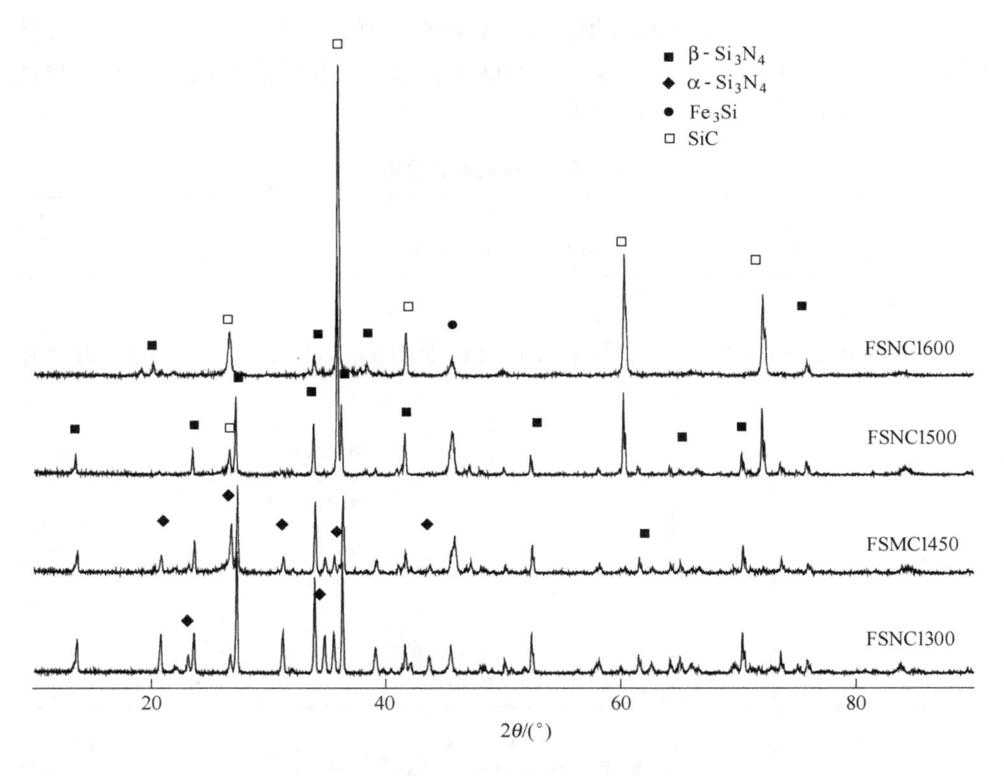

图 5-52 FSNC 试样经高温处理后的 XRD

2. 微观结构分析

图 5-53 为氮化硅-碳体系材料经 1550℃处理后的显微形貌。根据颜色可以将试样断面划分为两种区域，其一为亮灰色区域，其二为深灰色区域。经 EDS 分析，亮灰色区的组分为氮化硅，其 EDS 谱见图 5-54a；深灰色区的组分为碳化硅及碳，其 EDS 图谱见图 5-54b。由于碳元素（C）质量较轻，EDS 分析图谱中显

示不明显；但是，通过与 XRD 分析相配合，证明深灰色为碳化硅和碳的混合区域。从图中看出，氮化硅颗粒被碳化硅及碳的区域所包围，氮化硅被离解成许许多多的细小微粒，微粒中尺寸小的不足 1μm，大的也就是几微米。最外层的氮化硅微粒多呈游离分散状，而内部为紧凑型或致密型，也就是说内部的氮化硅没有离解或离解不完全，这说明氮化硅颗粒与碳黑的反应主要是从外层接触面开始的，依次向内逐步进行。对于尺寸较大的氮化硅颗粒，这个反应历程所需要的时间相应地也要长，也就是说，氮化硅的粒度对其转化率的影响是较大的，小粒度氮化硅转化为碳化硅相对比较容易进行完全，所以，氮化硅在含碳耐火材料中引入的粒度大小应根据使用条件而定。对于 Al_2O_3-SiC-C 体系铁沟浇注料，由于使用温度较低，氮化硅未转化或转化较少，则可以引入较细的粒度，以便充分发挥其抗氧化性优势，保持材料的碳结构不受破坏，强化其高温使用性能。

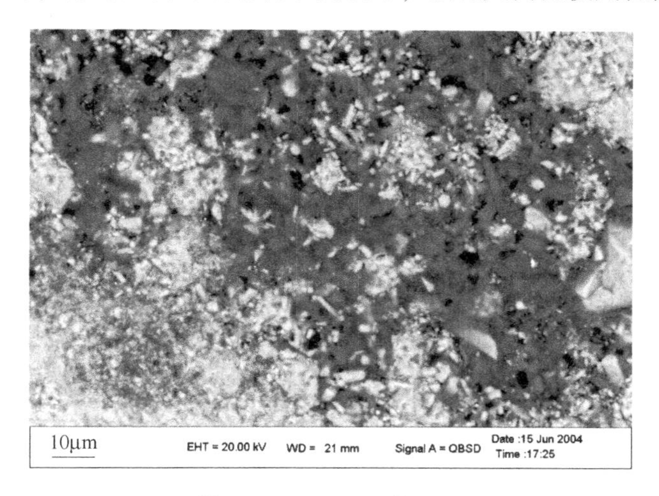

图 5-53 SNC1550 的 SEM

高温处理过程中，氮化硅颗粒分解为若干微粒的同时，也使氮化硅的比表面积增大，反应活性提高，促进了氮化硅向碳化硅的转化。关于氮化硅分解为若干微粒的机理，可能是原氮化硅中的 Si_2N_2O 在还原性气氛下消失所致；由图 5-51 可知，从 1500℃开始，Si_2N_2O 结合相就已经不存在了。碳化硅为共价键化合物，扩散系数很低，单一的碳化硅晶体材料很难烧结；而由氮化硅与碳反应，初期生成的碳化硅应为不定形态，反应活性较高，容易烧结。碳化硅的形成起到结合相的作用，在一定程度上强化了耐火材料的性能，尤其是材料的基质相，有利于高温性能的改善。因为碳化硅在高温状态下的稳定性要强于氮化硅，尤其是在含碳体系中。也就是说，在含碳体系材料中，氮化硅充当了形成活性碳化硅的过渡相的作用；碳化硅结合相的形成，对耐火材料的高温强度及使用性能的提高都是非常有利的。

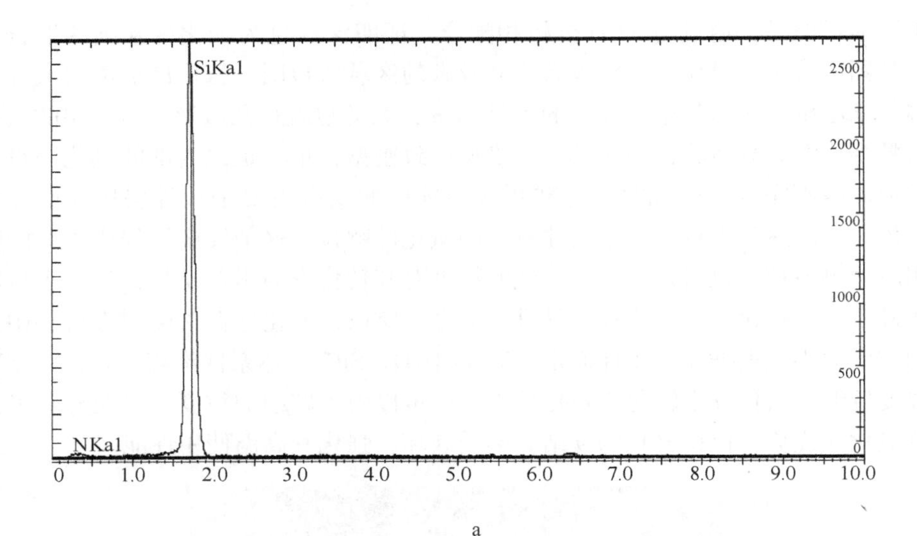

a

b

图 5-54　图 5-53 中深灰色及亮灰色区域的 EDS 图谱

图 5-55～图 5-58 为氮化硅铁-碳体系材料经高温处理后的显微形貌。从图 5-55 中可以看出，1450℃时，氮化硅铁颗粒周围形成锯齿状结构，氮化硅铁中的铁相亮点大都由于氮化硅被分解而裸露。

经 1500℃处理后，氮化硅铁中的硅铁颗粒破碎明显增多，已基本上看不到明显的铁颗粒存在。

1500℃时，氮化硅铁颗粒中的铁基本上都跑到氮化硅的外侧。氮化硅颗粒明显显示出被碳及气氛碳所腐蚀的状况，个别地方已经被腐蚀通，剩下枝状相连。

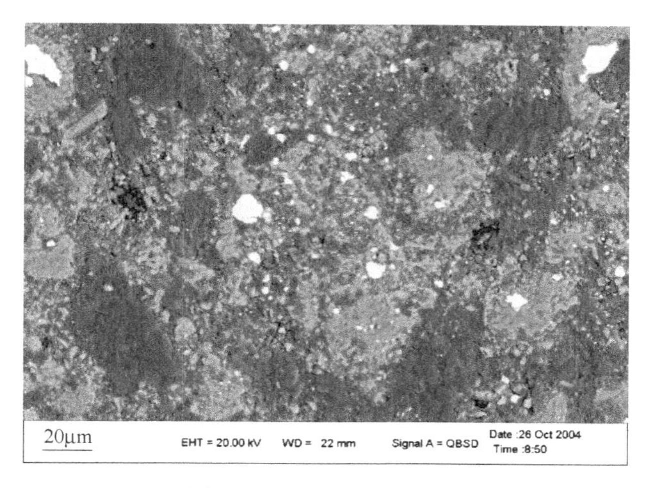

图 5-55　FSNC1450 的 SEM

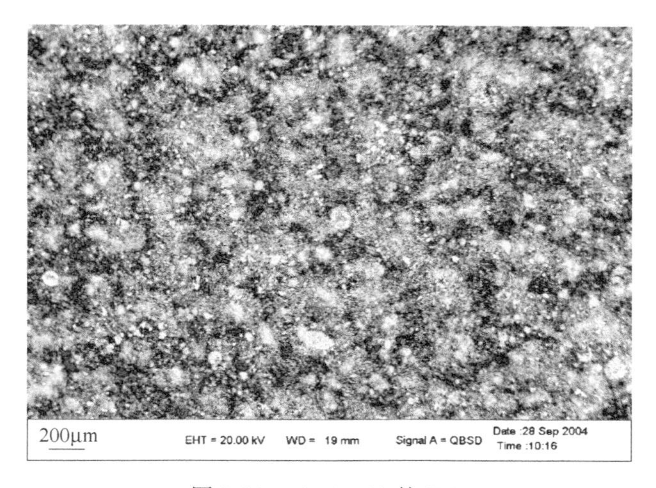

图 5-56　FSNC1500 的 SEM

同时，氮化硅的表面形成许多的类似“解理面”的断面，如图 5-58 所示。从图 5-58 可以看出，氮化硅在 1500℃ 已分解成若干的颗粒，而且颗粒保持着棱角，并未完全形成碳化硅。这种微观结构证明了氮化硅表面有 SiO_2 薄膜存在。氮化硅铁制备过程中，由于氮气中存在少量的氧气，导致在闪速燃烧合成的氮化硅微粒表面氧化形成 SiO_2 薄膜。在氮化硅微粒降落到反应池中，在本身释放出的热量作用下，氮化硅微粒之间将形成直接的黏结，形成一个整体，但是，这层 SiO_2 薄膜还是存在的。在高温及 CO 气氛下这层 SiO_2 薄膜将被还原成 SiO 气体，进而形成 SiC；或者直接形成碳化硅。伴随这层薄膜的还原，将导致氮化硅微粒之间的结合相消失，随即也就分解成若干的小微粒氮化硅，从而加速碳化硅生成反应的进

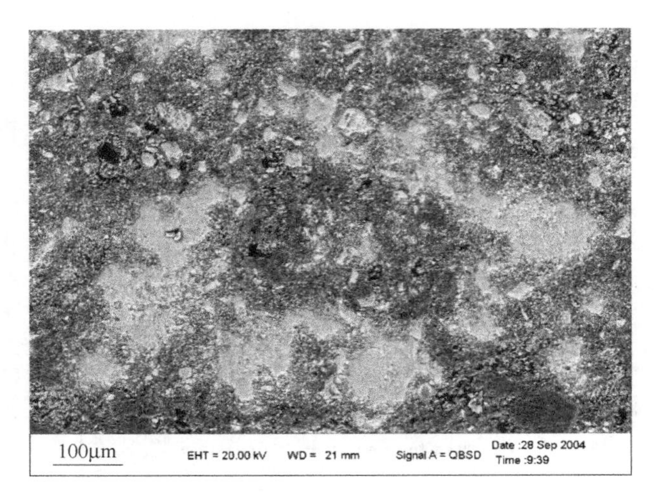

图 5-57　FSNC1600 的 SEM

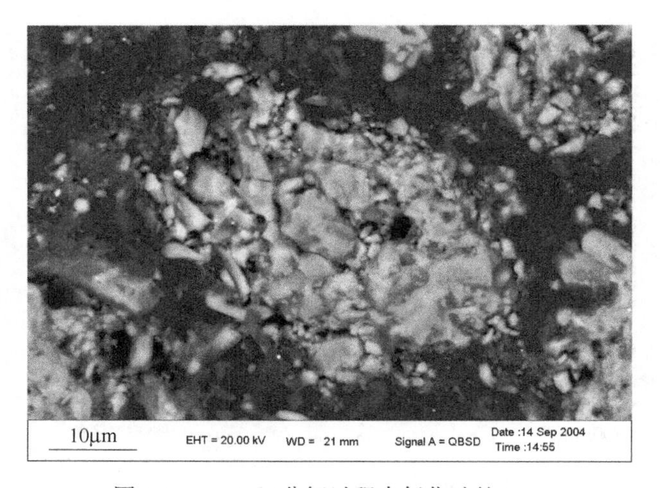

图 5-58　1500℃分解过程中氮化硅的 SEM

行。应该说，CO 气体的作用是主要的。

图 5-59 为 FSNC1550 试样中颗粒之间形成的碳化硅的形貌。从图中可以看出，氮化硅铁已经生成部分的片状的碳化硅，外侧最先形成碳化硅，颗粒内部仍然为氮化硅。由图 5-57 可知，经 1600℃处理的试样中已经看不到铁相的集中存在，不过形成的碳化硅在镜下显得很亮，说明有铁元素溶于其中。图 5-60 为经 1600℃处理后的显微形貌，从图中可以看出，近似于纳米级的铁相分散于形成的碳化硅中，而且铁与碳化硅之间的界线已经模糊，说明同碳化硅已经熔为一体。在形成的碳化硅之间已经出现碳化硅晶须，将碳化硅彼此连接起来，如图 5-61 所示。

图 5-59　FSNC1550 中碳化硅的 SEM

图 5-60　FSNC1600 中的铁的分布状态

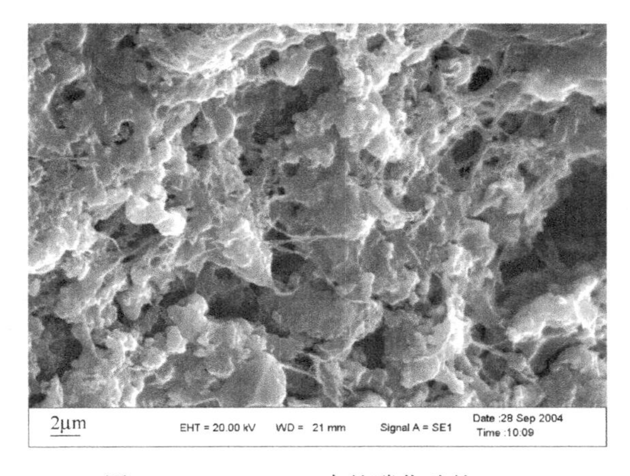

图 5-61　FSNC1600 中的碳化硅的 SEM

3. 铁的作用机理分析

α-Fe 与 γ-Fe 两种铁的存在形式中合金元素的含量是不同的；即使同种结构的铁不同温度时的合金元素的含量也是变化的。由前几章可知，氮化硅铁中铁合金的主要杂质成分为 Al、Mn、Si 等，经过高温处理后 Al 元素消失，说明了 Al 元素在其中的含量不是固定的，Al 发生了迁移。迁移出合金区的 Al 将同氮化硅反应而置换出 Si 原子，Si 继而熔入合金区，并同原来的 Fe_3Si 熔成富硅熔体。

该体系材料中，碳素过剩，由此形成的将是碳饱和的 Fe-Si-C 体系熔体。在这个三元系中，C—Si 键的结合力要大于 Fe—Si 键的强度，这将减弱束缚 Fe 的能力，铁的活性增强，并继续同氮化硅反应而夺取其中的硅；硅含量的升高又促成了 SiC 的形成，而其中的铁又继续同氮化硅反应，如此就形成了动态平衡中的 Fe-Si-C 熔体，继而不断形成碳化硅新相。由此，Fe-Si-C 熔体就承担了吸纳 Si 原子，孕育 SiC 新相的中间过渡阶段，因此，该体系材料中生成碳化硅的途径有两种：其一为碳同氮化硅直接反应形成碳化硅；其二，通过铁的中间过渡作用转化为 Fe-Si-C 体系熔体，继而生成碳化硅。由此也说明了铁相材料对该体系材料中氮化硅转化为碳化硅的促进作用。基于这一过程，所以，经 1450℃ 处理后该体系材料含有较多的氮化硅分解，在 XRD 分析中显示有少量的碳化硅生成，而氮化硅铁原料本身在其他条件下或纯氮化硅-碳体系材料则没有发生这种变化。这就是铁相材料在含碳体系中促进氮化硅转化的机理。

1500℃ 下 FSNC1500 的图中，铁相基本上都已经分散成很细小的微粒，仅找出一个比较大的铁粒，其微观结构如图 5-62 所示。从图中看出，该铁合金块主要存在两种颜色区域，为亮灰色及深灰色。图中亮白色圆圈的 EDS 见图 5-63a，暗灰色区域的 EDS 见图 5-63b。

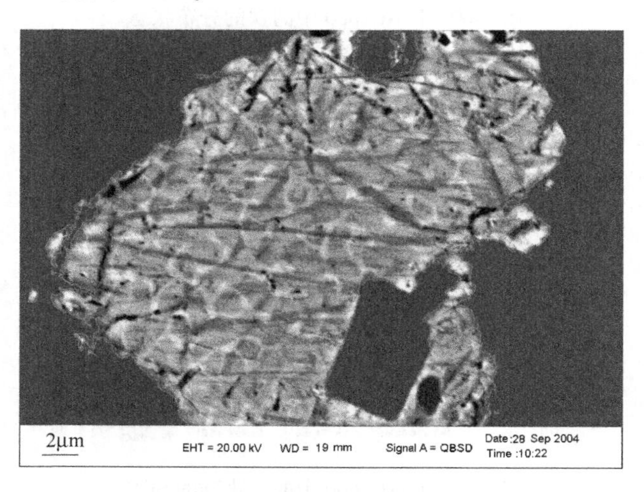

图 5-62　FSNC1500 中铁的 SEM

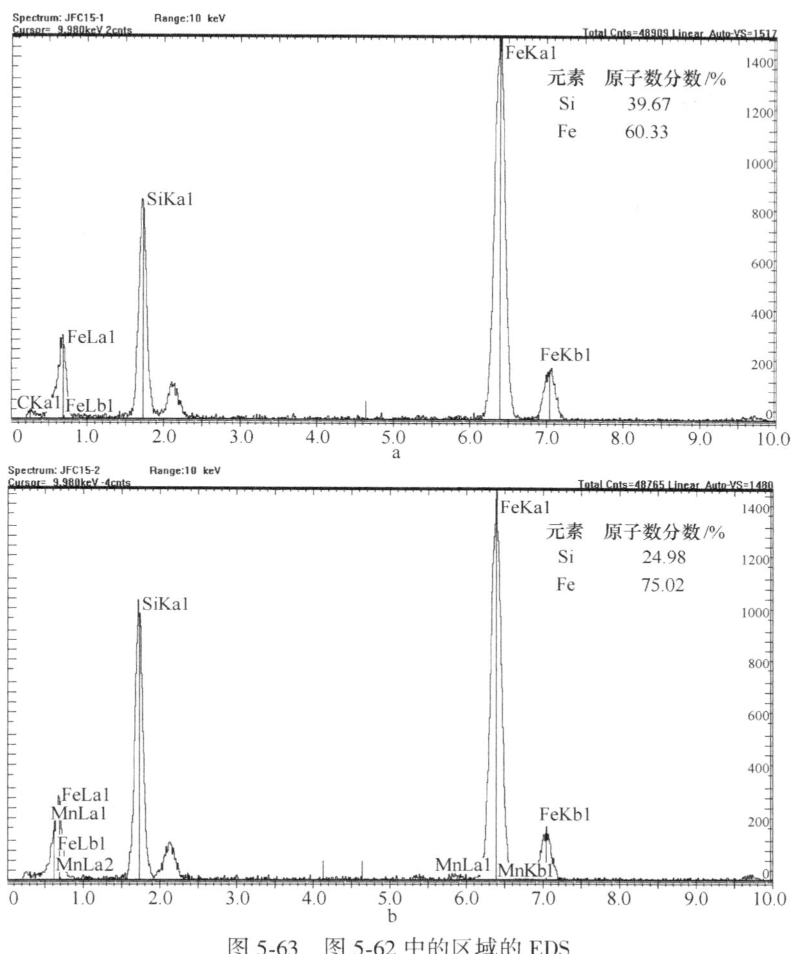

图 5-63　图 5-62 中的区域的 EDS

由以上的 EDS 分析可知，亮灰色区中含铁较高，而暗灰色区域中含铁量相对要低，相对于 Fe_3Si 而言，其含硅量较高，为富硅相，这也证明了铁相材料形成富硅中间过渡相的机理，也是铁在促进碳化硅转化率方面的强有力证据。

在含碳材料中，碳首先溶于硅铁合金，形成 Fe-Si-C 熔体。随着碳元素在硅铁熔体中的扩散并与 Si 原子形成碳化硅高温相，致使该熔体分为若干的小颗粒硅铁；小颗粒硅铁体积较小，通过毛细管熔融流淌，继而分散形成布局于整体材料中的细小分散情况。这也就是铁粒不断变小，分散在其中的原因。图 5-56、图 5-57 就充分说明了这点。

当硅含量较高时，由于熔体性质相差较多导致分区现象。也就是说，铁固溶体与高硅熔体是不能达到完全意义上的成分均匀融合的。由于铁固溶体同高硅熔体之间的结晶冷却形态及结晶速率不同，所以经过瞬间急冷处理后试样出现如图

5-62 的情况。

关于氮化硅铁中铁的作用机制可以认为，高温下通过铁同氮化硅的反应，继而同材料中原有的 Fe_3Si 熔融，形成含有富硅相 Fe-Si-C 熔体。富硅相中的 Si 在碳的作用下生成碳化硅，而剩余的 Fe 则继续同 Si_3N_4 反应。如此循环，促进了 Si_3N_4 向 SiC 的转化。伴随着 SiC 的形成以及熔体的流动，材料中的大铁粒变小，形成如图 5-56 及图 5-57 所示的铁微细化、均匀分散的状况。比表面积的增大，也加大了反应的进度，促进了反应的进行。其作用机制如下：

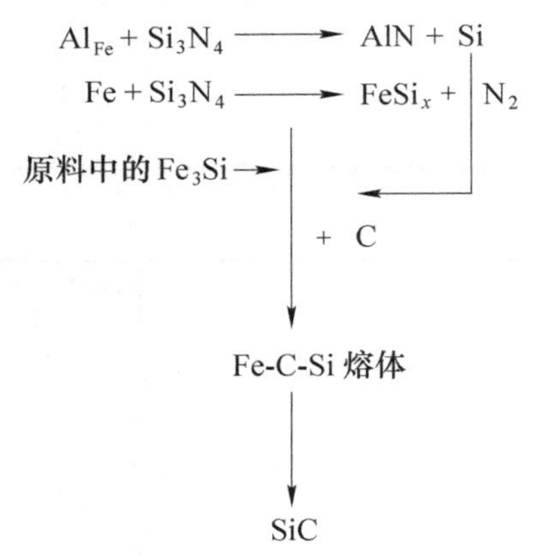

二、$Fe\text{-}Si_3N_4\text{-}Al_2O_3\text{-}C$ 体系材料的应用性质

Al_2O_3-C 体系材料是冶金工业常用的含碳复合材料。在 Al_2O_3-C 材料中常加入金属、碳化硅、氮化硅等作为防止碳素材料氧化的添加剂。在上一部分中探讨了氮化硅在碳素存在条件下可以转化为新生相碳化硅，而且反应活性较高。在 Al_2O_3-C 材料中它可起到防止碳氧化及增加强度的功效。作为耐火材料，使用中必然要接触金属铁，为探讨金属铁对该体系材料性能的影响，本部分将以闪速燃烧合成的氮化硅铁（$Fe\text{-}Si_3N_4$）作添加原料，以 Al_2O_3-C 系材料为基础进行实验研究，继续探讨铁在该材料体系中的作用，以及对该体系材料的影响。

（一）热力学分析

在空气埋碳条件下的氧分压很低，而这样低的氧分压是不能将 Fe 或 Fe_3Si 氧化的。$Fe\text{-}Si_3N_4\text{-}Al_2O_3\text{-}C$ 体系材料与 $Fe\text{-}Si_3N_4\text{-}C$ 体系材料的区别也不过在于可能发生如下反应：

$$Al_2O_3 + 3C + N_2(g) = 2AlN + 3CO(g) \qquad (5\text{-}79)$$

$$\Delta_r G^{\ominus} = 700210 - 361T \ (\mathrm{J/mol})$$

$$\Delta_r G = \Delta G^{\ominus} + RT\ln[(P_{CO}/P^{\ominus})^3/(P_{N_2}/P^{\ominus})]$$

该关系式在 800℃、1200℃、1600℃下的反应自由能见表 5-5。

表 5-5 800℃、1200℃及 1600℃化学反应的自由能 ΔG (kJ/mol)

化学反应	$\Delta_r G^{\ominus}_{1073K}$	$\Delta_r G^{\ominus}_{1473K}$	$\Delta_r G^{\ominus}_{1873K}$
$Al_2O_3 + 3C + N_2(g) = 2AlN + 3CO(g)$	285.749	131.265	-23.219

通过计算，该反应在 1600℃附近开始，随着温度升高，反应自由能越来越低，反应可以在高温下持续进行。如果 AlN 能够生成，对材料的强度及性能将有所贡献。

（二）Fe-Si_3N_4-Al_2O_3-C 体系材料的实验研究

本实验中氧化铝的引入选用美铝公司的 CT-4000 刚玉粉（Al_2O_3，99.8%（质量分数））；碳素成分以活性碳黑作为碳源，以酚醛树脂作为结合剂。

将氮化硅铁、刚玉细粉及炭黑按表 5-6 的配好，加入 5%（质量分数）的酚醛树脂作为结合剂，然后在玛瑙研磨中混合均匀，以保证材料的性能均匀。

表 5-6 试样实验方案

原 料	氧化铝	氮化硅铁	炭黑
质量分数/%	10	70	20

取混合好的料 20g，在压力机上压制成 ϕ25mm×20mm 试样。将压制的试样放入烘箱内干燥后装入刚玉坩埚中，并埋入石墨粉。将刚玉坩埚放入高温炉中分别加热至 1300℃、1400℃、1450℃、1500℃、1600℃并保温 300min。急速水冷后，进行 XRD 和显微结构分析。

1. 物相分析

由于 1300℃、1400℃、1450℃保温 300min 后的试样中除铁相材料变成 Fe_3Si 外，其他物相没有变化；为便于比较，仅将经 1450℃、1500℃、1600℃处理后的 XRD 检测合并如图 5-64 所示。

从图 5-64 看出，该体系试样 1450℃未形成碳化硅，只有铁变成 Fe_3Si，其他物相没有变化。这与 Fe-Si_3N_4-C 体系材料经高温处理后的情形有所不同，可能是由于 Al_2O_3的引入导致 Si_3N_4与 C 的接触减弱，或铁的作用减少，以至于 XRD 分析中未显示出碳化硅的存在。但是通过 Fe-Si_3N_4-C 体系的实验，碳化硅在此条件下还是可以反应生成的。而 1500℃、1600℃的 XRD 中显示出有较多的碳化硅生成，同时，铁也变成了 Fe_3Si，氮化硅及氧化铝仍然存在。尽管从热力学分析，AlN 可以生成，但是 XRD 分析中却未能显示，也可能没有生成。

2. 显微结构分析

图 5-65~图 5-68 为该体系材料经高温处理后的显微形貌。

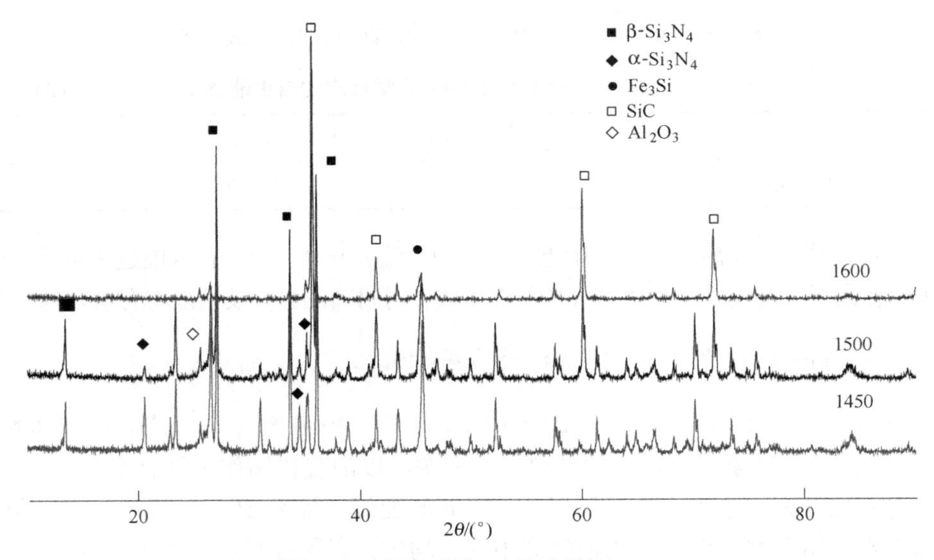

图 5-64　保温 300min 的试样的 XRD

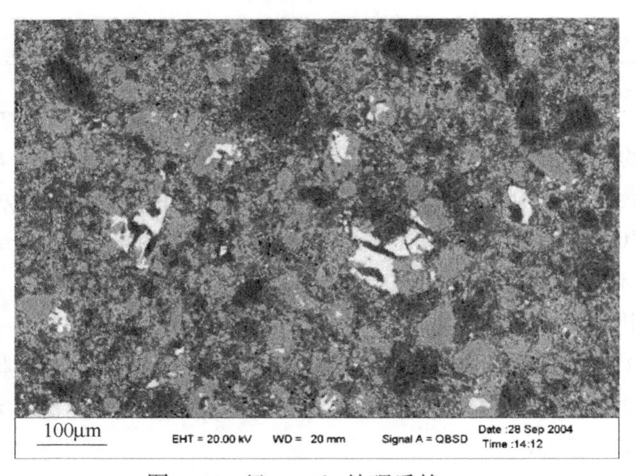

图 5-65　经 1450℃处理后的 SEM

从图 5-65~图 5-68 可以看出，该体系材料在 1450℃ 微观结构变化不明显。1500℃氮化硅铁中的铁变小，氮化硅外形轮廓已模糊，其中乳白色的为未分解的氮化硅，其周围为分散的氮化硅和新形成的碳化硅。1600℃后，试样中的氮化硅大部分已经转化碳化硅，铁与碳化硅融为一体，形成比较致密的材料。铁与碳化硅的共存关系不同于铁同氮化硅的共存关系。由于铁同氮化硅反应释放出氮气而导致铁同氮化硅的接触面出现疏松，而铁与碳化硅的反应则不然，形成的是 Fe_3Si 及 C，如式（5-80）所示；反应过程中没有挥发组分，体系比较致密，铁是镶嵌在碳化硅之中，均匀分散，颗粒极小。

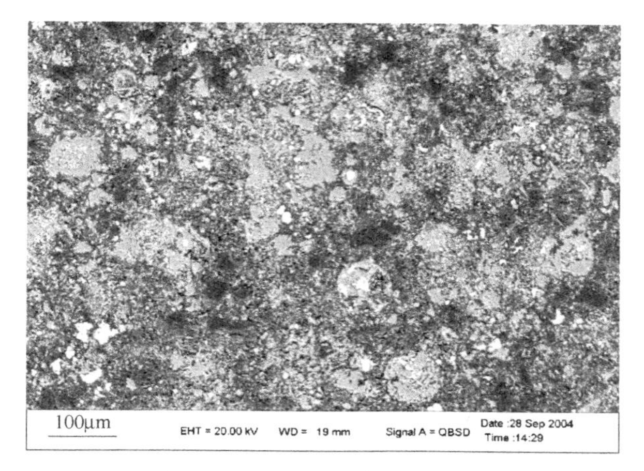

图 5-66　经 1500℃处理后的 SEM

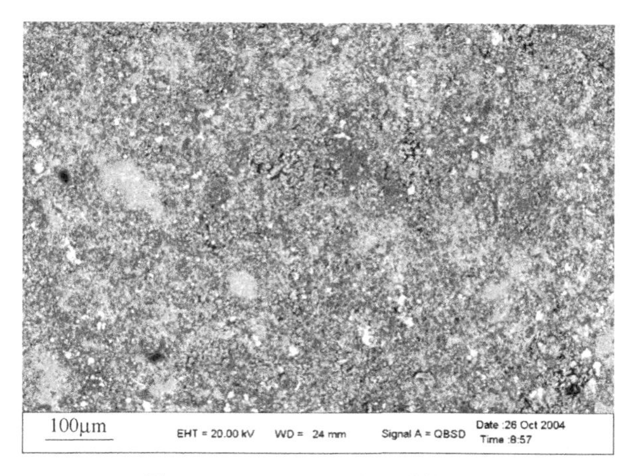

图 5-67　经 1600℃处理后的 SEM

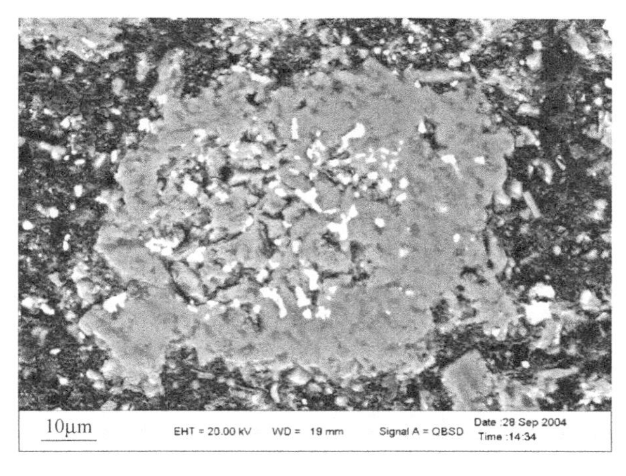

图 5-68　经 1500℃处理后试样中铁的状态

$$3Fe + SiC = Fe_3Si + C \quad (5\text{-}80)$$

氧化铝作为独立相存在，在整个温度范围内没有变化，只充当了填料作用。

3. 碳化硅晶须的形成机制

图 5-69 和图 5-70 为该体系材料中形成碳化硅区域的微观结构。由图中看出，该区域除形成大量的扁片状的碳化硅外，还生成较多的碳化硅晶须。

图 5-69　试样经 1550℃处理后的 SEM

图 5-70　试样经 1600℃处理后的 SEM

就该体系材料中碳化硅的晶须的形成来看，说明有形成晶须的气相反应发生。氮化硅铁中含有一部分 SiO_2，而 SiO_2 高温下被还原为 SiO(g) 气相。在 SiO_2 含量得到满足的前提下，该体系材料在 1500℃时 SiO(g) 的分压已经达到 0.1MPa，而这大量的 SiO(g) 将按式（5-78）生成碳化硅晶须，这应该是晶须生成的主要来源之一。从上一节可知，氮化硅铁中的硅铁合金相与碳形成 Fe-Si-C

熔体，随着体系温度升高，熔体中硅的蒸发量将增大，导致较多的硅蒸气形成，这也是碳化硅晶须生成的主要来源之一。晶须的产生机理简单归纳为图 5-71。该体系材料中之所以能够形成较多的碳化硅晶须，原因之一即是少量 SiO_2 的存在，其二就是体系中铁的作用。由于铁的存在致使该体系材料形成 Fe-Si-C 熔体的温度较低，气相硅的蒸发量较大。

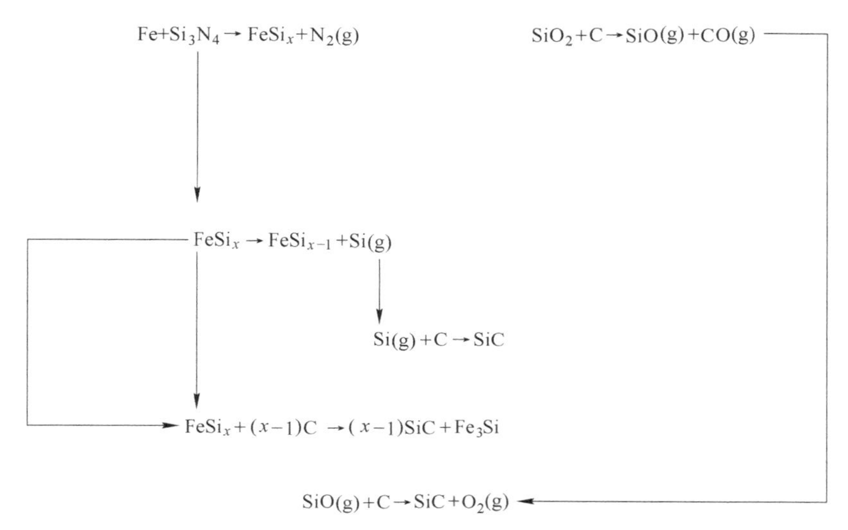

图 5-71 碳化硅晶须可能的生长机理示意图

三、$Fe-Si_3N_4-Al_2O_3-SiC-C$ 体系材料的应用性质

氧化铝选用美铝公司的 CT−4000 刚玉粉；碳素成分是以活性炭黑作为碳源，以酚醛树脂作为结合剂。325 目碳化硅粉的成分为：SiC 97. 96%，Free-C 0. 04%。

将氮化硅铁、刚玉细粉、碳化硅及炭黑按表 5-7 配好，加入 5%（质量分数）的酚醛树脂作为结合剂，混合均匀。取混合好的料 20g，在压力机上压制成 ϕ25mm×20mm 试样。将压制的试样干燥后装入刚玉坩埚中，并埋入石墨粉。将刚玉坩埚放入高温炉中分别加热至 1300℃、1500℃、1600℃ 并保温 5h。急速水冷后，进行 XRD 和显微结构分析。

表 5-7 试样实验方案

原 料	氧化铝	氮化硅铁	炭黑	碳化硅
质量分数/%	10	47	13	30

（一）物相分析

该体系试样经高温处理之后的 XRD 如图 5-72 所示。

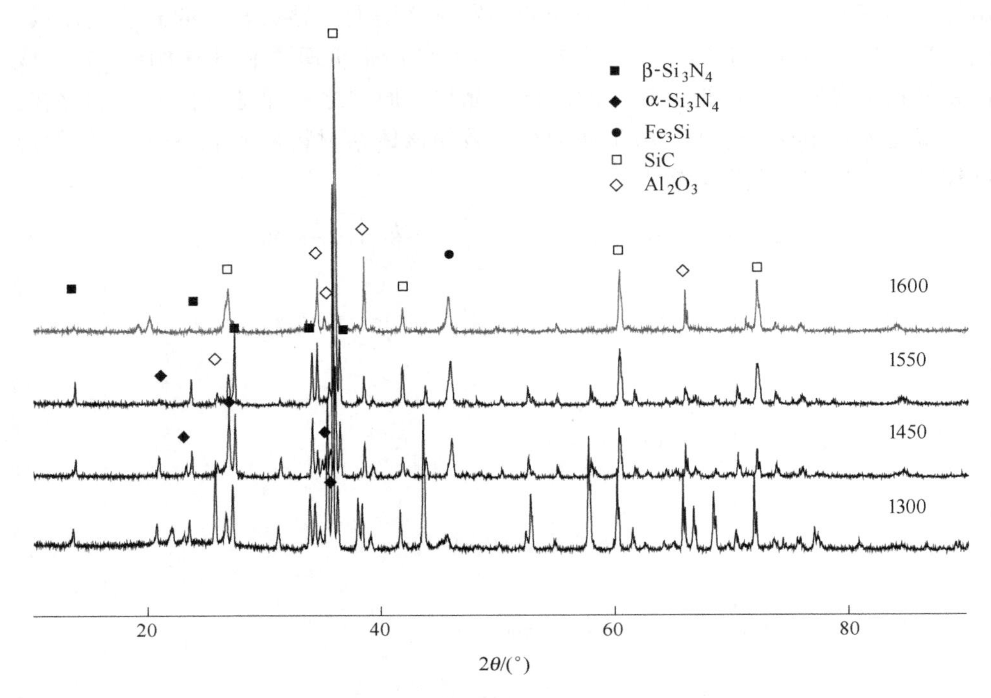

图 5-72 经高温处理后的 XRD

碳化硅的生成量随温度的升高而增加，1550℃、1600℃时的物相为 Al_2O_3、SiC、Fe_3Si 及少量未反应的 Si_3N_4。

（二）微观结构分析

图 5-73 为经 1550℃处理后试样的 SEM 图。从图可以看出，新生成的碳化硅主要成片状存在，彼此黏结，甚至形成了纤维粘连，构成立体交叉的网络结构，但是还未看到新生成的碳化硅在原碳化硅或刚玉相表面的沉积或粘连。图 5-74 为经 1600℃处理后的试样的 SEM。在图 5-74 中看到了新生态的碳化硅在原碳化硅表面的沉积。由于新生态碳化硅活性较高，容易烧结，将原碳化硅黏结到一起或者新碳化硅之间达到烧结，形成较为牢固的结合网络。另外，由于铁的存在，也将导致原碳化硅的活性增加。铁同碳化硅也将发生如下反应：

$$Fe + SiC \longrightarrow FeSi_x + C \tag{5-81}$$

$$FeSi_x + C \longrightarrow Fe_3Si + SiC \tag{5-82}$$

如此将导致原碳化硅表面的钝性减弱，形成活性较高的富硅硅铁熔体反应层，继而同碳反应形成连接于原碳化硅表面的新生态碳化硅，增强了材料的结合强度。

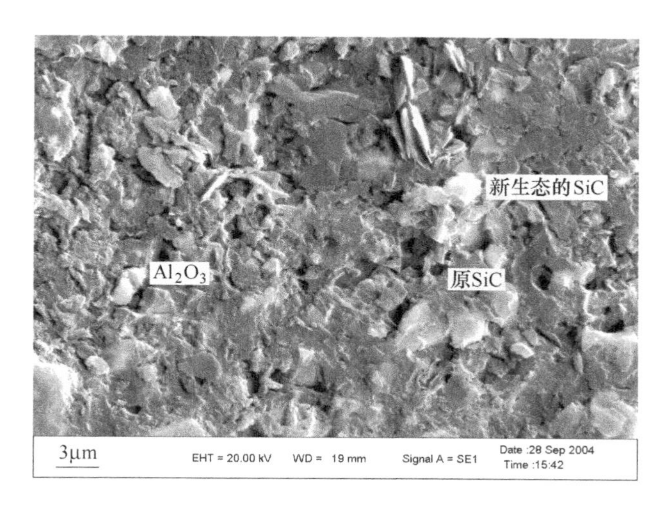

图 5-73 经 1550℃处理后的 SEM

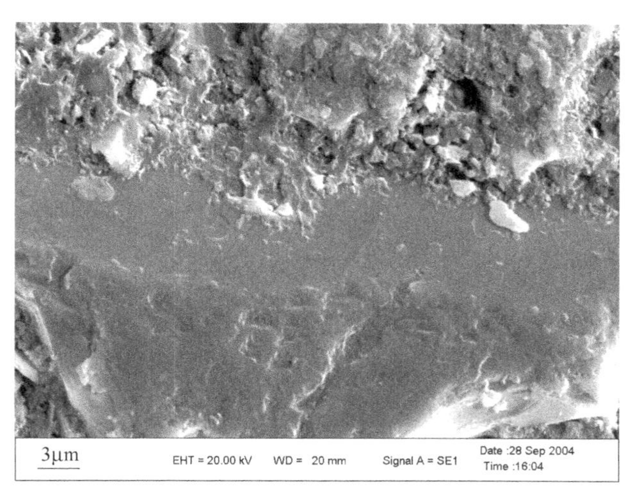

图 5-74 经 1600℃处理后的 SEM

第六节 熔渣对氮化硅铁高温性能的影响

一、$Fe\text{-}Si_3N_4$材料抗渣蚀性的实验过程

取 0.074mm 的氮化硅铁粉体，以羧甲基纤维素钠为临时性结合剂，混拌均匀，压成直径为 ϕ50mm×80mm 的试样，压力为 127MPa。将试样在 110℃干燥 24h 后于空气气氛中烧成，烧成温度为 1550℃，保温 3h。自然冷却至室温后，用

ϕ36mm 金刚石钻头在试样中钻取 ϕ36mm×50mm 进行气孔率、体积密度、耐压强度等性能的检测（测量三次取平均值）。以高温烧成的氮化硅铁试样为样品，进行抗渣浸蚀性实验。试样的理化指标见表 5-8。钢渣成分见表 5-9。将盛满钢渣的氮化硅铁试样置于高温炉中，烧成温度为 1550℃，恒温 3h，空气气氛。自然冷却至室温后，沿渣孔中间线将试样剖开，观察蚀损情况，并进行 SEM 及 EDS 分析。

表 5-8　氮化硅铁试样的性能指标

试样编号	1	2	3	平均值
显气孔率/%	39.6	39.0	40.1	39.57
体积密度/$g \cdot cm^{-3}$	2.09	2.12	2.09	2.10
耐压强度/MPa	33.5	37.3	32.7	34.5

表 5-9　转炉渣的化学成分　　（%）

成分	CaO	SiO_2	Al_2O_3	MgO	ΣFe
含量	48.83	13.53	2.79	7.24	23.89

二、Fe-Si_3N_4材料抗渣蚀性的实验研究

（一）渣蚀

图 5-75 为氮化硅铁试样 1550℃×3h 的渣侵剖面。渣孔中的剩余钢渣已经很少，仅在上部有些余渣和下部有个圆球状铁粒。从图中可以看出，渣孔周围形成白色的变质层，位于渣孔的上部区域的变质层较薄，而下部的变质层相对较厚。

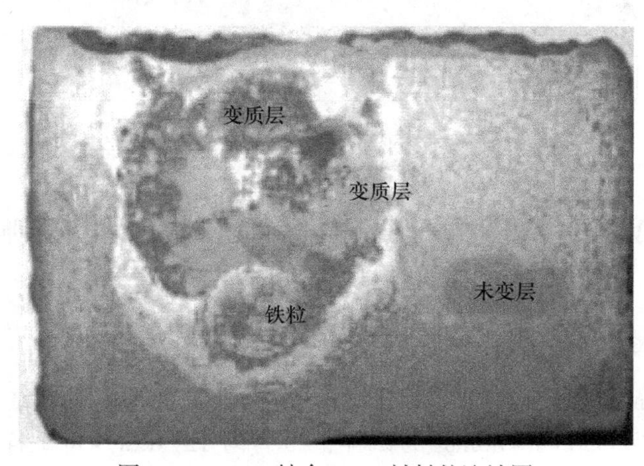

图 5-75　Fe_3Si 结合 Si_3N_4材料的渣蚀图

变质层最薄处的厚度为0.5mm，下部较厚的变质层的厚度为2mm。渣侵后显微结构分析：圆球状铁粒的成分主要为Fe、Si、P等，EDS分析如图5-76所示。变质层的元素成分为O、Si、N、Al、Mg、Ca等，说明为含氮混合物，其EDS分析如图5-77所示。说明在材料与熔渣接触的变质层中仍然存在一些氮化硅。

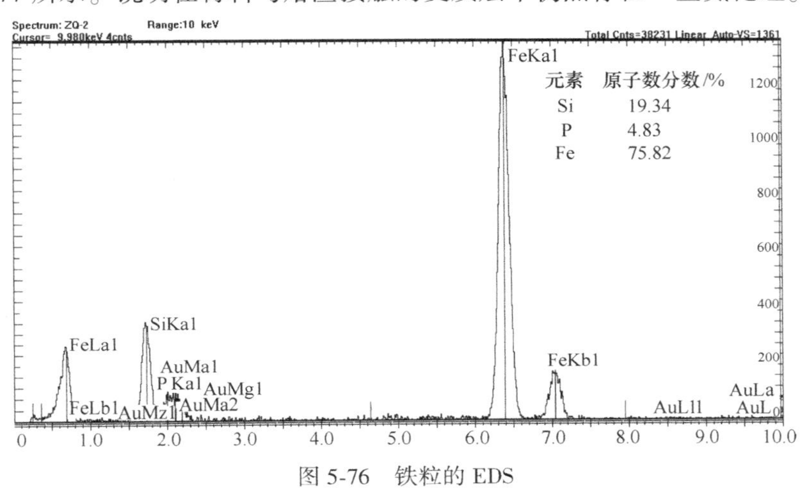

图5-76　铁粒的EDS

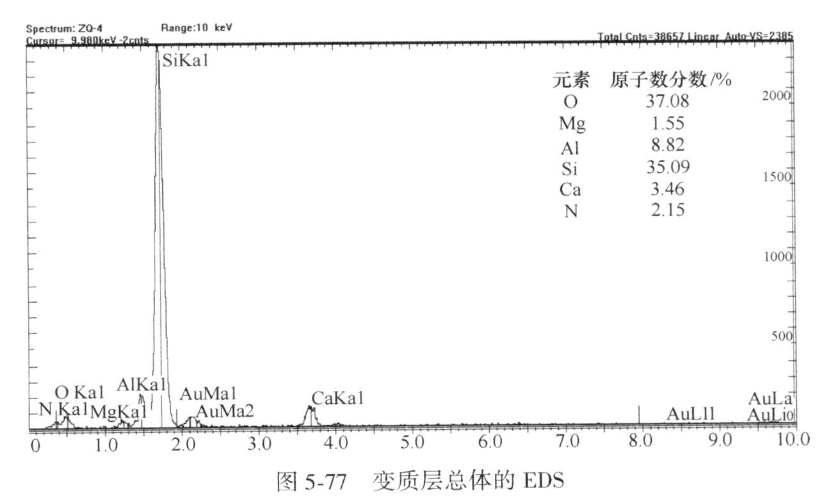

图5-77　变质层总体的EDS

（二）显微结构分析

图5-78为氮化硅砖渣蚀带的显微形貌。从图中可以看出，渣蚀变质带分为两种颜色，而且在渣蚀带中还存在分层现象。其中浅色区域的EDS如图5-79a所示，深色区域的EDS如图5-79b所示。由此可以看出，颜色较浅的区域的钙含量较高，而颜色较深区域的钙含量相对少些。

图5-80为渣蚀变质带与原砖带界面的微观结构。从图可以看出，变质带与

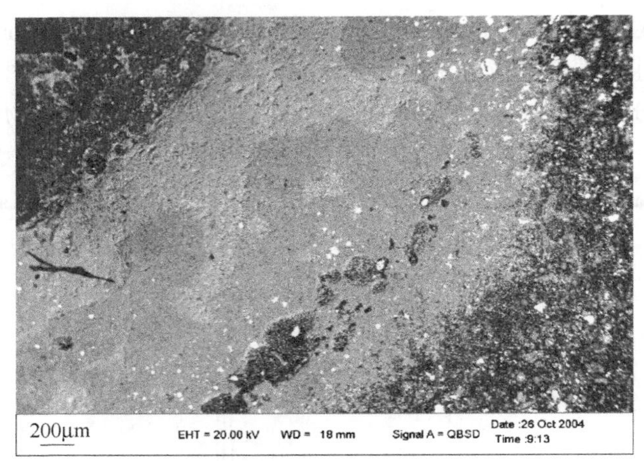

图 5-78　渣蚀层的 SEM

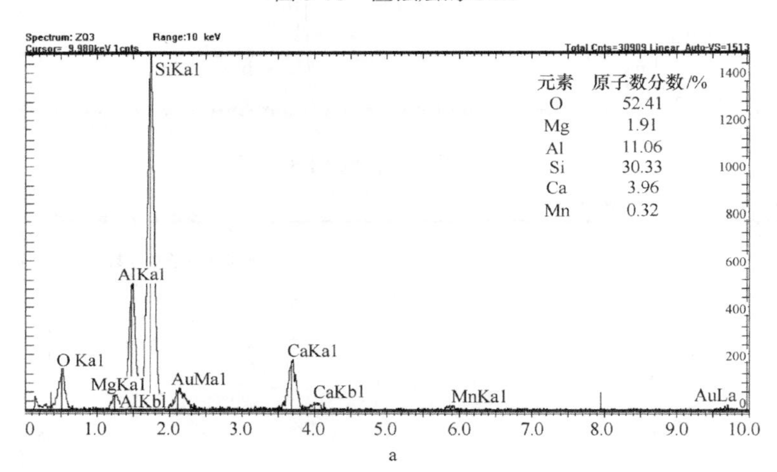

元素	原子数分数/%
O	52.41
Mg	1.91
Al	11.06
Si	30.33
Ca	3.96
Mn	0.32

a

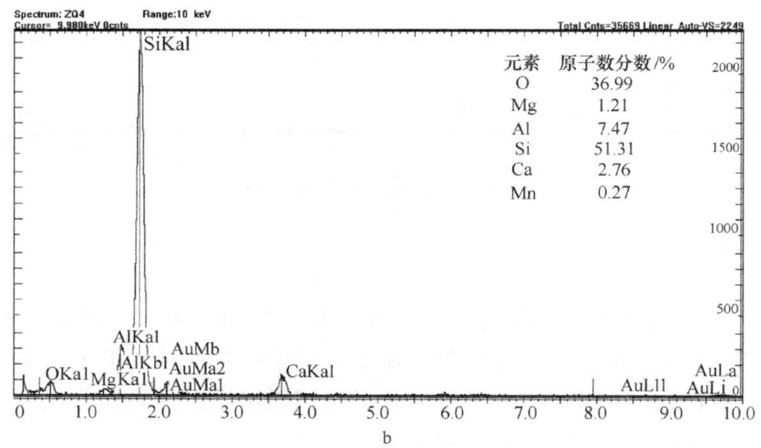

元素	原子数分数/%
O	36.99
Mg	1.21
Al	7.47
Si	51.31
Ca	2.76
Mn	0.27

b

图 5-79　渣蚀变质层 EDS

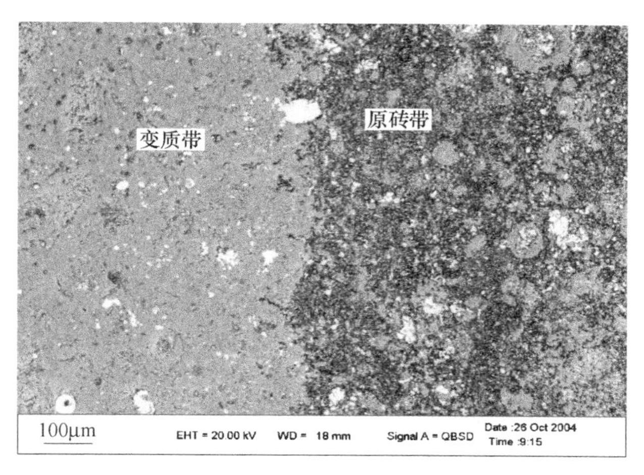

图 5-80 变质带与原砖带的 SEM

原砖带的界线非常清晰，不存在颜色递减的渗透带，原砖带仍然为氮化硅及铁相材料。

闪速燃烧合成的氮化硅铁粉体在氧化气氛条件下经1550℃烧后，表面形成致密层，以高铁相为结合相的氮化硅铁烧结体具有较高的耐压强度。烧结体受熔渣侵蚀后，变质层与原砖层的界线非常清晰，氮化硅铁和熔渣所形成的变质层能够很好地减缓熔渣对原烧结体的侵蚀。

第六章　氮化硅铁在高炉炼铁中的应用

第一节　$Fe\text{-}Si_3N_4$对Al_2O_3-SiC-C质铁沟料的性能影响

一、高炉铁沟的工作环境、损毁机理及氮化硅铁在高炉铁沟中的应用

近年来，氮化硅铁用在Al_2O_3-SiC-C质铁沟浇注料的研究不断增多。氮化硅铁中的Si_3N_4具有不与渣和铁完全润湿的优点，可以改善铁沟浇注料的抗侵蚀性；Si_3N_4的氧化产物会在试样表面形成SiO_2保护膜，阻碍了材料的进一步氧化，增强其抗氧化性能；金属相Fe具有助烧结作用，可以改善浇注料的力学性能。高温氧化气氛下，表面氮化硅铁中的Si_3N_4首先氧化生成SiO_2，构成氧化层的主体；随着铁相材料的氧化，形成的氧化铁（Fe_xO）降低了氧化层的熔点及熔体的黏度，促进了熔体在浇注料表面上的润湿性和流动性，形成了覆盖于浇注料表面的氧化层而阻止了碳素材料的氧化，使其具有比纯Si_3N_4更好的抗氧化性能。而浇注料内部的Fe并不是以氧化铁（Fe_xO）的形式存在，对高温性能不会有害。同时，氮化硅铁中的Si_3N_4在高温下氧化生成的N_2和碳素材料氧化生成的CO会堵塞材料的内部气孔，从而有效地防止了进一步氧化。

本小节将围绕$Fe\text{-}Si_3N_4$对Al_2O_3-SiC-C体系浇注料性能的影响进行研究，着重于高温抗折强度及防氧化性能，并对其行为机理进行分析、探讨。

二、$Fe\text{-}Si_3N_4$对Al_2O_3-SiC-C质铁沟料性能影响的实验过程

试验用主要原料为致密电熔刚玉（$w(Al_2O_3)\geqslant 99\%$）、碳化硅（$w(SiC)\geqslant 99.2\%$）、C、$Fe\text{-}Si_3N_4$和水泥等。$Fe\text{-}Si_3N_4$组成的质量分数如下：Si≥48%，N≥30%，Fe=12%~17%，O≤2.5%。

试样配比见表6-1。加水混合均匀，振动浇注成40mm×40mm×160mm试样，110℃×24h烘干。取烘干后的试样首先经1500℃×3h的埋碳烧成，然后再做1400℃×30min的高温抗折强度的测定。将40mm×40mm×160mm试样在空气中经1500℃×3h热处理后，根据氧化增重率和其表面氧化膜的显微结构来评价其抗氧化性。本实验的抗渣侵蚀性实验采用的是静态坩埚法。所用的试样是40mm×40mm×80mm的长条形试样，其中渣孔为ϕ5mm×20mm。把高炉渣装入试样的渣

孔中，在高温炉中经1500℃×3h热处理后沿中心线切开，根据高炉渣侵蚀深度和渗透层的微观结构来评价其抗渣侵蚀性。渣成分的质量分数为：31.27% SiO_2、37.69%CaO、14.30% Al_2O_3、9.73%MgO、$CaO/SiO_2 \approx 1.2$。

表 6-1　试样的配比　（质量分数，%）

试样	电熔刚玉	SiC	沥青	$Fe\text{-}Si_3N_4$	水泥	$\alpha\text{-}Al_2O_3$	添加剂	Si_3N_4
0N	70	15	3	—	3	5	4	—
3N	67	15	3	3	3	5	4	—
5N	65	15	3	5	3	5	4	—
8N	62	15	3	8	3	5	4	—
5S	65	15	3	—	3	5	4	5
8S	62	15	3	—	3	5	4	8
10S	60	15	3	—	3	5	4	10

三、$Fe\text{-}Si_3N_4$对 Al_2O_3-SiC-C 质铁沟料性能影响的研究

（一）$Fe\text{-}Si_3N_4$加入量对浇注料高温抗折强度的影响

加入 Si_3N_4及 $Fe\text{-}Si_3N_4$的试样 1400℃×30min 的高温抗折强度示于图 6-1。由图 6-1 可以看出，氮化硅的加入对铁沟浇注料的影响不大，其高温抗折强度仅有少量的提高。相对于氮化硅加入量为 5%～10%的试样，加入 3% $Fe\text{-}Si_3N_4$的高温抗折强度即能够与之持平。而且随着 $Fe\text{-}Si_3N_4$加入量的增加，高温抗折强度增长较快。由此看出，$Fe\text{-}Si_3N_4$加入对高炉出铁沟浇注料的高温抗折强度影响是较大

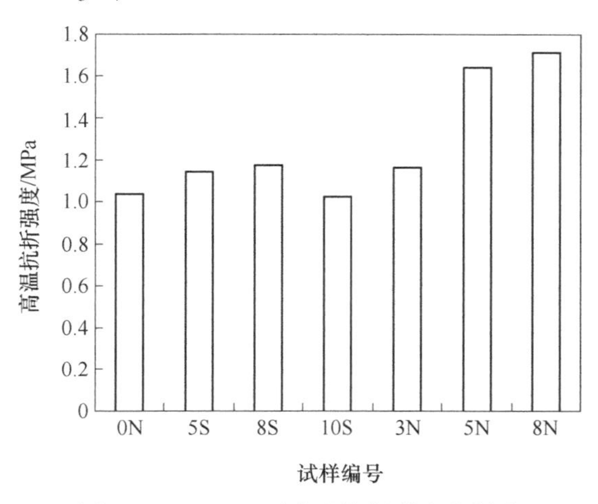

图 6-1　$Fe\text{-}Si_3N_4$对高温抗折强度的影响

的。由第五章分析可知，$Fe-Si_3N_4$中的铁促进了氮化硅向碳化硅的转化，增强了该体系浇注料的基质。同时，生成的高碳铁合金在基质中的弥散也促进了材料的烧结、致密化，提高了强度。将经高温抗折处理后的试样块在潮湿空气中长时间放置，发现试样块的断面上出现很多红色的Fe_2O_3均匀分散于基质中，很致密。

（二）$Fe-Si_3N_4$加入量对浇注料抗氧化性能的影响

图6-2示出了具有不同$Fe-Si_3N_4$加入量的试样表面氧化膜的显微结构。可以看出，随着$Fe-Si_3N_4$加入量的增加，氧化后试样的表面越来越致密，表面所生成的氧化膜越来越平整，以致于覆盖了整个表面，从而有利于防止材料的进一步氧化，起到了抗氧化的作用。

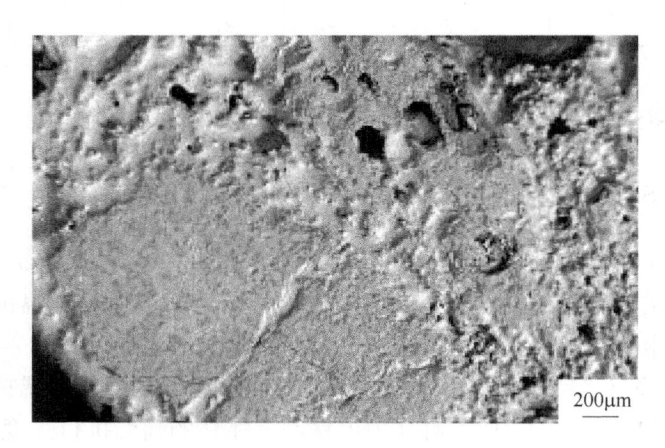

0N

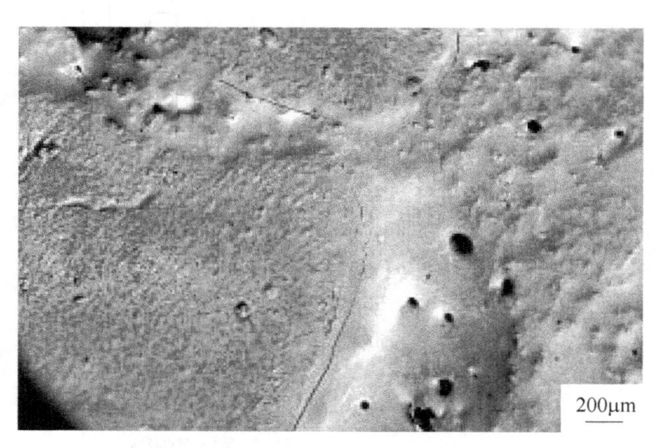

3N

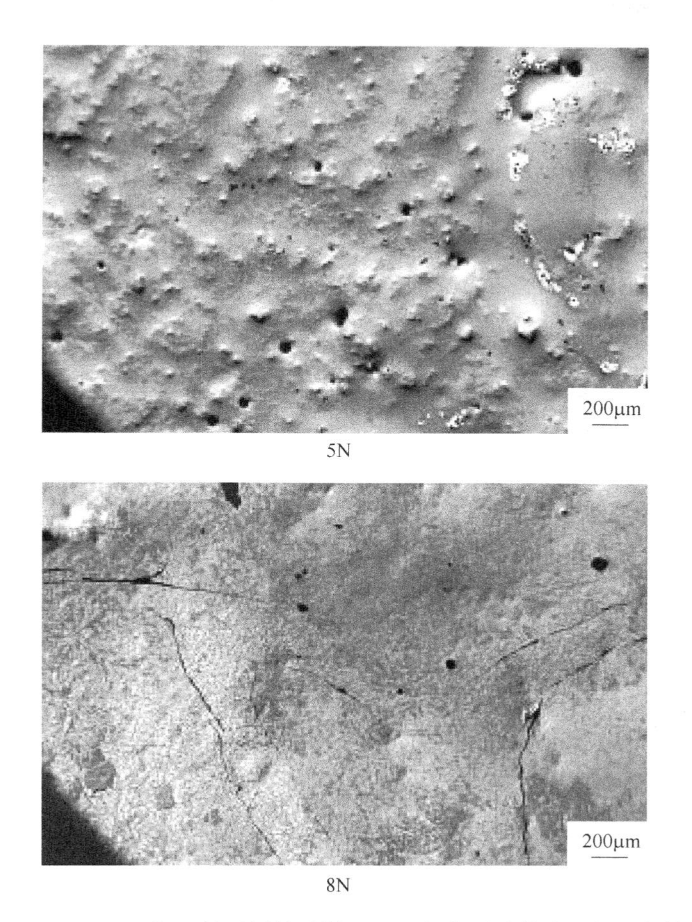

图 6-2　$Fe\text{-}Si_3N_4$加入量不同的试样 1500℃氧化后试样表面的显微结构

表 6-2 为 0N、8N、8S 试样的氧化层厚度。从表中可以看出，氮化硅铁的防氧化效果优于纯氮化硅及空白试样。8S 试样氧化层表面的 SEM 照片如图 6-3 所示。从图 6-2 中看出，0N 试样氧化层表面表现为“脱釉”及“橘皮釉”现象，未形成均匀覆盖的氧化层。同试样 0N 相比，试样 8S 的氧化层的表面相对较好，但是氧化层气孔较多。而加入氮化硅铁的 8N 试样的氧化层表面较平滑，覆盖均匀。

表 6-2　试样氧化层厚度　(mm)

试样编号	0N	8S	8N
氧化层厚度/mm	6.4	4.5	1.2

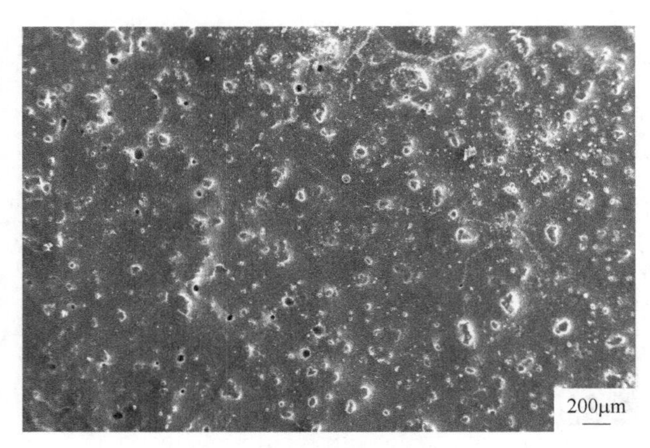

图 6-3　试样 8S 烧后的表面 SEM

（三）$Fe\text{-}Si_3N_4$的防氧化行为机理分析

各试样氧化层的 EDS 分析如图 6-4～图 6-6 所示。试样 0N 氧化层的 EDS 分析显示，其中仅有 Si、Al、O、Ca 等元素，说明其氧化层为 $Al_2O_3\text{-}SiO_2\text{-}CaO$ 体系；试样 8S 氧化层的 EDS 分析显示元素为 Si、Al、O、Ca，与试样 0N 相近，只是其中 Si 元素的含量稍高；而 8N 试样氧化层的 EDS 分析显示元素为 Si、Al、O、Fe、Ca，是 $Al_2O_3\text{-}SiO_2\text{-}CaO\text{-}Fe_xO$ 体系。同 $Al_2O_3\text{-}SiO_2\text{-}CaO$ 体系相比，$Al_2O_3\text{-}SiO_2\text{-}CaO\text{-}Fe_xO$ 体系液相出现的温度相对要低。从试样的氧化层的表面状况看，结合 EDS 分析，分布均匀的 8N 试样氧化层中 Fe 含量较高。

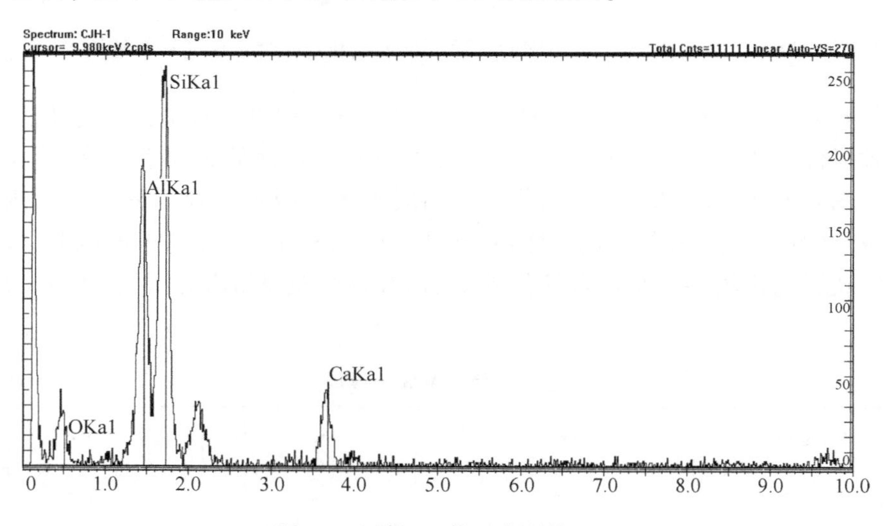

图 6-4　试样 0N 烧后表面的 EDS

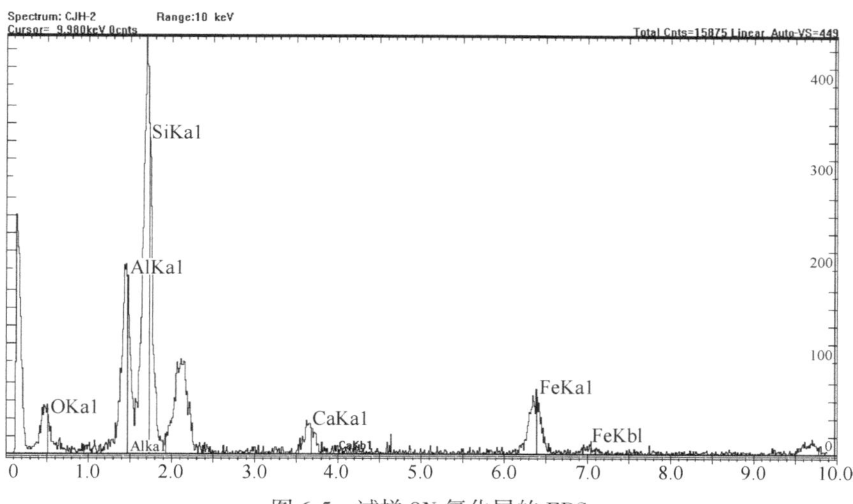

图 6-5　试样 8N 氧化层的 EDS

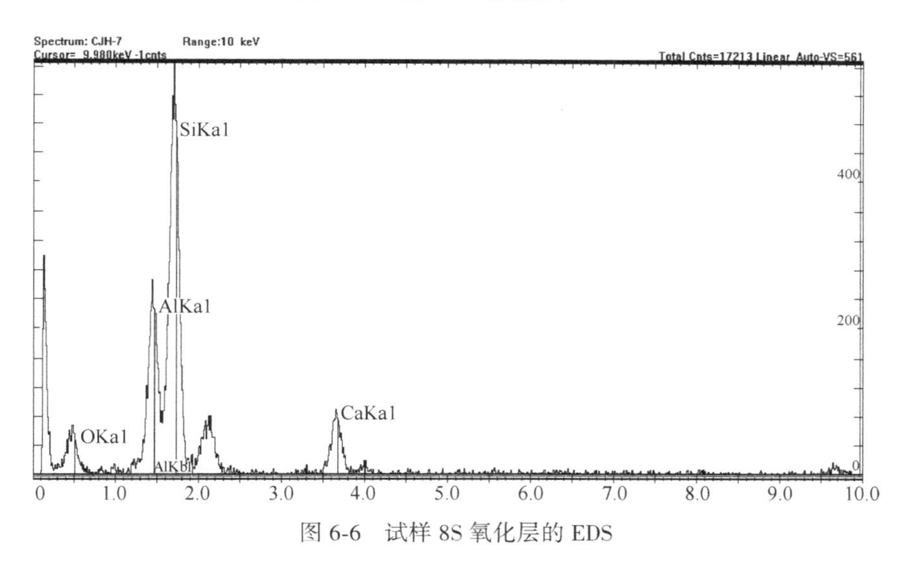

图 6-6　试样 8S 氧化层的 EDS

氮化硅铁是氮化硅与铁相材料（α-Fe 或 Fe_3Si）的混合体，所以，高温氧化气氛下，添加氮化硅铁的 Al_2O_3-SiC-C 体系材料中容易氧化的成分有 SiC、C、Si_3N_4、Fe_3Si 及 Fe。试样表面主要的氧化反应如下：

$$\frac{2}{3}SiC + O_2(g) = \frac{2}{3}SiO_2 + \frac{2}{3}CO(g) \tag{6-1}$$

$$\Delta_r G^{\ominus} = -629636 + 52.619T \ (J/mol)$$

$$\frac{1}{3}Si_3N_4 + O_2(g) = SiO_2 + \frac{2}{3}N_2(g) \tag{6-2}$$

$$\Delta_r G^{\ominus} = -663777 + 69.313T \text{ (J/mol)}$$

$$2Fe + O_2(g) \Longrightarrow 2FeO \tag{6-3}$$

$$\Delta_r G^{\ominus} = -546149 + 170.018T \text{ (J/mol)}$$

$$\frac{2}{5}Fe_3Si + O_2(g) \Longrightarrow \frac{6}{5}FeO + 2/5SiO_2 \tag{6-4}$$

$$\Delta_r G^{\ominus} = -615201 + 189.811T \text{ (J/mol)}$$

$$2C + O_2(g) \Longrightarrow 2CO(g) \tag{6-5}$$

$$\Delta_r G^{\ominus} = -223930 - 175.73T \text{ (J/mol)}$$

各反应的 $\Delta_r G^{\ominus}$ -T 的关系示于图 6-7。由图 6-7 可知，标准状态下，氮化硅发生氧化反应的 $\Delta_r G^{\ominus}$ 值最负，也就是说，在 Al_2O_3-SiC-C 体系材料中氮化硅首先被氧化，氮化硅能起到防止碳氧化的作用。

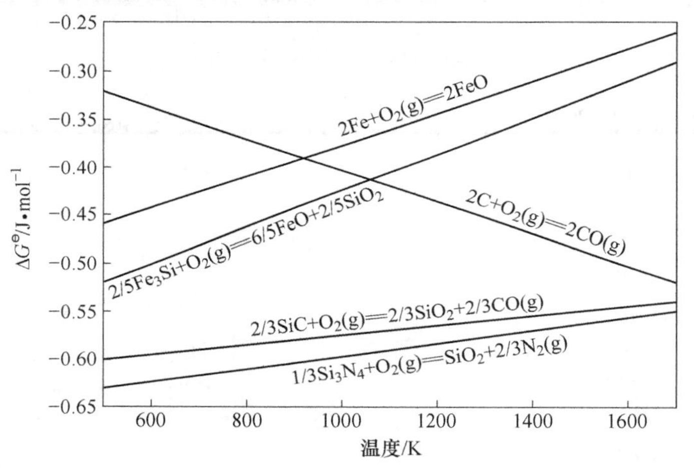

图 6-7　各反应的 $\Delta_r G^{\ominus}$-T 关系图

高温氧化条件下，试样表面层中的 Si_3N_4 及 SiC 颗粒首先被氧化成 SiO_2 或在颗粒表面形成 SiO_2 氧化膜。氧化生成的 SiO_2 或是孤立存在，或是与 Al_2O_3 及 CaO · $x Al_2O_3$（由纯铝酸盐水泥引入）构成 SiO_2-Al_2O_3 或 SiO_2-Al_2O_3-CaO 体系，使熔体液相出现温度降低，尤其 SiO_2-Al_2O_3-CaO 体系液相出现的温度降低到 1170℃，促成了液相在试样表面的流动及防氧化性的改善。但是，体系液相出现温度的降低对使用性能是非常不利的，所以，Al_2O_3-SiC-C 体系材料中水泥加入量要少，以避免 CaO 的危害。

对氧化膜熔体而言，Al_2O_3 和 SiO_2 增加黏度，CaO 降低黏度，但是 CaO 含量较少，不足以使以 SiO_2-Al_2O_3 系为主的氧化膜的黏度和表面张力降低到覆盖表面形成釉层的程度，起不到隔绝氧渗入的目的，氧化过程将是持续的。由图 6-7 的 $\Delta_r G^{\ominus}$ -T 关系可知，材料表面的氮化硅及碳化硅氧化后，碳便成为与氧亲和力较强的组分，氧化层的碳则被氧化形成脱碳层，由此，材料表面的气孔也将增加。

从材料氧化的动力学过程来看，在氧气通过脱碳层向内部扩散时，氮化硅铁氧化后剩余的铁相材料起到过滤部分氧气 $O_2(g)$ 的能力，生成氧化铁（Fe_xO）；而 Fe_xO 的生成，将使以 SiO_2、Al_2O_3-SiO_2 或 SiO_2-Al_2O_3-CaO 为主要成分的氧化层的熔点降低，流动性增强，从而形成致密均匀的氧化层，封堵气孔，阻止了氧向内部的扩散，达到了防止内部碳氧化的目的。由于氧化铁（Fe_xO）的作用，添加氮化硅铁试样表面氧化层封闭较早，也就是说，能够较早地形成覆盖于材料表面的氧化层而阻止碳素的进一步氧化。相同条件下，0N 和 8N 试样，由于没有氧化铁（Fe_xO）产物的参与，形成封闭氧化层所经历的时间较长，氧化层较厚。这说明了氮化硅铁对 Al_2O_3-SiC-C 体系材料具有很好的防氧化的作用。

（四）抗渣浸蚀性分析

表 6-3 为氮化硅铁加入量不同时试样的渣侵深度。

表 6-3　氮化硅铁加入量不同的试样的渣侵深度

编号	0N	3N	5N	8N
渣侵深度/mm	2.7	1.6	1.1	1.6

防氧化性能对 Al_2O_3-SiC-C 体系材料的使用是非常关键的，但是，如果材料内部的铁仍以氧化铁（Fe_xO）形式存在，对高温使用性能则是非常有害的，所以，有必要研究 Fe-Si_3N_4加入量对铁沟浇注料抗渣侵蚀性的影响以及材料内部铁的存在形式。表 6-3 为氮化硅铁加入量不同时试样的渣侵深度。从表 6-3 中可以看出，Fe-Si_3N_4加入量（质量分数）在 8%以内，不影响材料的抗渣侵蚀性。

由图 6-7 可知，Fe_3Si 和 Fe 的氧化反应自由能很接近，所以，仅以金属 Fe 为例来讨论材料中铁的存在形式，其可能的氧化反应见式（6-6）、式（6-7），氧化铁选定为 FeO，热力学数据来自 HSC 数据库。

$$2Fe + O_2(g) = 2FeO \tag{6-6}$$

$$\Delta_r G^{\ominus} = -541038 + 126.96T\ (J/mol)$$

$$\Delta_r G = \Delta_r G^{\ominus} - RT\ln(P_{O_2}/P^{\ominus}) = -541038 + 126.96T - RT\ln(P_{O_2}/P^{\ominus})$$

$$Fe + CO(g) = FeO + C \tag{6-7}$$

$$\Delta_r G^{\ominus} = -159969 + 152.712T\ (J/mol)$$

$$\Delta_r G = \Delta_r G^{\ominus} - RT\ln(P_{CO}/P^{\ominus}) = -159969 + 152.712T - RT\ln(P_{CO}/P^{\ominus})$$

使用条件下材料内部主要为 CO(g) 气氛，假设 $P_{CO}/P^{\ominus} = 0.1MPa$，则反应式（6-5）的 $\Delta_r G$ 为：

$$\Delta_r G = \Delta_r G^{\ominus} + 2RT\ln(P_{CO}/P^{\ominus}) - RT\ln(P_{O_2}/P^{\ominus})$$
$$= -223930 - 175.73T - RT\ln(P_{O_2}/P^{\ominus})$$

在使用条件下（1450℃），材料内部的氧分压 $P_{O_2}/P^{\ominus}=1.077\times10^{-16}$MPa。此时反应式（6-6）、式（6-7）的 $\Delta_r G$ 都为正值，反应不能发生，即铁不能以氧化铁（Fe_xO）形式存在。另外，由于氮化硅铁含铁量（质量分数）为12%~17%，在 Al_2O_3-SiC-C 系材料中氮化硅铁加入量（质量分数）仅为5%~8%，所以，不影响材料的抗渣铁侵蚀性。

第二节 Fe-Si_3N_4-Al_2O_3-SiC-C 质高炉炮泥的性能

一、氮化硅铁在高炉炮泥中的应用

高炉大型化后，无渣口设置，渣铁同出；随着高风温、富氧喷吹、高压等操作的使用，使得出铁口成为炉缸结构中最薄弱的部位，也是炼铁工艺中最重要的环节。

炮泥即堵塞铁口材料。为保证铁口的操作正常，炮泥需要具有以下几个主要功效：堵塞铁口，稳定出铁，保护铁口。我国目前使用的炮泥基本上是以刚玉、矾土、碳化硅等为骨料，添加黏土、绢云母和焦炭等，以焦油等为结合剂混制而成。尽管黏土、绢云母等对炮泥的中温强度有利，但是，却引入了过多的液相，导致高温强度降低。随着高炉技术的全面提高，传统炮泥已不能适应于现代炼铁生产的需要，主要表现在抗铁水冲刷性弱，铁口扩孔速率快，导致喷溅、出铁不净等，影响高炉的顺行操作，这就要求新型炮泥必须具备较高的高温抗折强度，能够承受高温高速铁水的冲刷。

第五章对氮化硅铁在含碳材料中的作用机制进行了研究，从中可知，氮化硅铁在含碳材料中发生一系列反应，生成碳化硅强化基质，氮化硅铁从中起到了过渡相的作用。本节将从宏观角度入手探讨其对炮泥强度、抗渣性等的影响。

二、Fe-Si_3N_4-Al_2O_3-SiC-C 质高炉炮泥的实验过程

主要原料选用电熔棕刚玉（$w(Al_2O_3)\geqslant95\%$）、碳化硅（$w(SiC)\geqslant97\%$）、沥青（软化点90~110℃）、焦炭（$w(C)\geqslant80\%$）；氮化硅铁组成的质量分数为：$w(Si)\geqslant48\%$，$w(N)\geqslant30\%$，$w(Fe)=12\%\sim17\%$，$w(O)\leqslant2.5\%$；取上述原料，按配比混料，实验方案配比见表6-4，将料置于40mm×40mm×1600mm试样模中，分别将试样做800℃、1000℃、1250℃及1400℃保温5h后的高温抗折强度，并对试样的气孔率进行检测。取氮化硅铁加入量为0，6%，12%，18%，24%的炮泥试样进行抗高炉熔渣浸蚀性试验，实验条件为1500℃×5h。冷却后沿中心剖开，对比氮化硅铁加入量不同时试样的抗熔渣浸蚀性。

表 6-4　实验方案配比　（质量分数,%）

原料 \ 序号	1	2	3	4	5	6	7	8
棕刚玉	53	49	45	41	37	32	29	25
$Fe\text{-}Si_3N_4$	0	4	8	12	16	20	24	28
沥青及焦粉	25	25	25	25	25	25	25	25
SiC	14	14	14	14	14	14	14	14
烧结助剂	8	8	8	8	8	8	8	8
结合剂（外加）	13	13	13	13	13	13	13	13

三、$Fe\text{-}Si_3N_4\text{-}Al_2O_3\text{-}SiC\text{-}C$ 质高炉炮泥的性能研究

（一）$Fe\text{-}Si_3N_4$ 加入量对高炉炮泥高温抗折强度的影响

各试样在不同温度下的高温抗折强度如图 6-8 所示。从图 6-8 看出，就 800℃、

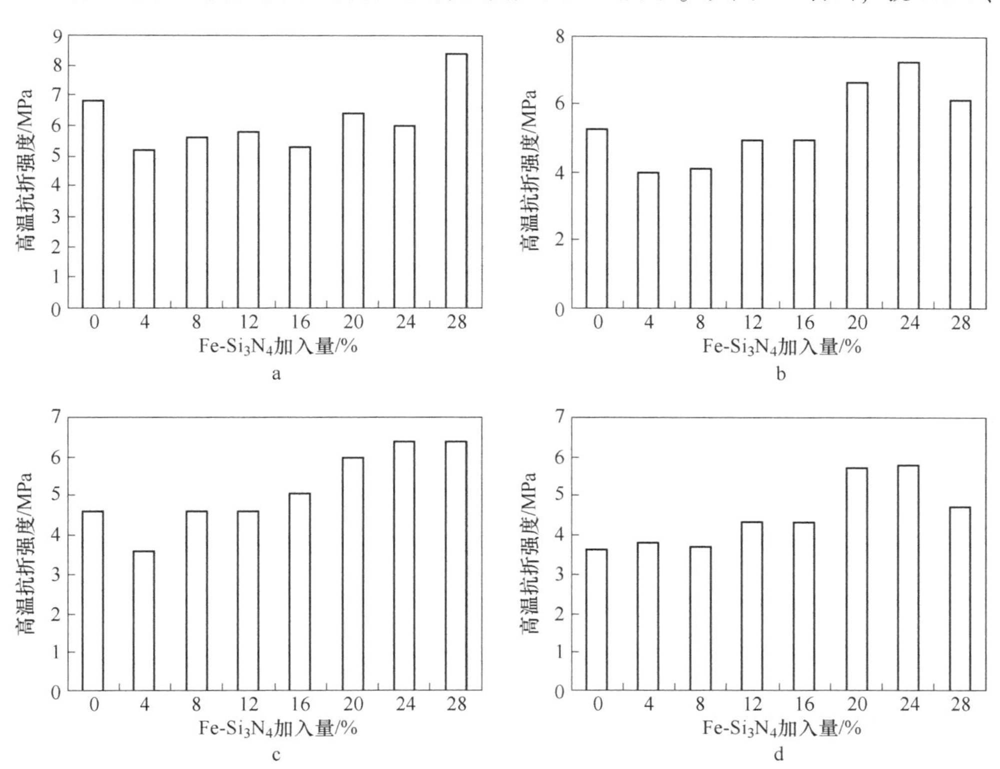

图 6-8　$Fe\text{-}Si_3N_4$ 加入量对高炉炮泥高温抗折强度的影响

a—800℃；b—1000℃；c—1250℃；d—1400℃

1000℃高温抗折强度而言，加入量在0~16%范围内，随氮化硅铁加入量的增加，其高温强度下降。这是因为合成的氮化硅铁是疏松多孔体材料，同刚玉相比，氮化硅铁材料的强度相对较低，而且在此温度下氮化硅铁材料基本没有反应，所以，氮化硅铁材料的加入导致其在此温度下强度下降。这对于高炉炮泥前期比较容易钻孔是很有益处的。

从第五章第四节的基础分析可知，氮化硅铁材料中的铁同氮化硅之间的反应在1127℃开始，并释放出的氮气，生成的硅铁促进了烧结。这一点从1250℃、1400℃时的高温抗折强度走势即可看出。随着氮化硅铁加入量的增加，1250℃、1400℃下的高温抗折强度在加入量达到20%时增大并趋于平缓，如图6-8所示。对于1400℃的高温抗折强度，当氮化硅铁加入量超过24%时，由于形成的液相过多而导致材料的高温抗折强度下降。就炮泥的高温抗折强度而言，氮化硅铁加入量以不超过24%为宜。由第五章第五节可知，该体系在1400℃长时间保温过程中已经形成了碳化硅增强相，所以，加入氮化硅铁的试样，其高温抗折强度依次增加。

从图6-8看出，氮化硅铁加入量在16%以内时使高炉炮泥的中低温强度下降，而使1400℃的高温抗折强度增加，如此的影响对于高炉炮泥的现场操作是非常有利的，既可以保证前期钻孔容易，又能保证高温状态下抗铁水的冲刷性，所以，单就氮化硅铁对炮泥的强度影响来讲是非常有益的。未加氮化硅铁的试样，其中低温强度较高，而高温强度偏低，这容易导致开孔难度较大，高温又不耐冲刷，使用寿命上不去，又不利于现场操作，是目前炮泥的使用特点。

（二）氮化硅铁加入量对高炉炮泥抗渣铁侵蚀性的影响

目前的高炉都是渣铁同出，对于炮泥来讲，较高的抗渣铁侵蚀性非常重要。图6-9为不同Fe-Si_3N_4加入量对高炉出铁口炮泥抗渣侵蚀性的影响状况，中间白色的部分为渣，黑色的坩埚为含有氮化硅铁的炮泥试样。从图可以看出，氮化硅铁加入量对高炉炮泥的影响较小，或者非常不明显。这是由于炮泥是以碳素材料为主的复合材料，碳含量较高是熔渣对其浸润、侵蚀性较弱的原因，所以，熔渣侵蚀不明显，也就是说，Fe-Si_3N_4的加入对炮泥的抗熔渣侵蚀性的影响不大。

（三）氮化硅铁加入量对高炉炮泥显气孔率的影响

对于炮泥来讲，其气孔率也是非常关键的，它不但关系到炮泥的高温抗折强度，而且直接影响到材料的抗铁水及熔渣的渗透性，也直接关系到材料的开孔难易程度；尽管在第五章中未见不同氮化硅铁加入量对炮泥抗熔渣及铁水浸蚀及渗透性方面存在显著的影响，但是，对于现场几MPa的高温高压条件，材料的气孔率还是非常关键的指标。图6-10为高炉炮泥800℃到1400℃之间气孔率的变化。

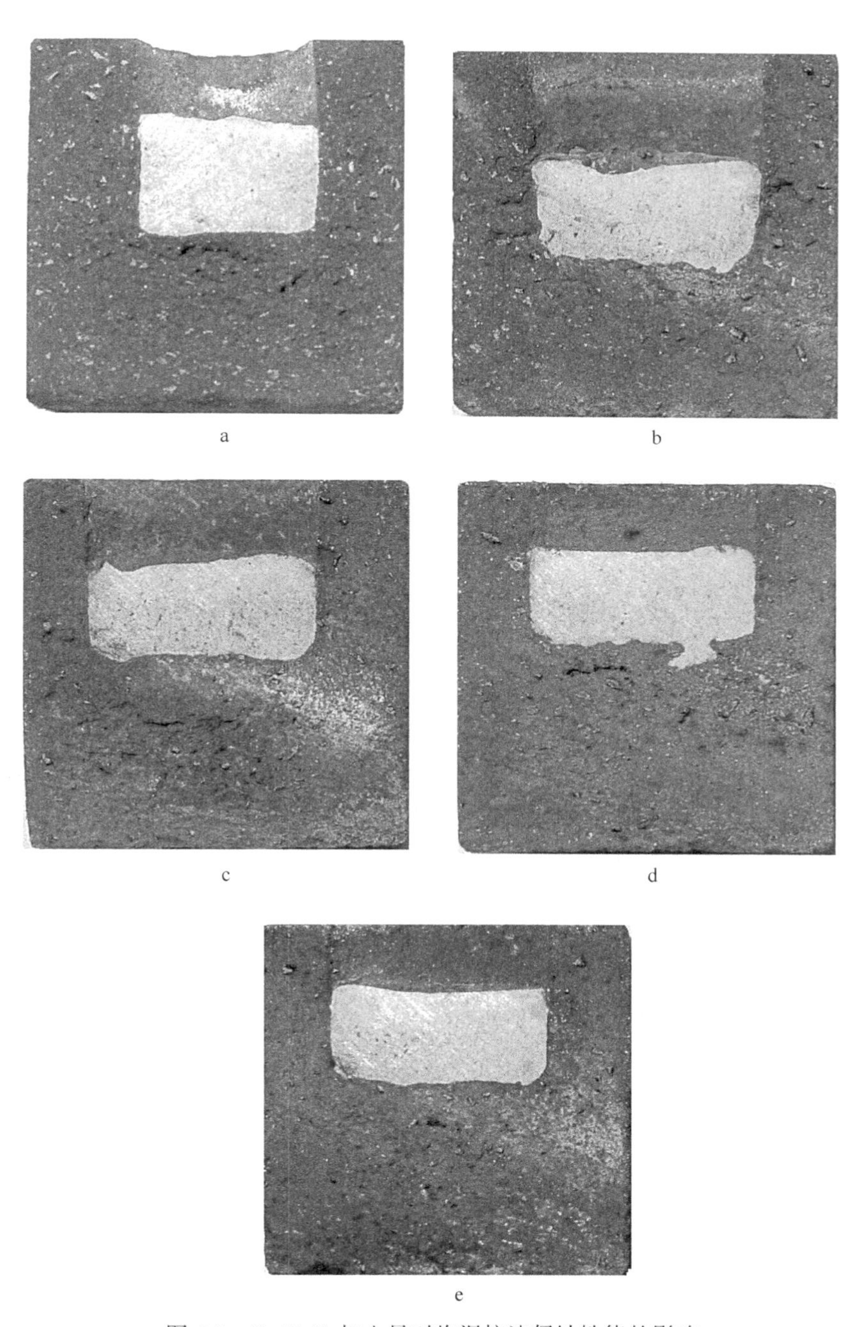

图 6-9　$Fe-Si_3N_4$加入量对炮泥抗渣侵蚀性能的影响

a—未加 $Fe-Si_3N_4$ 试样；b—$Fe-Si_3N_4$ 加入量为 6%；c—$Fe-Si_3N_4$ 加入量为 12%；d—$Fe-Si_3N_4$ 加入量为 18%；e—$Fe-Si_3N_4$ 加入量为 24%

由图看出，在氮化硅铁加入量为12%时，炮泥的显气孔率增加最少；过高或过低的加入量都不利于材料气孔率的减少。所以，就从氮化硅铁加入量对高炉炮泥显气孔率的影响来看，氮化硅铁的适宜加入量为12%。

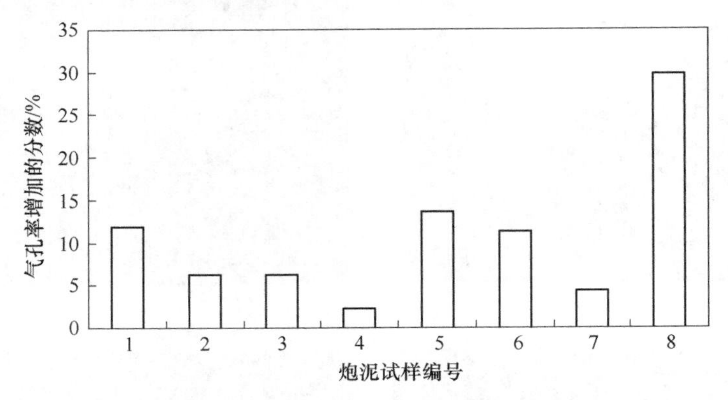

图6-10　氮化硅铁加入量对高炉炮泥显气孔率的影响

从上述抗渣、铁侵蚀性实验得知，炮泥的抗渣、铁侵蚀性主要取决于材料体系本身，也就是说，取决于该体系材料是以碳素为主的特点，与添加氮化硅铁多少关系不明显。从中看出，在炮泥中加入高性能材料以提高其抗熔渣、铁的侵蚀性是不明显的，也是没有必要的。决定炮泥使用性能的关键即在于增加材料的高温抗折强度，以提高材料的抗铁水及熔渣的冲刷性，降低冲刷损毁率，达到延长出铁时间、出净铁的要求。结合氮化硅铁加入量对显气孔率的影响，其适宜的加入量为12%。通过在某钢厂3200m^3高炉上使用，添加12%氮化硅铁的高炉炮泥能够达到稳定出铁120min以上，满足了大型高炉的现场使用要求，效果非常明显。

四、含氮化硅铁高炉炮泥的生产与工业应用

（一）高炉的生产情况

工业应用选择在某钢铁厂高炉实际生产中，高炉的有关技术参数列于表6-5中。

表6-5　高炉技术参数

项　目	高炉A	高炉B
有效容积/m^3	1080	1080
日产铁量/t	2500	3500
出铁口数目/个	2	2

续表 6-5

项　目		高炉 A	高炉 B
铁口倾角/(°)		11	10
铁口深度/m		2.5	2.6
铁水组成(质量分数)/%	Si	0.450	0.320
	S	0.014	0.018
	P	0.083	0.090
铁水温度/℃		1468	1477
日出铁次数		13~15	14~16

(二) 高炉炮泥的生产

作为复合不定形耐火材料，含氮化硅铁的高炉炮泥的生产要点在于原料的配比与结合剂的选择。为兼顾炮泥的使用性能及环保要求，结合剂选用改性沥青及环氧树脂，主要原料选择棕刚玉、氮化硅铁、碳化硅和焦粉，生产配方以表 6-6 试样组成为基准，调整粒度组成，立式连续燃烧合成氮化硅铁。

表 6-6 炮泥试样的配比 (质量分数,%)

项目	棕刚玉	焦粉	SiC	沥青	Fe-Si_3N_4	绢云母	黏土	粘合剂(外加)
含量	35	15	15	4	15	6	10	13

炮泥的生产工艺流程如图 6-11 所示。

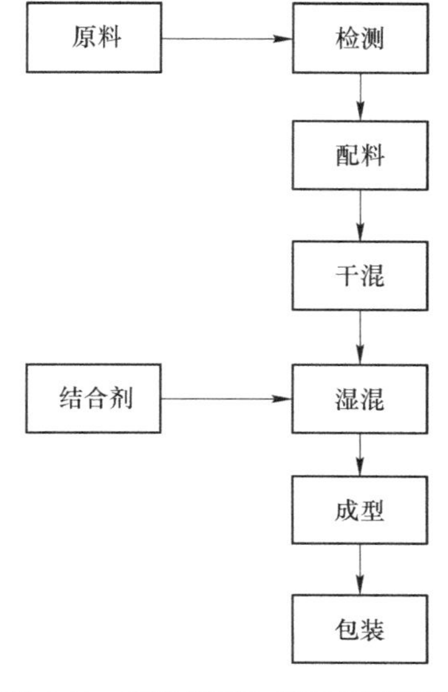

图 6-11 高炉炮泥生产工艺流程图

高炉炮泥具体生产过程为：检测各项原料的技术指标，合格后按生产配方进行配料，启动除尘器和碾泥机，将混合物料干混 7～8min 后，加入焦油等结合剂，湿混 15min 左右混炼均匀后出泥。出泥的同时启动圆盘给料机和成型机。将成型机挤出的泥用塑料膜包装，然后放入料袋内存放。

（三）高炉炮泥应用情况

生产出的高炉炮泥通过检测，各项指标符合要求。表 6-7 为炮泥各项性能指标的检测结果。

表 6-7　炮泥的性能

检测项目	检测条件	检测值	检验标准
体积密度	110℃×24h	2.20	YB/T 5200—1993
	1350℃×3h 埋碳	1.91	YB/T 5200—1993
显气孔率	1350℃×3h 埋碳	24.8	YB/T 5200—1993
常温耐压强度	1350℃×3h 埋碳	22	YB/T 5116—1993
常温抗折强度	1350℃×3h 埋碳	9	YB/T 5116—1993
荷重软化开始温度	$T_{0.6}$	1650	YB/T 4024—1991
可塑性指数	—	25	YB/T 5119—1993
化学成分	Al_2O_3	36.97	GB/T 6900—1986
	SiC	14.27	YBJ 222—1990
	C	18.26	YBJ 222—1990

研制的炮泥对铁水和熔渣的抗侵蚀性能好，耐铁水冲刷，在 60～90min 的出铁过程中始终保持不扩孔，铁流稳定。能够满足高炉现场出铁的要求。由于高炉有效容积的限制，实际生产中出铁 90min 就要封堵铁口，如在大型高炉上使用，炮泥稳定出铁的时间还可延长。

在现场使用中原有炮泥在实际生产中出现钻风跑火等现象，对铁口安全形成潜在的危险。

研制的炮泥在实际使用中能够堵塞铁口，做到不钻风跑火。图 6-12 为研制的炮泥堵塞铁口的现场状况图。

由于原有的炮泥时常在堵塞铁口时出现钻风跑火的现象，所以铁口炮泥经高温烧结，经常无法按时打开铁口，要靠氧烧以钻开铁口，影响正常出铁，带来安全隐患。研制的炮泥使用电动简易开口机在 10min 之内按照现场正常开口程序，能够打开铁口。图 6-13 为研制的炮泥的开口情况。

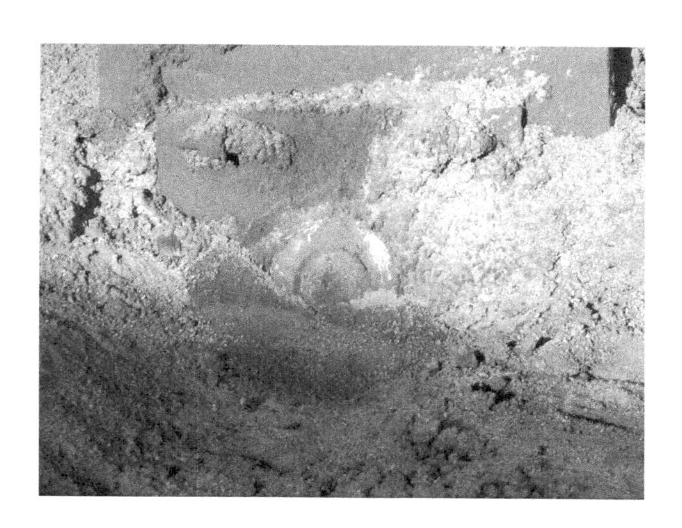

图 6-12　研制的炮泥堵塞铁口情况

图 6-13　研制的炮泥开口情况

图 6-14 为研制的炮泥炮泥在出铁时的情况。在 60~90min 的出铁过程中始终保持不扩孔，铁流稳定。

含氮化硅铁的炮泥在实际使用过程中铁流稳定，无喷溅、红点等异常现象，高温抗折强度高，耐铁水冲刷性强，能够稳定出铁在 60min 以上。能够完全堵塞铁口，无钻风跑火现象。铁口易打开，使用简易电动开铁口机在 10min 以内能够完成开口，完全能满足高炉的使用要求，适用于 $1000m^3$ 以上的高炉。

图 6-14　研制的炮泥的使用情况

第七章　氮化硅铁-刚玉复合耐火材料的应用

第一节　氮化硅铁-刚玉复合耐火材料的物理性能

一、氮化硅铁-刚玉复合耐火材料的制备

根据原料配比配料，在混料机中混炼 30min，压制成型。采用了两种不同的热处理方法，200℃低温烘干、1450℃埋炭烧成对试样进行处理。将试样按两种热处理方法分为两组，氮化硅铁含量为 0%、4%、8%、12%、16%、20% 的试样，将 200℃烘干试样依次对应命名为 A1、A2、A3、A4、A5、A6，将 1450℃埋碳烧成试样依次对应命名为 S1、S2、S3、S4、S5、S6。分别测试两种不同工艺试样的显气孔率、体积密度和常温耐压强度。

二、氮化硅铁-刚玉复合耐火材料的物理性能

（一）氮化硅铁-刚玉复合耐火材料的显气孔率

表 7-1 为氮化硅铁-刚玉复合耐火材料的显气孔率。图 7-1 分别为 200℃烘干和 1450℃埋碳烧成两种不同工艺试样的显气孔率随着氮化硅铁含量（质量分数）的变化趋势。由表 7-1 可知，随着氮化硅铁含量的增加，两种不同工艺制备的试样的显气孔率随之增加。这是由于在材料成型后，原料中大颗粒和中颗粒的刚玉组成了试样的基本骨架，刚玉细粉和氮化硅铁作为基质存在，相对于致密的刚玉颗粒，基质部分的显气孔率较大。氮化硅铁越多，基质部分也越多，因此，氮化硅铁的含量越大，相应试样的显气孔率越大。

表 7-1　氮化硅铁-刚玉复合耐火材料的显气孔率　（%）

氮化硅铁粉含量（质量分数）/%	0	4	8	12	16	20
200℃烘干	4.8	8.2	9.1	9.5	10.7	10.7
1450℃埋碳烧成	11.6	12.1	13.0	13.1	13.3	17.4

对比氮化硅铁含量一样、两种不同工艺制备的试样，可以发现，200℃烘干制备的试样的显气孔率在 4.8%~10.7%，1450℃高温埋碳烧成试样的显气孔率在

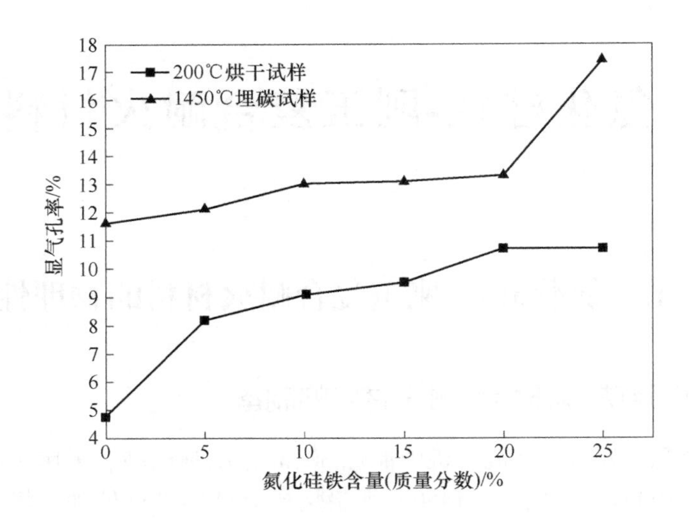

图 7-1 氮化硅铁刚玉滑板显气孔率

10.3%~17.4%。200℃烘干制备的试样的显气孔率明显低于1450℃烧成的试样。这可能与高温下氮化硅铁粉与刚玉细粉的反应有关。

(二) 氮化硅铁-刚玉复合耐火材料的体积密度

氮化硅铁-刚玉复合耐火材料的体积密度测试结果如表7-2所示。体积密度随着氮化硅铁含量的变化趋势，以及200℃烘干和1450℃埋碳烧成两种不同工艺试样的体积密度对比如图7-2所示。由图表可知，随着氮化硅铁含量的增加，两种不同工艺制备的试样体积密度的变化趋势一致，都随之降低。这种变化趋势与显气孔率的变化是一致的。对于同一种工艺而言，原料中氮化硅铁含量的改变显然对体积密度影响较大。

表 7-2 氮化硅铁-刚玉复合耐火材料的体积密度 (g/cm^3)

氮化硅铁粉含量(质量分数)/%	0	4	8	12	16	20
200℃烘干	3.35	3.32	3.18	3.17	3.08	3.07
1450℃埋碳烧成	3.31	3.25	3.18	3.10	3.08	2.96

对比氮化硅铁含量一样、两种不同工艺制备的试样，可以发现，200℃烘干制备的试样的体积密度在3.07~3.35g/cm^3，1450℃高温埋碳烧成的试样的体积密度在2.94~3.31g/cm^3。200℃烘干制备的试样的体积密度要高于高温烧成的试样的体积密度。

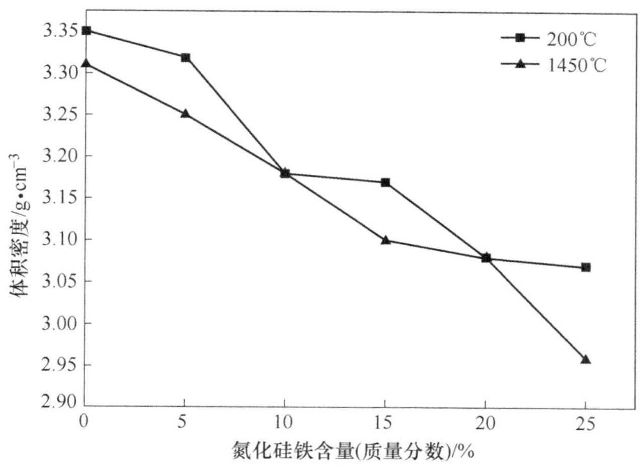

图 7-2　氮化硅铁刚玉复合耐火材料体积密度

(三) 氮化硅铁-刚玉复合耐火材料的常温耐压强度

氮化硅铁-刚玉复合耐火材料的常温耐压强度如表 7-3 所示。由表 7-3 可知，随着氮化硅铁含量的增加，两种不同工艺制备试样的常温耐压强度的变化趋势有很大差异。200℃烘干制备的试样常温耐压强度达到 107～222. 5MPa，随着氮化硅铁含量的增加，试样的常温耐压强度呈现先下降、后上升的趋势。不含氮化硅铁的试样常温耐压强度最大，达到 222. 5MPa，表明纯的刚玉原料在未经历烧成时常温耐压强度是很大的，而氮化硅铁含量为 12%时，常温耐压强度下降到最低值，仍有 107MPa。1450℃烧成制备的试样常温耐压强度达到 60～132. 5MPa，随着氮化硅铁含量增加，试样的常温耐压强度呈现先上升、后下降的趋势。不含氮化硅铁的试样常温耐压强度最低，仅有 60MPa，同样表明纯的刚玉原料在经历烧成后常温耐压强度很低，而氮化硅铁含量为 12%时，常温耐压强度达到最大值，132. 5MPa。

表 7-3　氮化硅铁-刚玉复合耐火材料的常温耐压强度　(MPa)

氮化硅铁粉含量(质量分数)/%	0	4	8	12	16	20
200℃烘干	222. 5	166	123. 5	107	122	164
1450℃埋碳烧成	60	99	94	132. 5	105	75. 5

常温耐压强度随着氮化硅铁含量的变化趋势，以及 200℃烘干和 1450℃埋碳烧成两种不同工艺的常温耐压强度对比如图 7-3 所示。对比氮化硅铁含量相同而工艺不同的试样，可以发现，200℃烘干制取的试样的常温耐压强度大于 1450℃

烧成制取的试样。由前面的分析可知，这种差异是由于刚玉在经历烧成工艺后常温耐压强度显著降低，从 222.5MPa（200℃烘干）降低到 60MPa（1450℃埋碳烧成）。

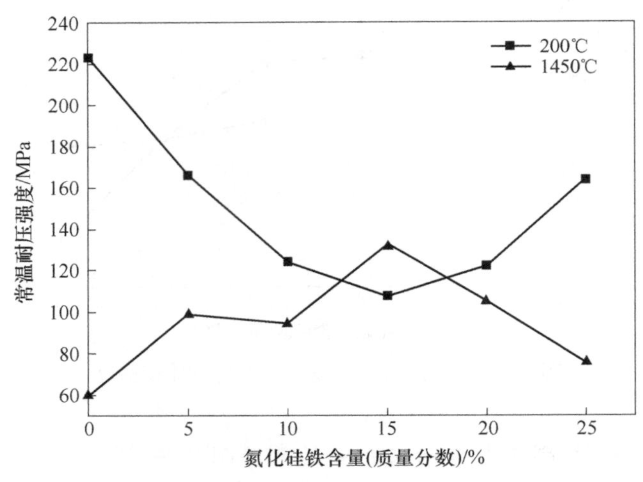

图 7-3　氮化硅铁刚玉滑板常温耐压强度

第二节　1450℃埋碳条件下氮化硅铁-刚玉复合耐火材料的物相与微观结构

一、1450℃埋碳条件下氮化硅铁-刚玉复合耐火材料的物相分析

图 7-4 为 1450℃埋碳条件下不同氮化硅铁含量试样的 XRD 图谱。由图可见，

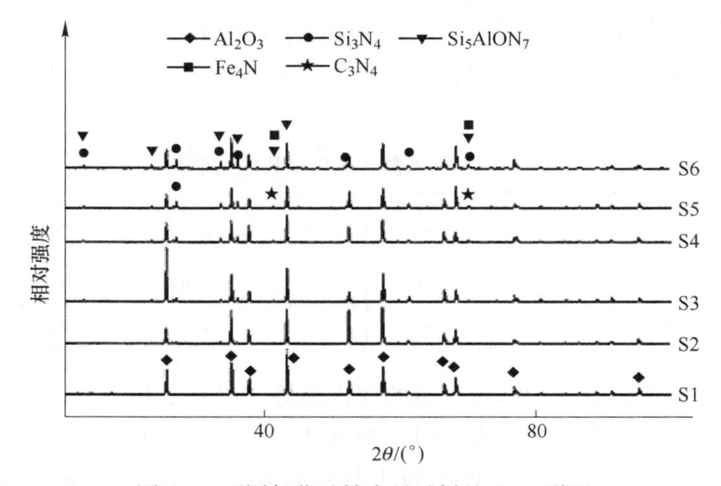

图 7-4　不同氮化硅铁含量试样的 XRD 谱图

样品主要由 Al_2O_3 和 Si_3N_4、β-塞隆组成，基质中生成新相 $Si_5AlON_7(Z=1)$，少量的 Fe_4N 和 C_3N_4。在衍射角 35°，从试样 S2 开始出现一个较小的峰，从试样 S2 到 S6，峰强逐渐增加，表明随着氮化硅铁的增加，Fe_4N 逐渐增多。C_3N_4 的衍射峰在图 7-4 中对应在 42°和 70°位置。

二、1450℃埋碳条件下体系相关的热力学分析

在高温埋碳条件下，碳过量而空气不足，平衡气相中主要是 N_2 和 CO，只有少量 CO_2 和微量 O_2。温度高于 1000℃时，N_2 和 CO 分压可分别视为 0.65MPa 和 0.35MPa。根据无机热力学数据手册，按照式（7-1）和式（7-2），计算出各气相的分压如表 7-4 所示。

$$C + 1/2O_2(g) = CO(g)$$

$$\Delta_r G_1 = -114400 - 85.77T + RT\ln\{[p(CO)/p^\ominus]/[p(O_2)/p^\ominus]^{0.5}\} \quad (7\text{-}1)$$

$$C + CO_2(g) = 2CO(g)$$

$$\Delta_r G_2 = 166550 - 171T + RT\ln\{[p(CO)/p^\ominus]^2/[p(CO_2)/p^\ominus]\} \quad (7\text{-}2)$$

式中，$\Delta_r G$ 为反应吉布斯自由能，J/mol；T 为温度，K；p 为气相压强；$p^\ominus$ 为标准大气压。

表 7-4 平衡状态下各气相分压

温度/℃	分压/Pa			
	N_2	CO	O_2	CO_2
1450	6.5×10^4	3.5×10^4	4.3×10^{-12}	1.6

（一）塞隆形成的热力学分析

根据实验条件，Si_5AlON_7 的形成可能是按照如下反应进行：

$$5/3Si_3N_4 + 1/2Al_2O_3 + 1/6N_2(g) = Si_5AlON_7 + 1/4O_2(g) \quad (7\text{-}3)$$

对体系进行热力学计算，Si_5AlON_7 的标准吉布斯自由能为 $\Delta G^\ominus = -2225.985 + 0.878T$(kJ/mol)，可以算出反应式（7-3）的吉布斯自由能为：

$$\Delta G_3 = 72965 + 41.4T + RT\ln\{[p(O_2)/p^\ominus]^{1/2}/[p(N_2)/p^\ominus]^{1/6}\}$$

按照平衡状态下的气体分压（表 7-5），$p(O_2)/p^\ominus = 4.396 \times 10^{-17}$；$p(N_2)/p^\ominus = 0.6529$，则有 $\Delta G_3 = 72965 - 114.6T$；令 $\Delta G_3 = 0$，$T = 364$℃。该反应在很低的温度下即可进行。对于 β-塞隆，Z 可以取 0~4.2，但是在本实验中只形成了 Si_5AlON_7，对于本体系有可能形成的 $Z=2$、3、4 的 β-塞隆进行了热力学分析，结果如表 7-5 所示。计算表明，$Z=1$ 的 β-塞隆优先生成。

表 7-5　不同 Z 值 β-塞隆的反应吉布斯自由能

反　应　式	ΔG	$T_{\Delta G=0}$/K
$5/3Si_3N_4+1/2Al_2O_3+1/6N_2 = Si_5AlON_7+1/4O_2$	$72965-114.6T$	63
$4/3Si_3N_4+Al_2O_3+1/3N_2 = Si_4Al_2O_2N_6+1/2O_2$	$541660-269.8T$	2008
$Si_3N_4+3/2Al_2O_3+1/2N_2 = Si_3Al_3O_3N_5+3/4O_2$	$4354700-498.6T$	873
$2/3Si_3N_4+2Al_2O_3+2/3N_2 = Si_2Al_4O_4N_4+O_2$	$623600-368.26T$	1693

（二）Fe_4N 的形成

氮化硅铁的主要物相为 Si_3N_4 和 Fe_3Si。Fe_3Si 在实验条件下有可能发生如下反应：

$$3/4Fe_3Si + 1/2Si_3N_4 = 9/4FeSi + N_2(g) \tag{7-4}$$

$$\Delta_r G_4 = 332170 - 78.2T + RT\ln[p(N_2)/p^\ominus]$$

$$3/10Fe_3Si + 1/2Si_3N_4 = 9/10FeSi_2 + N_2(g) \tag{7-5}$$

$$\Delta_r G_5 = 346780 - 113.2T + RT\ln[p(N_2)/p^\ominus]$$

$$15/8Fe_3Si + 1/2Si_3N_4 = 9/8Fe_5Si_3 + N_2(g) \tag{7-6}$$

$$\Delta_r G_6 = 418870 - 42.7T + RT\ln[p(N_2)/p^\ominus]$$

$$3/2Fe_3Si + N_2(g) = 9/2Fe + 1/2Si_3N_4 \tag{7-7}$$

$$\Delta_r G_7 = -104600 + 332.3T - RT\ln[p(N_2)/p^\ominus]$$

$$24/25Fe_3Si + N_2(g) = 18/25Fe_4N + 8/25Si_3N_4 \tag{7-8}$$

$$\Delta_r G_8 = -154300 + 249.6T - RT\ln[p(N_2)/p^\ominus]$$

根据氮气压力 $p(N_2)/p^\ominus = 0.6529$，计算出各个反应的吉布斯自由能与温度的关系，如表 7-6 所示。根据计算得知，在温度范围 0～1800K 内，Fe_3Si 与 Si_3N_4反应生成 Fe_xSi 的反应吉布斯自由能均为正。但是 Fe_3Si 在较低的温度下可与 N_2反应，生成 Fe 或者 Fe_4N，显然 Fe_4N 的吉布斯自由能更低，反应更容易发生。

表 7-6　Fe_3Si 在实验条件下有可能发生的反应及 $\Delta_r G$

反　应	$\Delta_r G$
$3/4Fe_3Si+1/2Si_3N_4 = 9/4FeSi+N_2(g)$	$\Delta_r G_4 = 332170-81.7T$
$3/10Fe_3Si+1/2Si_3N_4 = 9/10FeSi_2+N_2(g)$	$\Delta_r G_5 = 346780-116.7T$
$15/8Fe_3Si+1/2Si_3N_4 = 9/8Fe_5Si_3+N_2(g)$	$\Delta_r G_6 = 418870-46.2T$
$3/2Fe_3Si+N_2(g) = 9/2Fe+1/2Si_3N_4$	$\Delta_r G_7 = -104600+335.8T$
$24/25Fe_3Si+N_2(g) = 18/25Fe_4N+8/25Si_3N_4$	$\Delta_r G_8 = -154300+253.1T$

（三）C_3N_4的形成

根据 XRD 衍射结果，反应中生成了 C_3N_4，这是由于热固树脂中的残碳与氮气发生了反应，反应式如下：

$$2N_2(g) + 3C(s) = C_3N_4(s) \tag{7-9}$$

三、1450℃埋碳条件下氮化硅铁-刚玉复合耐火材料的微观结构

如图 7-5 所示，左边和中间分别为 1450℃ 制备试样 S1、S4、S6 的光片的背散射照片，中间的照片为试样基质部分的照片，右边为对应试样的微观形貌。对比右边 S1、S4、S6 的微观形貌，可以看出，S1 中仅为不同颗粒级配的刚玉压制烧成后的形貌；而 S4 与 S6 的试样与 S1 的微观形貌相差很大，有很多小的颗粒状或棒状物存在。

由于 S4 试样显气孔率和体积密度适中，常温耐压强度最大，选取 S4 试样观察埋碳条件下烧成试样的微观结构。如图 7-6 的第一张图所示，A 区域为板状刚玉大颗粒，边界较为清晰，可见没有发生明显的反应；亮白色区域 B 为 Fe_3Si，其周围包裹着氮化硅。刚玉中颗粒、氧化铝活性微粉以及氮化硅铁细粉构成了中间的基质部分，将大颗粒结合到一起，基质的内部较为均匀，结合紧密，气孔细小、分布较为均匀。

根据 SEM 照片图 7-6 和表 7-7 中的 EDS 能谱分析结果可知，D 区为元素为 Fe(1.61%)、Si(38.21%)、Al(5.3%)、O(19.38%)、N(16.94%)、C(12.50%)，硅元素比例最大，仅有微量 Fe 元素。根据原料中 Si 元素存在的化合物形态为 Si_3N_4

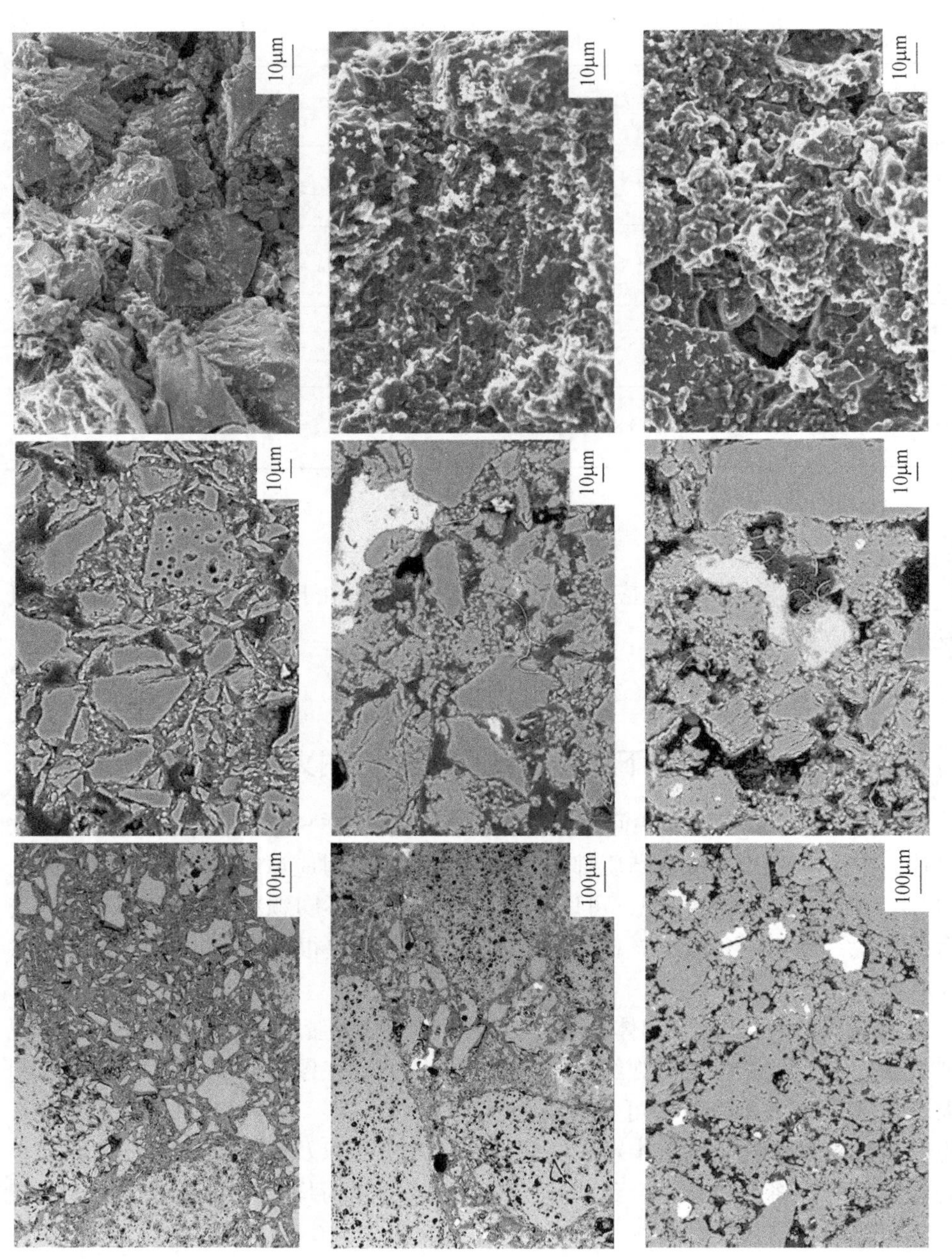

图 7-5　1450℃埋碳烧成试样 SEM 结果

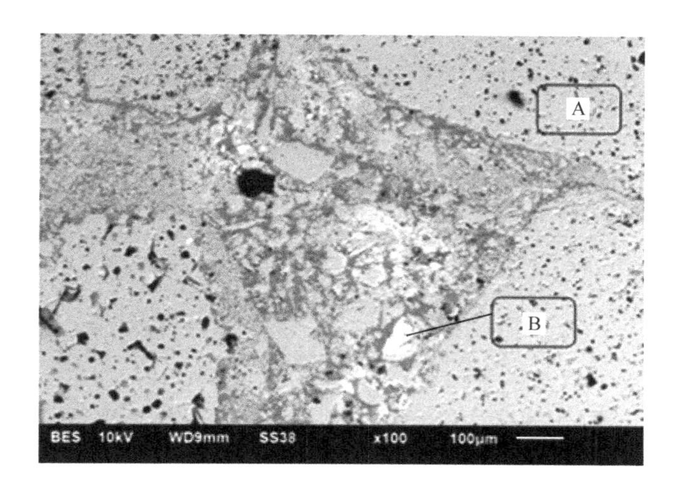

图 7-6　试样 S4 的微观组织结构

或 Fe_3Si，可知该区域在高温烧结前为 Si_3N_4，但是有一部分 Al、O 元素渗透到 Si_3N_4的晶格中，有可能在该区域形成了塞隆。由于试样在 1450℃制备而成，通常在该温度下塞隆难以形成，推测该区域含有 1.61%的 Fe 元素，Fe 元素对于 Al、O 元素渗透到 Si_3N_4的晶格这一过程起到较大的促进作用。对于 E 区域中主要是 C 元素，占 93.3%，其他元素 Fe、Si、Al、O 共占 6.7%，推测可能是树脂残炭。根据 EDS 能谱分析，F 区元素摩尔分数为 Fe(54.93%)、Si(14.72%)、Al(0.13%)、O(4.46%)、N(3.79%)、C(14.26%)，根据 Fe 元素为主要化学元素，推测该区域原为 Fe_3Si 所在区域，但 Fe : Si 元素比更接近 4 : 1，Si 元素比例减少，这可能是其中的 Si 元素转化为 Si_3N_4，而同时又有 Al、O 元素扩散到 F 区域，可能也同时形成微量的塞隆，具体有待进一步研究。根据 G 区元素比，

Fe(0.47%)、Al(39.31%)、O(46.86%)、C(8.89%)，可知G区原为Al_2O_3，1450℃烧结后微量的Fe扩散到该区域。根据上述D、E、F、G的分析，可知Al、O元素的活动性较强，易扩散到周围的区域，而Fe元素对于赛隆的形成起着促进的作用。

表7-7　图7-6中各区域EDS能谱分析

元素含量（原子数分数）/%	D	E	F	G
Fe	1.61	2.18	54.93	0.47
Si	38.21	1.18	14.72	0
Al	5.3	0.14	0.13	39.31
O	19.38	3.30	4.64	46.86
N	16.94	0	3.79	0
C	12.50	93.3	14.26	8.89

从1450℃埋碳烧成后的试样中，选取S4进行能谱面扫分析。图7-7为面扫描分析图，右下角标识为AlK的表示Al元素，即为Al_2O_3；右下角标识为SiK的表示Si元素存在的区域，即为Si_3N_4；右下角标识为FeK的表示Fe元素存在的区域，即Fe_3Si；根据该面扫能谱分析可知，反应区应该集中Al_2O_3和Si_3N_4交界之处，也就是在Fe_3Si周围。

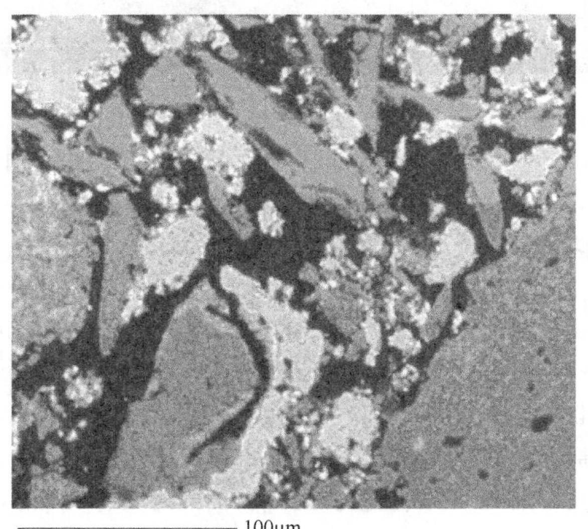

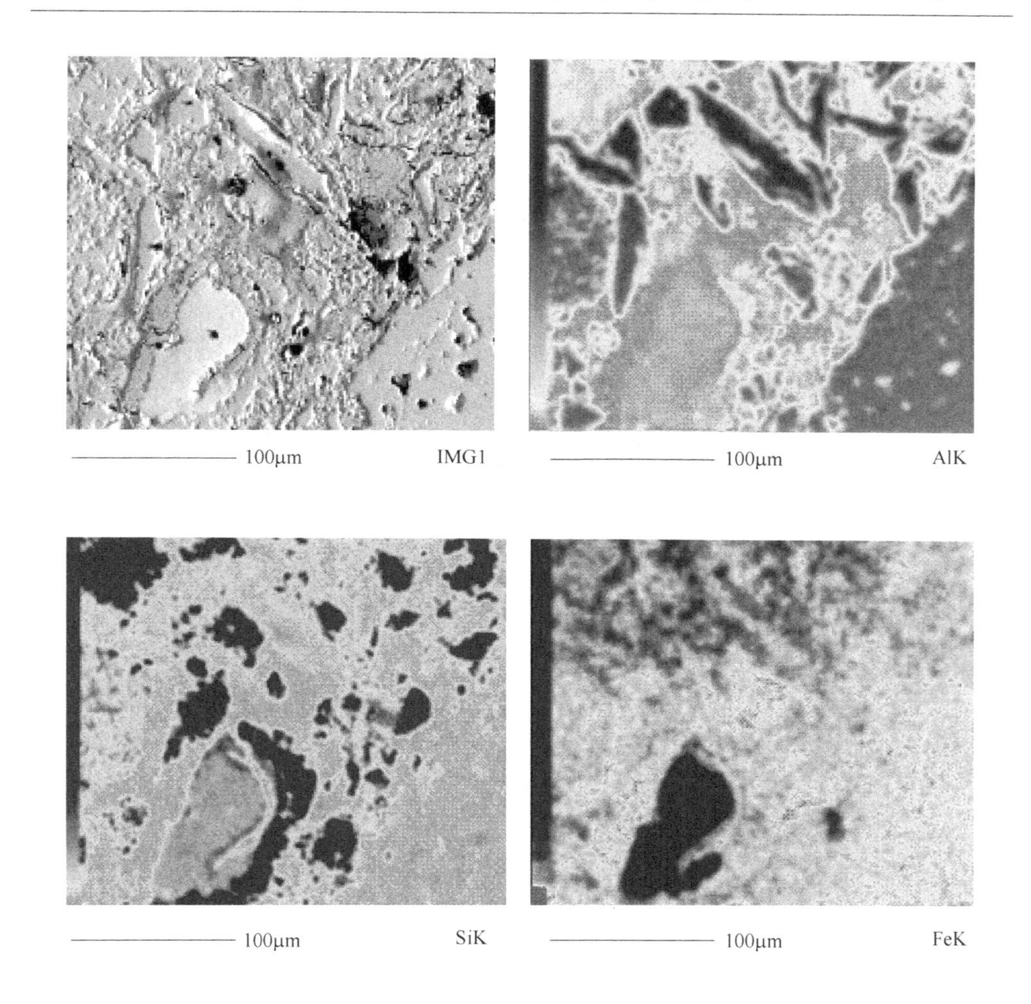

图 7-7　1450℃埋碳烧成试样 S4 的 EDS 能谱面扫分析结果
（深色代表元素分布）

根据面扫结果在断口试样中寻找反应区域，结果如图 7-8 所示，最下方为断口分析图中长棒状物体的能谱图。由试样断口 SEM 照片和 EDS 能谱分析可知，图 7-8 中短棒状或者粒状的晶粒为在埋碳条件烧结形成的 β-塞隆，晶粒的端部圆滑呈半球状，对材料具有增强的作用。氮化硅和刚玉在此条件下形成了 $Z=1$ 的 β-塞隆，Fe_4N，以及 C_3N_4 这些新的物相。新物相的形成增强了大颗粒与基质，以及基质内部的结合，提高了材料的力学性能。在 1450℃埋碳条件下，实现了 $Z=1$ 的 β-塞隆的常压低温合成，与热压烧结相比，在简单的工艺条件下即可完成。热固树脂中的残碳与氮气反应，形成了 C_3N_4，降低了耐火材料中 C 对于钢液的危害，符合发展绿色耐火材料低碳环保的理念。

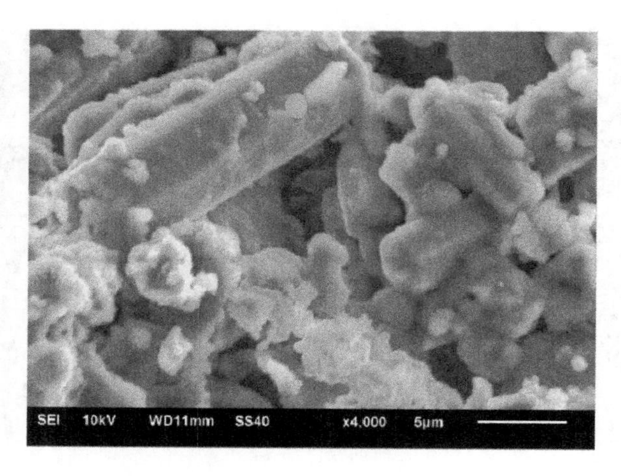

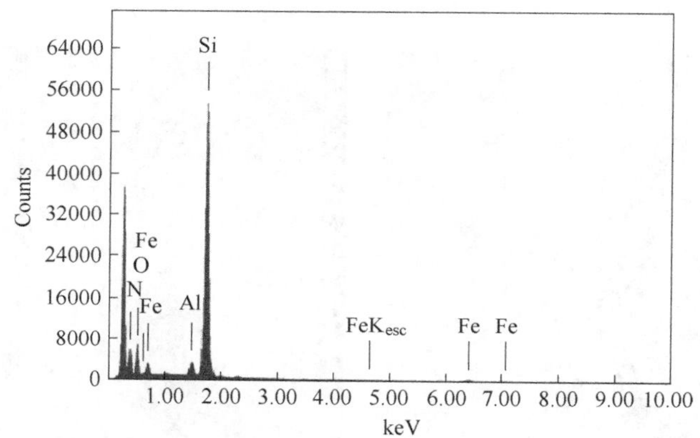

图 7-8　Si_5AlON_7形貌及 EDS 能谱结果

参考文献

[1] 洪彦若，吴宏鹏，孙加林. 非氧化物复合耐火材料的热力学性能 [J]. 耐火材料，2005，39 (1)：16~21.

[2] 陈俊红，孙加林，薛文东，等. FeSi75 铁合金显微结构与氮化性能的研究 [J]. 铁合金，2004 (3)：18~21.

[3] 孙加林，洪彦若，祝少军. 低压燃烧合成氮化硅或氮化硅铁的方法及设备：中国，ZL02158760. 4 [P]. 2003-06-18.

[4] 祝少军，孙加林，陈俊红，等. 硅铁闪速燃烧合成氮化硅铁 [J]. 耐火材料，2004，38 (4)：249~251，257.

[5] 陈俊红，宋文，刘晓光，等. 闪速燃烧合成的 $Fe\text{-}Si_3N_4$ 中 Fe_xSi 粒子的形成机理 [J]. 北京科技大学学报，2009，31 (05)：597~601.

[6] 陈俊红. $Fe\text{-}Si_3N_4$ 组成、结构及其对 $Al_2O_3\text{-}SiC\text{-}C$ 体系材料高温性能的影响 [D]. 北京：北京科技大学，2006.

[7] Li B，Chen J，Yan M，et al. Morphology Evolution and Phase Interactions of Fe-containing Si_3N_4 in Vacuum High-temperature Environment [J]. Isij International，2016，56 (2)：189~194.

[8] Li B，Chen J H，Su J D，et al. Morphology of $\alpha\text{-}Si_3N_4$ in $Fe\text{-}Si_3N_4$ Prepared via Flash Combustion [J]. International Journal of Minerals，Metallurgy，and Materials，2015，22 (12)：1322~1327.

[9] Li B，Chen J H，Jiang P，et al. Reaction Behavior of Trace Oxygen during Combustion of Falling FeSi75 Powder in a Nitrogen Flow [J]. International Journal of Minerals，Metallurgy，and Materials，2016，23 (8)：959~965.

[10] 宋文，陈俊红，李勇，等. 氮化硅铁在 $Al_2O_3\text{-}C$ 体系中的高温行为 [J]. 耐火材料，2012，46 (1)：31~34.

[11] 李斌. 闪速燃烧合成氮化硅铁机理及应用研究 [D]. 北京：北京科技大学，2016.

[12] 李斌，陈俊红，冯玉岩，等. 新型氮化硅质耐火材料的制备与性能分析 [J]. 耐火材料，2016，50 (4)：288~290.

[13] 秦海霞，李勇，孙加林，等. 埋碳条件下氮化硅铁-刚玉复合材料的反应机理 [J]. 硅酸盐学报，2014，42 (9)：1184~1188.

[14] 高梅，李勇，秦海霞，等. 闪速燃烧合成氮化硅铁的氮化机理 [J]. 硅酸盐学报，2015，43 (3)：358~362.

[15] 陈俊红，谢静，孙加林，等. $Fe\text{-}Si_3N_4\text{-}C$ 体系中 Fe 元素的作用机理 [J]. 耐火材料，2009，43 (3)：179~182.

[16] 李勇，朱晓燕，王佳平，等. 反应烧结氮化硅-碳化硅复合材料的氮化机理 [J]. 硅酸盐学报，2011，39 (3)：447~451.

[17] 刘磊，李勇，翟亚伟. 添加 Si_3N_4 对 $Al_2O_3\text{-}ZrO_2\text{-}C$ 滑板性能的影响 [J]. 耐火材料，2010 (5)：369~371.

[18] 翟亚伟，李勇，刘磊. 硅铁含量对反应烧结 $Fe\text{-}Si_3N_4\text{-}SiC$ 复合材料性能的影响 [J]. 耐

火材料，2010 (4)：268~271.

[19] 宋文，孙加林，李勇，等. 合成工艺对氮化硅铁物相和结构的影响 [J]. 硅酸盐学报，2010，38 (7)：1281~1285.

[20] 朱晓燕，李勇，王佳平，等. 用 Si-Fe 反应烧结制备 Fe-Si_3N_4-SiC 复合材料的性能研究 [J]. 耐火材料，2010 (2)：96~99.

[21] 宋文，陈俊红，李勇，等. 还原气氛下闪速燃烧合成氮化硅铁的高温行为 [J]. 硅酸盐学报，2011，39 (8)：1329~1333.

[22] 占华生，薛文东，陈俊红，等. 闪速燃烧合成 Fe_3Si- Si_3N_4复合粉体的基础研究 [J]. 稀有金属，2006 (z2)：97~101.

[23] 陈俊红，王福明，孙加林，等. 氮化硅铁对炮泥高温抗折强度及抗渣性的影响 [J]. 耐火材料，2006，40 (6)：443~445.

[24] 陈俊红，孙加林，占华生，等. 较低温度下制备自结合氮化硅铁制品 [J]. 北京科技大学学报，2005，27 (5)：586~588.

[25] 占华生，孙加林，陈俊红，等. 含氮化硅铁的 Al_2O_3-SiC-C 炮泥的研制 [J]. 耐火材料，2005，39 (4)：309~310.

[26] 陈俊红，孙加林，康华荣，等. 氮化硅铁在空气气氛中的烧结试验 [J]. 耐火材料，2005，39 (3)：185~187.

[27] 陈俊红，孙加林，邓小玲，等. 氮化硅铁在 Al_2O_3-SiC-C 质铁沟浇注料中的防氧化行为 [J]. 耐火材料，2005，39 (1)：50~53.

[28] 陈俊红，孙加林，洪彦若，等. 铁元素在氮化硅铁中的存在状态 [J]. 硅酸盐学报，2004，32 (11)：1347~1351.

[29] 祝少军，孙加林，洪彦若. 热力学相图计算技术在闪速燃烧合成氮化硅铁中的应用 [J]. 耐火材料，2005，39 (4)：274~276.

[30] 惠先磊，张海燕，韦祎，等. 氮化硅铁对 Al_2O_3-SiC-C 系铁沟浇注料性能的影响 [J]. 耐火材料，2013，47 (4)：263~266.

[31] 邓小玲，孙加林，陈俊红，等. Si_3N_4-Fe 对 Al_2O_3-SiC-C 质铁沟浇注料性能的影响 [J]. 耐火材料，2004，38 (2)：82~84.

[32] 李荔寅. 炮泥中 Fe-Si_3N_4的性能 [J]. 耐火材料，1997 (6)：367.

[33] Iizuka K, Kometani K, Kaga T. Behavior of Ferro-Si_3N_4 in Taphole Mud [J]. Refractories, 1996, 48.

[34] 桂明玺. 氮化硅铁在高炉出铁口用炮泥料中的性状 [J]. 耐火与石灰，1998 (12)：41~44.

[35] Lopes A B. Influence of Ferro Silicon Nitride on the Performance of the Modern Taphole Mud for Blast Furnace [J]. Refract. Appl. News, 2002, 7 (5): 26~30.

[36] Shatokhin I M, Ziatdinov M K, Manasheva É M. SHS Ferrosilicon Nitride NITRO-FESIL ® TL as a New Tap-hole Clay Refractory Component for Blast Furnaces1 [J]. Refractories and Industrial Ceramics, 2014, 54 (5): 345~349.

[37] 徐勇. 氮化硅铁及其在耐火材料中应用的研究进展 [J]. 耐火材料，2015，49 (4)：306~312.

[38] Choi D, Lee J, Choi S. Decomposition Behavior of Ferro-Si_3N_4 for High Temperature Refractory Application [J]. Journal of the Korean Ceramic Society, 2006, 43 (9): 582~587.

[39] 陈守平，甘菲芳. Si_3N_4在高炉出铁口炮泥中的应用 [J]. 宝钢技术，1995 (2): 54~58.

[40] Mitomo M. Effect of Fe and Al Additions on Nitridation of Silicon [J]. Journal of Materials Science, 1977, 12(2): 273~276.

[41] Kometani K, Iizuka K, Kaga T. Behavior of Ferro-Si_3N_4 in Taphole Mud of Blast Furnace [J]. Refractories, 1998, 50 (6): 326~330.

[42] Terwilliger G R, Lange F F. Pressureless Sintering of Si_3N_4 [J]. Journal of Materials Science, 1975, 10 (7): 1169~1174.

[43] Boyer S M, Moulson A J. A Mechanism for the Nitridation of Fe-contaminated Silicon [J]. Journal of Materials Science, 1978, 13 (8): 1637~1646.

[44] 陈肇友. 化学热力学与耐火材料 [M]. 北京：冶金工业出版社，2005.

[45] Huang J T, Huang Z H, Yi S, et al. Fe-catalyzed Growth of One-dimensional Alpha-Si_3N_4 Nanostructures and Their Cathodoluminescence Properties [J]. Scientific Reports, 2013, 3 (3504).

[46] Sun X, Sun K, Li A, et al. In Situ Synthesis of FeSi Particle Toughening Si_3N_4 Composite [J]. International Journal of Refractory Metals and Hard Materials, 2013: 142~147.

[47] Chukhlomina L N, Maksimov Y M, Vitushkina O G, et al. Phase Composition and Morphology of Products of Combustion of Ferrosilicon in Nitrogen [J]. Glass and Ceramics, 2007, 64 (1-2): 63~65.

[48] Heikinheimo E, Isomäki I, Kodentsov A A, et al. Chemical Interaction between Fe and Silicon Nitride Ceramic [J]. Journal of the European Ceramic Society, 1997, 17 (1): 25~31.

[49] Kunze J, Pungun O, Friedrich K. Solubility of Nitrogen in Fe-Si alloys [J]. Journal of Materials Science Letters, 1986, 5 (8): 815~818.

[50] 涂军波，魏军从，崔博. 氮化硅铁加入量对镁质浇注料力学性能的影响 [J]. 硅酸盐通报，2009, 28 (6): 1149~1153.

[51] 韩俊华，蒋明学，王黎，等. 硅铁粉粒度对合成氮化硅铁的影响 [J]. 耐火材料，2006, 40 (3): 181~185.

[52] 王跃，陈俊红，李勇，等. 氮化硅铁、亚白刚玉和硅微粉加入量对 ASC 砖性能的影响 [J]. 耐火材料，2011, 45 (3): 194~196.

[53] 周永平，唐丽霞，付文亮. 氮化硅铁对铝碳质炮泥性能影响的研究 [J]. 河南冶金，2013, 21 (6): 17~19.

[54] 赵瑞，张子英，刘爱红. 氮化硅铁的性能、制备及其在耐火材料中的应用 [J]. 耐火材料，2015 (1): 72~76.

[55] 韩俊华. 合成氮化硅与氮化硅铁的热力学分析与实验研究 [D]. 西安：西安建筑科技大学，2006.

[56] 涂军波，魏军从，牛森森. 碳化硼加入量对氧化镁-氮化硅铁浇注料力学性能的影响

[J]. 耐火材料，2010，44（3）：171~174.

[57] 张勇，彭达岩，文洪杰，等. 氮化硅铁结合 SiC 复合材料的氧化行为 [J]. 耐火材料，2005，39（2）：94~97.

[58] 李军希. 氮化硅铁对无水炮泥性能影响的研究 [J]. 河南冶金，2014，22（1）：8~12.

[59] 亓华涛. 氮化硅铁在无水炮泥中作用机理的研究 [D]. 鞍山：辽宁科技大学，2006.

[60] 陈博. 铁-氮化物系耐高温材料制备及在炮泥中应用的研究 [D]. 北京：中国地质大学，2010.

[61] 徐国涛，刘黎，鲁婷，等. 高炉炮泥中氮化物的组成与结构分析 [J]. 钢铁研究，2013，41（6）：24~26.

[62] 周永平. 铝碳质无水炮泥的研究 [D]. 沈阳：东北大学，2007.

[63] Ko I Y, Du S L, Doh J M, et al. Rapid Sintering and Synthesis of a Nanocrystalline Fe-Si_3N_4 Composites by High-Frequency Induction Heating [J]. Taehan-Kŭmsok-Hakhoe-chi = Journal of the Korean Institute of Metals and Materials, 2011, 49（9）：715~719.

[64] Maya L, Thompson J R, Song K J, et al. Thermal Conversion of an Iron Nitride-silicon Nitride Precursor into a Ferromagnetic Nanocomposite [J]. Journal of Applied Physics, 1998, 83（2）：905~910.

[65] 杨景周，黄朝晖，夏银凤，等. 温度对硅铁合金氮化产物相组成的影响 [J]. 稀有金属材料与工程，2007，36（s1）：273~275.

[66] Qin H X, Li Y, Bai L X, et al. Reaction Mechanism for in-situ, β-Sialon Formation in Fe_3Si-Si_3N_4-Al_2O_3, Composites [J]. International Journal of Minerals, Metallurgy, and Materials, 2017, 24（3）：324~331.